彩图1 中华蜜蜂——黑色蜂王
生产蜂蜜为主，蜂蜡为辅
（张中印 摄）

彩图2 中华蜜蜂——枣红色蜂王
生产蜂蜜为主，蜂蜡为辅
（张中印 摄）

彩图3 高加索蜂
生产蜂蜜和蜂胶为主
（引自吉林蜜蜂研究所）

彩图4 意大利蜂
生产蜂蜜、王浆、花粉、蜂胶、蜂毒、蜂蜡和蜂蛹
（引自吉林蜜蜂研究所）

彩图5 欧洲黑蜂
生产蜂蜜为主
(引自Alain Pauly)

彩图6 卡尼鄂拉蜂
生产蜂蜜为主
(引自吉林蜜蜂研究所)

彩图7 蜜胶一号——杂交蜂种
生产蜂蜜和蜂胶为主
(引自吉林蜜蜂研究所)

彩图8 浆蜂——定向选育蜂种
王浆产量高，兼顾花粉和蜂蜜生产
(洪德兴 摄)

彩图9 守卫
（引自Honeybee-upload.wikimedia.org）

彩图10 采蜜
（张中印 摄）

彩图11 蜜蜂舞蹈传递食物信息
（引自《Biology:Life on Earth(3rd)》）

彩图12 分蜂
（引自Zachary Huang）

彩图13 中蜂蜂巢
（张中印 摄）

彩图14 意蜂自然蜂巢
（引自David L. Green，2002）

彩图15 小蜜蜂蜂巢
（引自Zachary Huang）

彩图16 大蜜蜂蜂巢
（引自Tim Laman）

彩图17 定地蜂场建筑物——国家现代蜂产业技术体系新乡综合试验站示范蜂场
（张中印 摄）

彩图18 定地蜂场——国家现代蜂产业技术体系新乡综合试验站示范蜂场
（张中印 摄）

彩图19 转地蜂场
（张中印 摄）

彩图20 多箱体养蜂

彩图21 刺槐
（引自《中国蜜蜂学》）

彩图22 柃
（尤方东 摄）

彩图23 荔枝
（张中印 摄）

彩图24 枣树
（张中印 摄）

彩图25 油菜
（张中印 摄）

彩图26 芝麻
（张中印 摄）

彩图27 向日葵
（引自www.xtec.es）

彩图28 荞麦
（引自《中药植物原色图鉴》）

彩图29 棉花
（引自agfacts.tamu.edu）

彩图30 椴树
（张中印 摄）

彩图31 荆条
（张中印 摄）

彩图32 山茱萸
（张中印 摄）

彩图33 益母草
（尤方东 摄）

彩图34 党参
（引自www.em.ca）

彩图35 枸杞
（张中印 摄）

彩图36 刺槐蜂蜜
（张中印 摄）

彩图37 油菜蜂蜜（结晶状态）
（张中印 摄）

彩图38 荆条蜂蜜
（张中印 摄）

彩图39 山花蜂蜜
（张中印 摄）

彩图40 夏枯草蜂蜜
（张中印 摄）

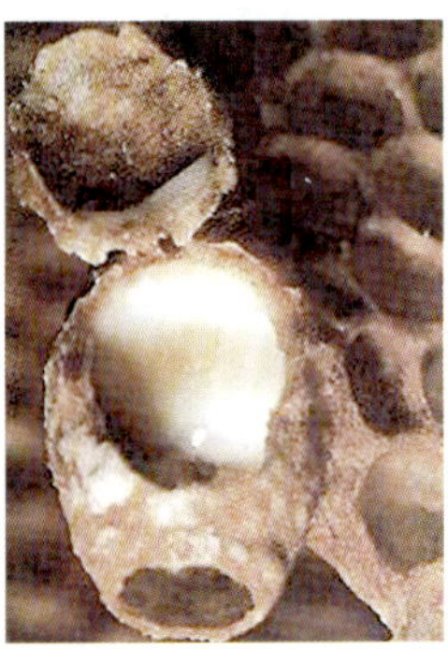

彩图41 王台
（引自《蜜蜂挂图》）

彩图42 蜂王浆
（张中印 摄）

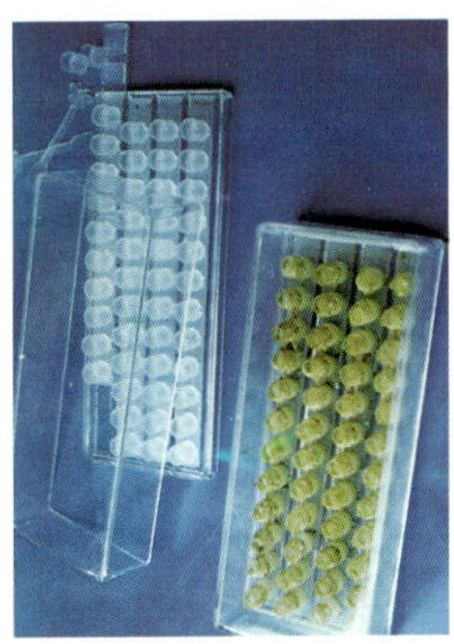

彩图43 王台王浆
（孙士尧 摄）

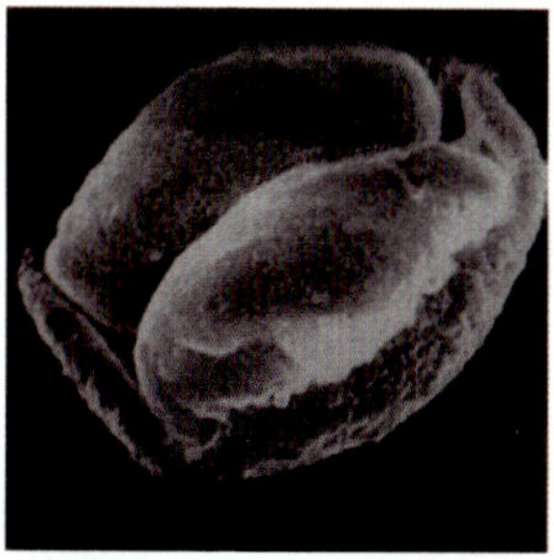

彩图44 花粉——单个颗粒
（引自《中国蜜蜂学》）

彩图45 蜂花粉——团状
（张中印 摄）

彩图46 蜂粮——柱状聚合物
（张少斌 摄）

彩图47 野皂荚蜂花粉
（张中印 摄）

彩图48 五味子蜂花粉
（张中印 摄）

彩图49 蜂巢——制蜡原料
（引自sites.ecosse.net）

彩图50 蜂蜡
（张中印 摄）

彩图51 纱网积胶
（张中印 摄）

彩图52 揉搓下来的蜂胶碎片
（张中印 摄）

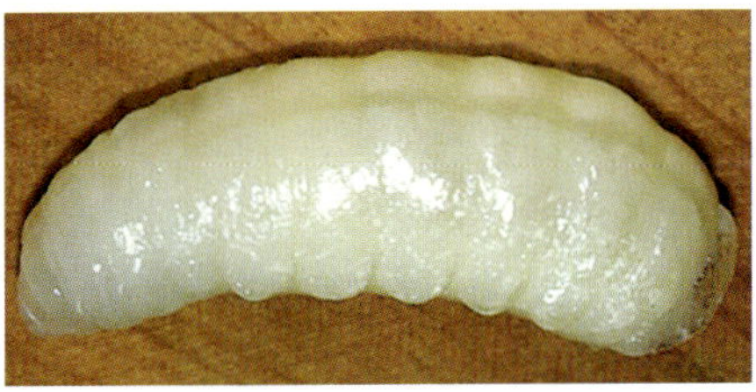

彩图53 10日龄蜜蜂幼虫
（张中印 摄）

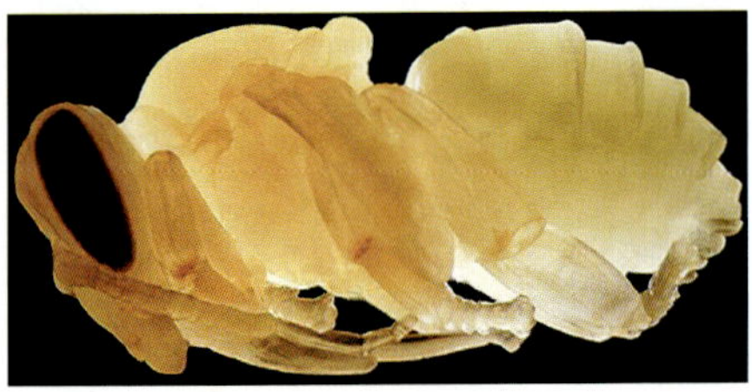

彩图54 蜜蜂蛹
（引自www.warrenphotographic.com）

彩图55 蜂毒晶体
（周传鹏 摄）

彩图56 工蜂伸出螯刺排毒
（张中印 摄）

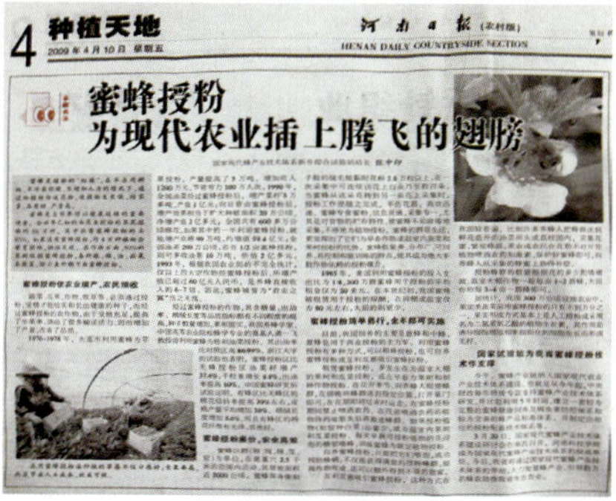
4 种植天地
2009年4月10日 星期五
河南日报（农村版）
HENAN DAILY COUNTRYSIDE SECTION
蜜蜂授粉
为现代农业插上腾飞的翅膀

彩图57 河南日报刊登《蜜蜂授粉为现代农业插上腾飞的翅膀》
[新乡（养蜂）综合试验站 供稿]

彩图58 中蜂为温室草莓授粉
（引自国家现代蜂产业技术体系北京综合试验站）

彩图59 蜜蜂为温室西瓜授粉—国家现代蜂产业技术体系北京蜜蜂授粉基地现场观摩会
（张中印 摄）

彩图60 装运授粉蜂群
（引自国家现代蜂产业技术体系北京综合试验站）

彩图61 国家科技支撑计划（油菜）蜜蜂授粉试验示范基地
（安建东 摄）

新编农技员丛书

国家现代蜂产业技术体系建设研究成果

# 养蜂配套技术手册

张中印　吴黎明　主编

中国农业出版社

**图书在版编目（CIP）数据**

养蜂配套技术手册 / 张中印，吴黎明主编．—北京
：中国农业出版社，2012.1（2018.10 重印）
（新编农技员丛书）
ISBN 978-7-109-16339-3

Ⅰ.①养… Ⅱ.①张… ②吴… Ⅲ.①养蜂—技术手册 Ⅳ.①S89-62

中国版本图书馆 CIP 数据核字（2011）第 251516 号

中国农业出版社出版
（北京市朝阳区麦子店街 18 号楼）
（邮政编码 100125）
责任编辑　肖　邦　黄向阳

---

中国农业出版社印刷厂印刷　　新华书店北京发行所发行
2012 年 1 月第 1 版　　2018 年 10 月北京第 8 次印刷

---

开本：850mm×1168mm 1/32　　印张：9.5　　插页：6
字数：235 千字
定价：23.00 元

# 编写人员名单


主　编　张中印　吴黎明

副主编　吉　挺　牛庆生

参　编　罗岳雄　高夫超　王顺海　张学文<br>
　　　　祁文忠　袁春颖　安建东　杜开书

主　审　吴　杰

# 内容简介

本书从蜜蜂生活习性入手，围绕繁育良种、饲养健康蜜蜂、生产优质产品，阐明规范的技术、先进实用的方法，图文并茂，通俗易懂。旨在促进农业增效和农民增收，实现养蜂持续稳定健康发展。

本书既适合农技人员推广培训使用和蜂农阅读，也可供农业院校相关专业师生参考。

# 前　言

养蜂是我国的传统养殖产业，又是现代农业的组成部分。饲养蜜蜂，可获得营养高、价值大的蜂产品，还可提高农作物的产量和品质。

遵照农业部《全国养蜂业“十二五”发展规划》和《关于加快蜜蜂授粉技术推广促进养蜂业持续健康发展的意见》，根据“国家现代蜂产业技术体系建设”的精神以及近年来自然灾害和环境变化对养蜂生产的影响，我们在长期科研教学、开展蜜蜂健康饲养和试验示范的基础上，学习并广泛吸取中外成功经验，继承传统，求是创新，将最新养蜂成果汇集组装，撰写了这本融先进性、可读性和可操作性于一体，技术体系较为完整的养蜂手册，呈现给一线的技术推广者和应用者。其宗旨在于推进养蜂生产标准化、规模化、优质化和产业化建设，提高蜂产品质量安全水平，促进农业增效和农民增收，实现养蜂持续稳定健康发展。

本书既是“国家现代蜂产业技术体系建设”成果的组成部分，又是中国农业出版社《新编农技员丛书》精品图书之一，在撰写和出版过程中，蜂产业体系首席科学家吴杰研究员对全书进行了全面审核，周冰峰、曾志将、余林生、邵有全、梁勤、薛运波等岗位专家及颜志立站长提出了宝贵的修改意见，还引用了 Zachary Huang 教授的精美图片以及来自于 http：//photo. bees. net/、www. legaitaly. com、http：//www. beecare. com/、http：//www. draperbee. com/、http：//www. beeman. se/、http：//www. mondoapi. it 等网站的图片。在此谨向以上单位和个人致以衷心的感谢，对参考过的有关资料和被引用国内外网站的精美图片的作者，也在此一并致以诚挚的谢意。

由于作者学识水平和实践经验所限，书中疏漏和欠妥之处在所难免，恳请读者批评指正。

编　者

2011. 10. 15

# 目录

# 第一章 蜜蜂基本知识

## 第一节 蜂群的特点

### 一、蜜蜂的概念

蜜蜂是为人类制造甜蜜的社会性昆虫，也是人类饲养的小型经济动物，它们以群（箱、桶、笼、窝、窑）为单位过着社会性生活。

饲养蜜蜂，可用于生产蜂蜜、蜂蜡、蜂王浆和蜂毒等产品，也用于农作物授粉，增加产量、提高品质。

a

b

c

图 1-1 蜜蜂的一家

a. 蜂王 b. 工蜂 c. 雄蜂

（引自 www.dkimages.com）

### 二、蜂群的组成

蜂群是蜜蜂的社会性集体，为蜜蜂自然生活和蜂场饲养管理的基本单位。一个蜂群通常由 1 只蜂王、数百只雄蜂（季节性出现）和数千只乃至数万只工蜂组成（图 1-1）。

蜂王是由受精卵发育形成的生殖器官完全的雌性蜂，具二倍染色体，在蜂群中专司产卵，是蜜蜂品种种性的载体，以其分泌蜂王物质的多少和产卵数量的大小来控制蜂群。

工蜂是由受精卵发育而来的生殖器官不完全的雌性蜂，具二倍染色体，有适应巢内外工作的器官。工蜂是蜂群中个体最小、数量最多的蜜蜂，在繁殖季节，一个强群可拥有5万～6万只工蜂，它们担负着蜂群内外的主要工作，正常情况下不产卵。

雄蜂是由未受精卵发育长成的雄性蜂，具单倍染色体。雄蜂在蜂群中的职能是寻求处女蜂王交配和平衡性比关系。它是季节性蜜蜂，只有蜂群繁殖季节才出现。

蜂王是一群之母，一群蜂中的所有个体都是它的儿女，没有蜂王，蜂群就会消亡；但蜂王不能哺育蜂儿，也不采集食物，脱离工蜂，它就无法生存。工蜂承担着巢内外的一切工作，但它们不能传宗接代。没有雄蜂，处女蜂王就不能交配，蜂群就不能继续繁殖，但雄蜂除和处女王交配外，不能自食其力，如果脱离了蜂群，它很快就会死亡。

蜂群中所有的雄蜂都是亲兄弟，它们继承了蜂王的遗传特性。由于蜂王在婚飞时与多只雄蜂交配，所以，蜂群中的工蜂既有同母同父姐妹，又有同母异父的姐妹，它们分别继承了蜂王与各自父亲的遗传特性。

## 三、蜜蜂的巢穴

蜜蜂的巢穴简称蜂巢，是蜜蜂繁衍生息、贮藏食粮的场所，由工蜂泌蜡筑造的1片或多片与地面垂直、间隔并列的巢脾构成，巢脾上布满巢房（图1-2）。

图1-2　蜜蜂建筑在树枝下的蜂巢
半球形的蜂巢，有利于保温御寒
（引自 David L Green）

### （一）蜂巢的特点

**1. 野蜂蜂巢**　野生的东

方蜜蜂和西方蜜蜂常在树洞、岩洞等黑暗的地方建筑巢穴，通常由10余片互相平行、垂直地面、彼此保持一定距离的巢脾组成，巢脾两面布满正六边形的巢房，每一片巢脾的上缘都附着在洞穴的顶部，蜂巢的形状一般呈半椭圆球形。

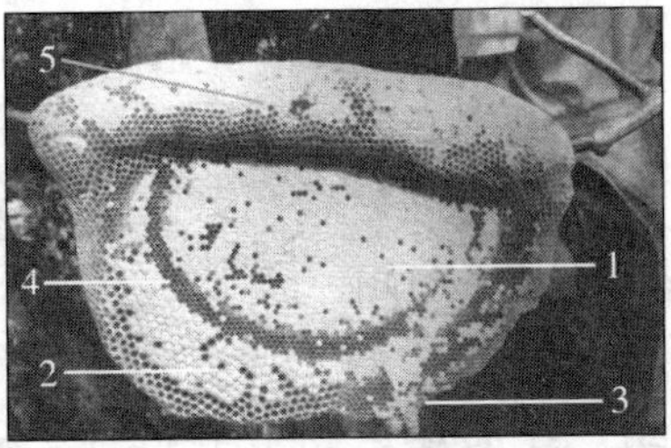


图1-3　小蜜蜂蜂巢（示：蜂房位置）
1. 工蜂房　2. 雄蜂房　3. 蜂王台
4. 花粉房　5. 贮蜜房
（引自 Zachary Huang）

单片巢脾的中下部为育虫区，上方及两侧为贮粉区，贮粉区以外至边缘为贮蜜区。从整个蜂巢看，中下部（蜂巢的心）为培育蜂儿区，外层（蜂巢的边或壳）为饲料区（图1-3）。

**2. 人工蜂巢**　人工饲养的东方蜜蜂和西方蜜蜂，生活在人们特制的蜂箱内，巢房建筑在活动的巢框里，巢脾大小规格一致，既适合蜜蜂的生活习性，又便于养蜂生产和管理操作（图1-4，图1-5）。其他特点同野生的东方蜜蜂和西方蜜蜂。

图1-4　人工蜂巢——蜂箱
（张中印　摄）

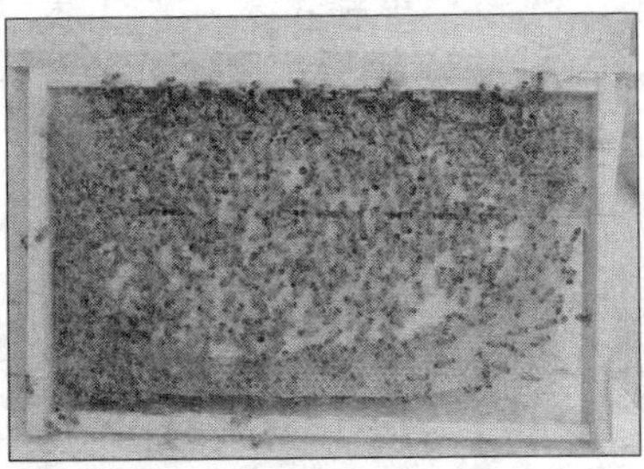

图1-5　巢　脾
（张中印　摄）

### （二）蜂巢的更新

**1. 蜜蜂筑巢** 一般由12～18日龄的工蜂吸食蜂蜜，然后经蜡腺转化成蜂蜡液体，并排出到蜡镜上形成蜡鳞（片）。蜜蜂用中足的距（加长加粗的特殊体毛）、后足的爪截取蜡鳞，经前足送到上颚，通过咀嚼并混入上颚腺的分泌物后，把变成海绵状的蜡块有规律地砌成巢房。工蜂巢房和雄蜂巢房呈正六棱柱体，巢房房口朝向上倾斜9°～14°；房底由3个菱形面组成，3个菱形面分别是反面相邻3个巢房底的1/3；房壁是同一面相邻巢房的公用面。由巢房形成巢脾，再由巢脾组成半球形的蜂巢（自然状态）。层层叠叠的巢房，每一排房孔都在同一条直线上，规格如一，洁白、美观，而且这样的结构能最有效地利用空间、最省材料、更坚固（图1-6）。

图1-6 新脾巢房
（张中印 摄）

自然蜂巢，是从顶端附着物部位开始建造，然后向下延伸。人工蜂巢，蜜蜂密集在人工巢础上造脾。

**2. 更新蜂巢** 新巢脾色泽鲜艳，房壁薄，容量大，培育的工蜂个大，且不易滋生病虫害。随着培育蜂儿次数的增加，巢房容积越来越小，颜色也越来越深，最后成为黑色，由这种巢房育出的蜜蜂个体小，也容易招来病菌。因此，意蜂巢脾2年更换1次，中蜂巢脾则年年更换。装满花粉的褐色巢脾导热系数仅为1.4，这有助于早春蜜蜂保温。

## 四、蜜蜂的食物

食物是蜜蜂生存的基本条件之一，蜜蜂专以花蜜和花粉为食。自然情况下，食物是指蜂蜜和蜂粮，它们来源于蜜粉源植物。另外，蜂乳（蜂王浆）是小幼虫和蜂王必不可少的食物，水是生命活动的物质，西方蜜蜂还采集蜂胶来抑制微生物。如果蜂群营养充分，蜜蜂就会健康，获得好收成；如果蜂群缺乏营养，蜜蜂就会衰弱，得不到效益。

### （一）糖类化合物

**1. 蜂蜜**　由工蜂采集花蜜并经过酿造而来，为蜜蜂生命活动提供能量。蜂蜜（图 1-7）中含有 180 余种物质，其主要成分是果糖和葡萄糖，占总成分的 64%～79%；其次是水分，含量约为 17%；另外还有蔗糖、麦芽糖、少量多糖及氨基酸、维生素、矿物质、酶类、芳香物质、色素、激素和有机酸等。培育 1 千克蜜蜂约需蜂蜜 1.14 千克，1 群蜂 1 年约需 69 千克蜂蜜。

**2. 白糖**　由甘蔗和甜菜榨出的汁液制成的精糖，主要成分为蔗糖，分白砂糖和绵白糖两种，养蜂上常用的是一级白砂糖。在没有蜜源开花季节，常作为蜂蜜的替代饲料，转地放蜂，每群每年需要白糖 22.5 千克。贮存 1 年以上、颜色变黄的白糖，往往受到螨虫的污染，喂蜂时须把糖浆加热至沸，消灭螨虫。

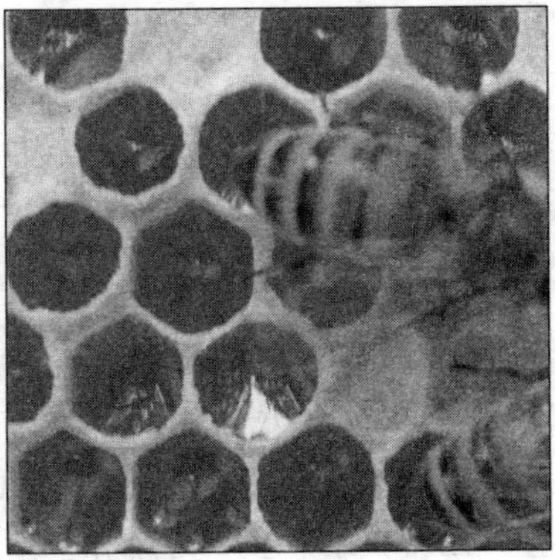

图 1-7　蜂　蜜

（张中印　摄）

### （二）蛋白质食物

**1. 蜂粮**　由工蜂采集花粉并经过加工形成，为蜜蜂生长发育提供蛋白质。花粉是蜜蜂食物中蛋白质、脂肪、维生素、矿物质的主要来源，为蜜蜂生长发育必需品。花粉中含有 8%～40% 的蛋白质、30%的糖类、20%的脂肪以及多种维生素、矿物质、酶与辅酶类、甾醇类、牛磺酸和色素等。培育1千克蜜蜂约需花粉894克，1群蜂1年约需花粉25千克（图1-8）。

图1-8 蜂 粮
（张中印 摄）

图1-9 蜂王浆
（引自蜜蜂挂图）

**2. 蜂王浆** 由工蜂的王浆腺和上颚腺分泌，为蜂王的食物（图1-9）以及工蜂和雄蜂小幼虫的食物（图1-10），其主要成分是蛋白质和水。喂养蜂王的蜂乳也叫蜂王浆，在蜂王的生长发育和产卵期都必须有充足的蜂王浆供应。

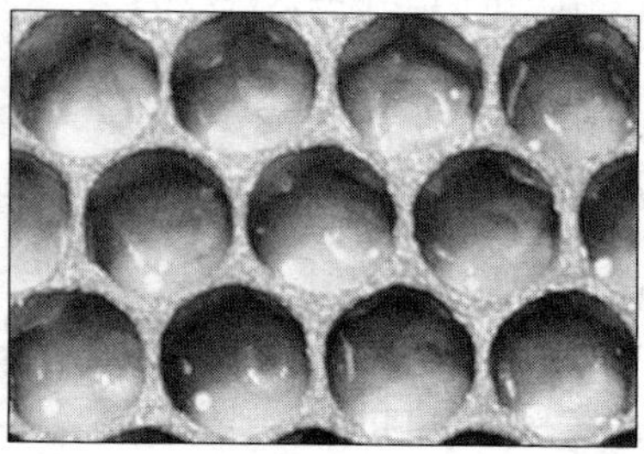

图1-10 工蜂浆——蜂乳
（张中印 摄）

**3. 大豆** 即大豆粉，富含蛋白质，为花粉的配合饲料。在使用时将豆炒熟、粉碎并过筛，与蜂花粉混合喂蜂，以降低成本添加剂量不超过30%。

**（三）其他类物质**

**1. 水分** 由工蜂从外界采集获得，在蜜蜂活动时期，1群蜂每日需水量约 200 克，1 个强群日采水量可达 400 克。没有水，蜜蜂不能繁殖，喝了污水会生病。

**2. 蜂胶**　蜂胶不是蜜蜂的食物，但却是意蜂群中必不可少的起抗菌作用的物质，是工蜂采集树芽胶加工的产品。

## 第二节　蜜蜂的形态

蜜蜂个体生长发育包括由卵发育到成虫的整个过程，从形态上可划分为卵、幼虫、蛹、成虫四个阶段，其结构和生活形式也各不相同。

### 一、卵、幼虫和蜂蛹

蜜蜂的卵、幼虫和蛹生活在蜂巢中，平时不能被人发现（图 1－11）。

#### （一）蜂卵

蜜蜂的卵呈香蕉状，乳白色，略透明；两端钝圆，一端稍粗是头部，朝向房口，另一端稍细是腹末，表面有黏液，黏着于巢房底部（图 1－11a）。

从蜂王产卵开始到卵孵化，这一时期称为卵期，约 3 天。第 3 天后，孵出幼虫。

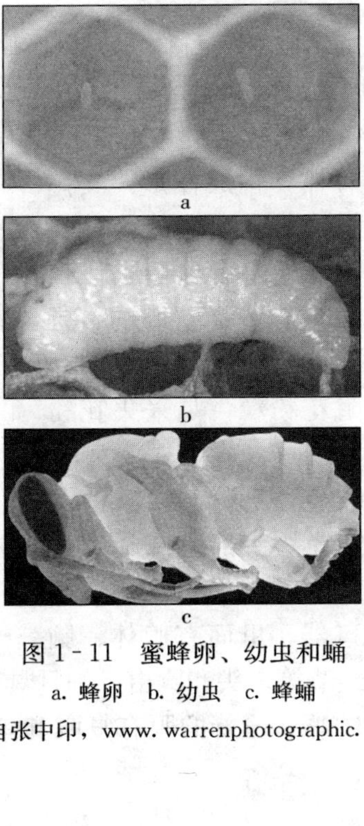

图 1－11　蜜蜂卵、幼虫和蛹
a. 蜂卵　b. 幼虫　c. 蜂蛹
（引自张中印，www.warrenphotographic.com）

#### （二）幼虫

指从卵孵化到第 5 次蜕皮结束时的虫态，这一过程称为幼虫期。初孵化的幼虫淡青色，不具足，平卧房底，并被饲料所包围。幼虫初呈新月形，渐成C形，随着生长，幼虫越来越呈小环状，白色晶亮，长大后则伸向巢房口发展，有一个小头和13个分节的体躯（图1-11b）。

### （三）蜂蛹

从幼虫蜕第5次皮开始到蛹壳裂开为止，称为蛹期。蜜蜂蛹期不取食，但幼虫期形成的组织和器官在继续分化和改造，逐渐形成成虫的各种器官。

当成虫在蛹壳内完全形成时，蛹壳裂开，蜜蜂咬破巢房蜡盖羽化出房，经过数天的再发育，体内各器官发育成熟，这就是我们所经常见到的蜜蜂。

## 二、成虫的外部形态

蜜蜂成虫的身体分为头、胸、腹三部分，由多个体节构成（图1-12）。

蜜蜂的体表是一层几丁质外骨骼，构成体形，支撑和保护内脏器官。外骨骼表面密被绒毛，有保温护体作用。绒毛有些是空心的，是感觉器官；有些呈羽状分支，能黏附花粉粒，是采集花粉的工具之一。

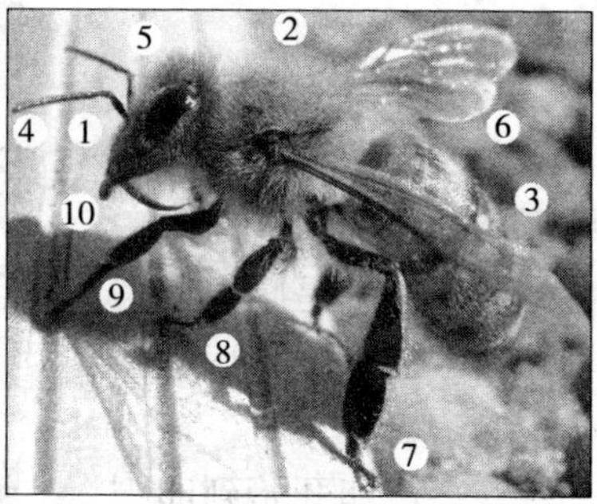


图1-12　外部形态

1. 头部　2. 胸部　3. 腹部　4. 触角　5. 复眼　6. 翅　7. 后足　8. 中足　9. 前足　10. 口器

（引自 www.flickr.com）

### （一）头部

蜜蜂的头部是感觉和摄食的中心，表面着生眼、触角和口器，里面有腺体、脑和神经节等。头和胸由一细且具弹性的膜质颈相连（图1-13）。

**1. 眼**　蜜蜂的眼有复眼和单眼两种。复眼1对，位于头部两侧，由许多表面呈正六边形的小眼组成，大而突出，暗褐色，有光泽。蜜蜂复眼视物为嵌像，对快速移动的物体看得清楚，能迅速记住黄、绿、蓝、紫色，对红色是色盲，追击黑色与毛茸茸的东西。单眼3个，呈倒三角形排列在两复眼之间与头顶上方。单眼为蜜蜂的第二视觉系统，它对光强度敏感，决定蜜蜂早出晚归。

图1-13　工蜂的头部

（引自 www.greensmiths.com）

**2. 触角**　触角1对，着生于颜面中央触角窝，膝状，由柄、梗、鞭3节组成，可自由活动，司味觉和嗅觉。

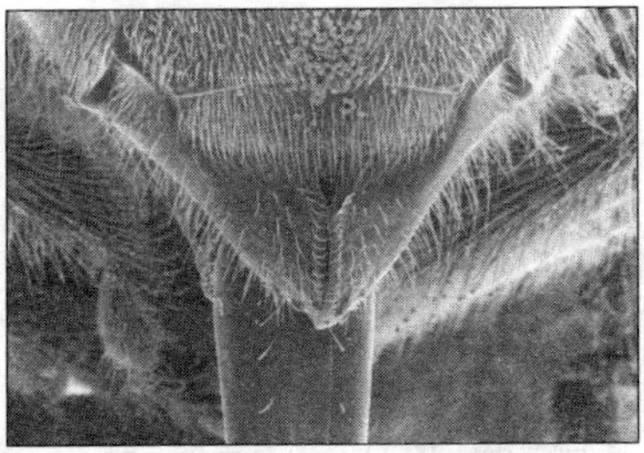

图1-14　口器（上唇、上颚和喙）

（引自 www.bath.ac.uk）

**3. 口器**　蜜蜂的口器由上唇、上颚和喙等组成，是适于吸吮花蜜和嚼食花粉等的嚼吸式口器（图1-14）。

### （二）胸部

胸部是蜜蜂的运动中心，由前胸、中胸、后胸和并胸腹节组成。并胸腹节由第一腹节延伸至胸部构成，其后部突然收缩连着腹柄而与腹部相连。胸部4节紧密结合，每节都由背板、腹板和两块侧板合围而成。中胸和后胸的背板两侧各有1对膜质翅，称前翅和后翅。前、中、后胸腹板两侧分别着生前足、中足和后足各1对。胸部骨板内壁着生发达的肌肉，支持着足、翅的运动。

**1. 翅**　蜜蜂翅2对，膜质透明，前翅大于后翅。翅上有翅脉，是翅的支架；翅上有翅毛（图1-15）。前翅后缘有卷褶，后翅前缘有1列向上的翅勾。静止时，翅水平向后折叠于身体背面；飞翔时，前翅掠过后翅，前翅卷褶与后翅翅勾搭挂——连锁，以增加飞翔力。

蜜蜂的翅除飞行外，还能扇动气流和振动发声，调节巢内温度和湿度，传递信息。

图1-15　工蜂的翅
(引自 www.usefilm.com)

**2. 足**　蜜蜂的足分前足、中足和后足3对，都由基节、转节、股节、胫节和跗节组成（图1-16）。跗节由5个小节组成：基部加长扩展近长方形的分节称基跗节，近端部的分节叫前跗节，其端部具有1对爪和1个中垫，爪用以抓牢表面粗糙的物体，中垫能分泌黏液附着于光滑物体的表面。足的分节有利于蜜蜂灵活运动。

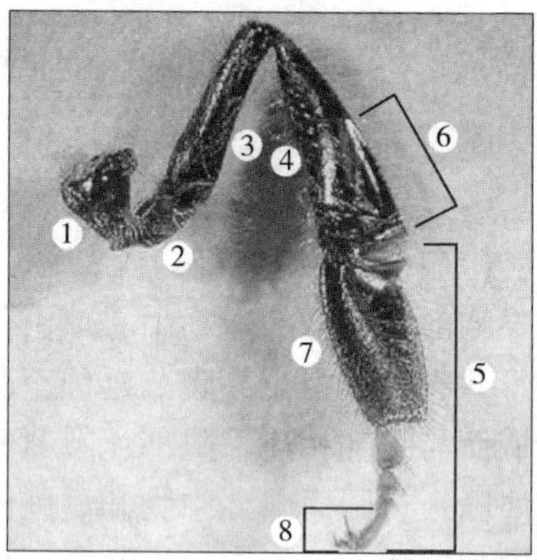


图1-16　蜜蜂的足
1. 基节　2. 转节　3. 股节　4. 胫节　5. 跗节
6. 花粉蓝　7. 基跗节　8. 前跗节（示：爪）
(引自 www.greensmiths.com)

工蜂足的构造高度特化，它既是运动器官，又是采集和携带花粉的工具。后足胫节端部宽扁，外表面光滑而略凹陷，周边着生向内弯曲的长刚毛，相对环抱，下部偏中央处独生1支长刚毛，形成一个可携带花粉的装置——花粉篮。工蜂采集到的花粉在此堆集成团，中央刚毛和花粉篮周围的刚毛，起固定花粉团的作用。胫节端部有一列硬刺，称花粉耙，基跗节基部边缘有一横向的扁状突起部分，称耳状突。花粉耙和耳状突可协作把搜刮来的花粉形成花粉团并装入花粉篮内。基跗节内侧具有9～10排整齐横列的硬毛，称花粉梳，用于梳刮附着在身体上的花粉粒等（图1-17）。意蜂等西方蜜蜂的花粉篮还用于携带蜂胶。

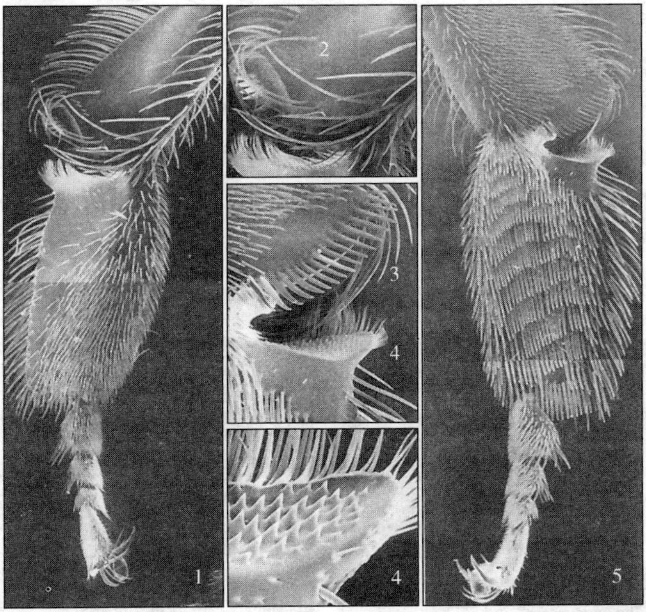


图1-17 工蜂后足

1. 外侧，示花粉篮 2. 刚毛 3. 花粉耙 4. 耳状突 5. 内侧，花粉梳

（引自 Snodgrass R E，1993）

蜂王和雄蜂足的采集构造均退化。

### （三）腹部

腹部由一组环节组成，是蜜蜂内脏活动和生殖的中心（图

1－18）。

**1. 基本结构** 每一可见的腹节都是由1片大的背板和1片较小的腹板组成，其间由侧膜相连；腹节之间由前向后套叠在一起，前后相邻腹节由节间膜连接起来，这样，腹部可以自由伸缩和弯曲。在蜜蜂腹节背板的两侧各具成对的气门。

**2. 附属器官** 螫针是蜜蜂的自卫器官。工蜂的螫针由产卵器特化而成，通常包藏于腹末第7节背板下的螫针腔内。由碱性腺（副腺）、酸性腺（毒腺）、毒囊和螫针杆等组成。螫针杆由1根腹面具沟的刺针和2根上表面具槽、端部具齿的感针组成，感针镶嵌于刺针之下，可滑动自如，并与刺针组成通道，与毒囊、毒腺相连（图1－19）。在工蜂蜇人时，靠感针端部的小齿附着人体，蜜蜂逃跑时将螫针和毒腺与蜂体分离。螫针上的肌肉在交感神经的作用下，还会有节奏地收缩，刺针与感针上下滑动，使螫针越刺越深并继续射毒，直到把毒液全部排出为止。失去螫针的工蜂，不久便死亡。

图1－18　腹　部

（引自 www. flickr. com）

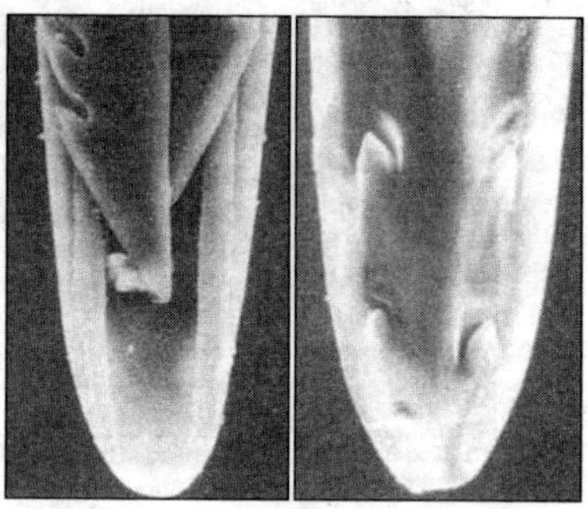

图1－19　螫针的端部

（引自 Snodgrass R E，1993）

蜂王的螫针也是由产卵器特化而成，它只在与其他蜂王搏斗时才使用。雄蜂没有螫针。

蜡镜在工蜂的第4至第7腹板的前部，即被前一节套叠的部分，各具一对光滑、透明、卵圆形的蜡镜，是承接蜡液凝固成蜡鳞的地方。

## 第三节 蜜蜂的生理

蜜蜂体腔内充满着流动的血液（血淋巴），消化道位于体腔的中央，从口到肛门前后贯通；血液循环系统的中心——背血管（心脏和一段动脉），位于腹腔背面的中央。中枢神经系统由头部的脑和位于体腔腹面中央的腹神经索组成。呼吸系统开口于胸部和腹部的两侧。除此以外，蜜蜂的内部构造还包括生殖系统、腺系统、排泄器官等。

蜜蜂腹部的消化道与背血管、腹神经索之间分别由背隔、腹隔隔开，这样将腹腔分隔成 3 个腔，即背血窦、围脏窦和腹血窦，以便血液分区循环。

### 一、消化与排泄生理

#### （一）消化系统生理

蜜蜂成虫的消化系统可分为前肠、中肠和后肠 3 部分。

前肠由口、咽、食道、蜜囊和前胃组成，与花蜜的采集和酿造密切相关的是喙和蜜囊（图 1-20）。

中肠呈 S 形，是蜜蜂消化食物和吸收养分的主要器官，和后肠分界处着生马氏管。

后肠又由小肠和直肠组成，直肠壁上着生有直肠腺。小肠是弯曲、狭长的管子，在中肠未被消化的食物，经小肠继续消化和吸收后进入直肠。直肠可暂时贮存代谢废物，直肠腺的分泌物可抑制粪便腐烂。

#### （二）马氏管排泄生理

蜜蜂的排泄系统由马氏管、直肠及部分脂肪体组成，其排泄物主要是食物残渣和代谢废物——尿酸、尿酸盐类等。

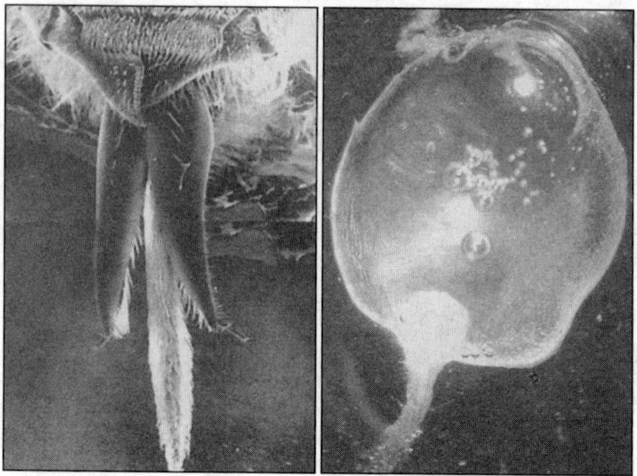

a　　　　　　　　　　　　b

图 1-20　工蜂的采蜜器官

a. 喙，是吸食花蜜的管子

b. 蜜囊，临时存放花蜜、类似家庭主妇购物的袋子

（引自 www2. okstate. edu；Zachary Huang）

中肠和小肠连接处着生有 100 多条细长的盲管，称马氏管。这些盲管彼此相互交错盘曲，深入到腹腔的各个部位，浸浴在血液中。在管壁上着生螺旋状的条纹肌纤维，纤维肌收缩使马氏管扭动，与更多的血液接触，扩大吸收面积。马氏管从血液中吸收尿酸和尿酸盐类等，并将其送入后肠，混入粪便而排出体外。

蜜蜂的代谢废物有一部分贮藏在脂肪体内，这些废物并不影响蜜蜂的正常生活。

## 二、呼吸系统

蜜蜂的呼吸是将空气中的氧气经不同直径的管道，直接送到需要氧气的器官和组织，其呼吸系统是由气门、气管、微气管、气囊等组成（图 1-21）。

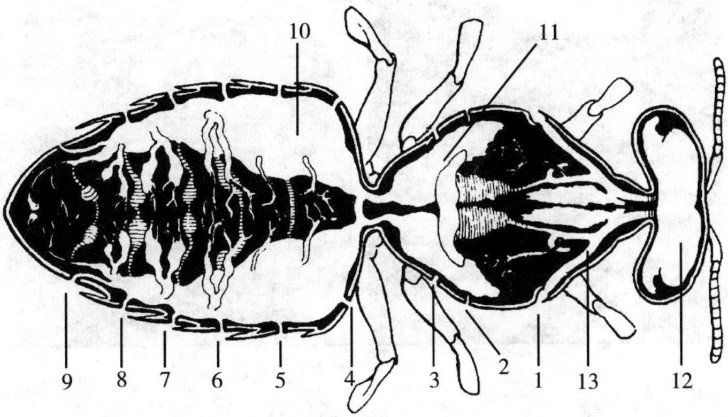


图 1-21　蜜蜂的呼吸系统

1～9. 第Ⅰ～Ⅸ对气门　10. 腹部气囊　11. 胸部气囊　12. 头部气囊　13. 气管

（引自 Snodgrass，1993）

## （一）呼吸器官的构造

**1. 气门**　气门是气管通向体外的开口，在身体的两侧相对排列，胸部有 3 对气门，腹部有 7 对气门。除第 3 对气门外，其他气门都有控制空气漏出和在气管中流动的装置。

**2. 气管**　气管是与气门相连的具有弹性的管子，成对并对称地在体内呈分支状分布。从气门到分支处的一短段气管称气门气管，它分成 3 支伸向背面、腹面和中央的消化道，分别称为背气管、腹气管和内脏气管（图 1-22）。从胸部到腹末，把整个开口于体侧的气管连接贯通的纵向气管叫气管干。蜜蜂腹部的气管干膨大，演变成了气囊。

**3. 气囊**　气管局部膨大的部分叫气囊，气囊充满空气时呈银白色。气囊壁薄而柔软，富有弹性，其扩张和收缩可加强气管内气体的流通，蜜蜂飞行时，还有增大浮力的作用。

**4. 微气管**　气管和气囊不断分支，最终形成管径 1 微米以下的气管，并以封闭的末端分布于各组织器官间。微气管末端充

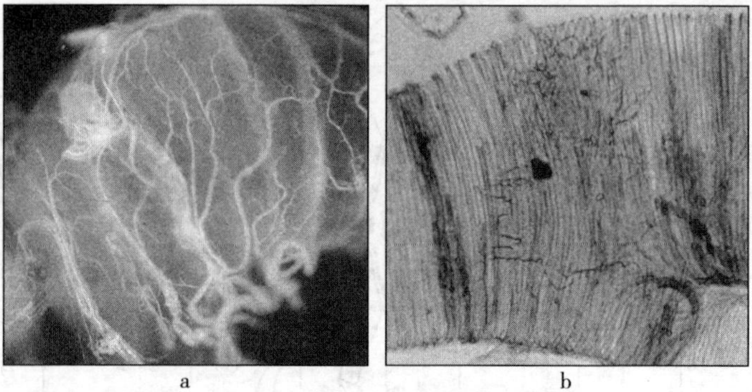

图 1-22　微气管

a. 示微气管分支　b. 放大的微气管

（引自 Zachary Huang）

满含饱和氧的液体，这些氧通过管壁和细胞壁进入细胞内进行代谢。

### （二）呼吸的实现

蜜蜂的呼吸运动是靠腹部肌肉的收缩和扩张来实现的。随着腹部有节奏的张缩运动，使气门开合：腹部伸展时，胸部气门张开，腹部气门关闭；腹部收缩时则相反，彼此交错开闭。蜜蜂静止时，主要依靠第 1 对气门呼吸，腹部气门关闭；飞翔时，因糖等的代谢增加，空气由第 1 气门吸入，由腹部气门排出。

蜜蜂的呼吸，一般每分钟 40～150 次，在静止和低温时较慢，在活动、高温或激怒时则较快。

蜜蜂在任何时候都需要充足、新鲜、洁净的空气；在运输、室内越冬、生产花粉或关闭巢门期间，空气不足或高温会造成蜜蜂呼吸困难及体力消耗，甚至死亡。

## 三、生殖系统

蜂王和雄蜂的生殖器官发育完全，工蜂的生殖器官几乎完全退化，正常情况下不能产卵。

### （一）蜂王生殖器官

蜂王的生殖器官由 1 对卵巢、2 条侧输卵管、1 个中输卵管、附性腺和外生殖器等组成。卵巢梨形，每个卵巢由 150 条左右的卵巢管紧密聚集而成，卵巢管由一连串的卵室和滋养细胞室相间组成（图 1－23）。

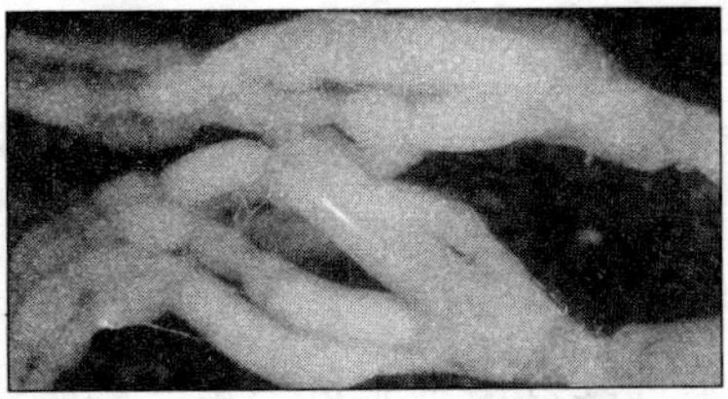

图 1－23 蜂王的卵巢管

（引自 Zachary Huang）

卵在卵室内发育，成熟后经过侧输卵管到达中输卵管，中输卵管的后端膨大为阴道，阴道背面有 1 个圆球状的受精囊，是蜂王接受和贮藏精子的地方，由受精囊管与阴道相通，蜂王在此按需要决定卵子受精与否。

工蜂的生殖器官已显著退化，卵巢仅存 3～8 条卵巢管，受精囊仅存痕迹，其他器官也已退化，失去正常的产卵功能。

### （二）雄蜂生殖器官

雄蜂的生殖器官由 1 对睾丸、2 条输精管、1 对贮精囊、1 对黏液腺、1 条射精管和阳茎组成。睾丸呈扁平的扇状体，内有许多精小管，产生的精子经过一短段细小扭曲的输精管，到达长管状的贮精囊，与处女蜂王交配时，由射精管排出土黄色的精液（图 1－24）。

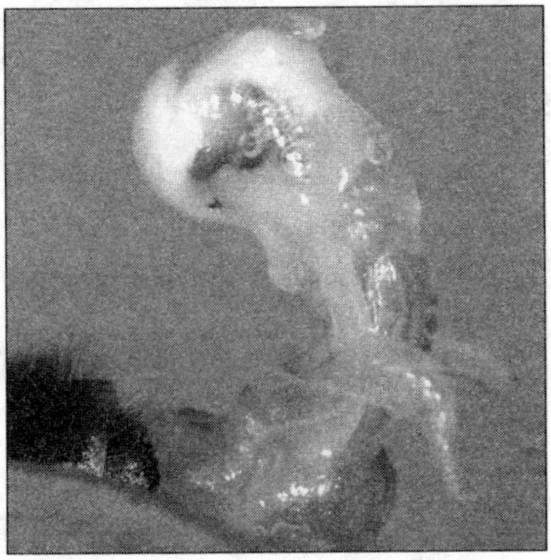

图 1－24 雄蜂外露的阳茎

（引自 http：//beeman. se）

## 四、分泌系统

由不同功能的腺体组成，包括外分泌腺和内分泌腺。

### （一）内分泌腺

内分泌腺无腺管，其分泌物称激素，被腺体周围的毛细血管吸收，通过血液循环送往身体各处，以调节机体的生长发育、物质代谢和器官活动。蜜蜂的内分泌腺有前胸腺、咽侧体、心侧体和脑神经分泌细胞群（蜜蜂的脑下垂体）。

### （二）外分泌腺

外分泌腺有腺管，分泌物通过导管排出体外。主要有咽下腺、毒腺、臭腺和上颚腺等。

工蜂的舌腺位于头内两侧，为1对葡萄状的腺体，分泌的蜂王浆经过两条中轴导管送到舌端，喂养蜂王和小幼虫，所以，舌腺又称王浆腺、营养腺。

工蜂的上颚腺分泌王浆酸参与蜂王浆的形成，主要成分是10-羟基-α-癸烯酸（10-HDA）。蜂王上颚腺的分泌物叫蜂王物质，主要成分是反式9-氧代-2-癸烯酸（9-ODA）、反式9-羟基-2-癸烯酸（9-HDA）等。一方面，工蜂通过喂养蜂王获得这种物质，并经过工蜂间的相互接触在蜂群中传递，保持蜂群的团结和积极的工作状态；另一方面，通过空气传播，婚飞的处女王引起雄蜂的竞争，分蜂的蜜蜂聚集在蜂王的周围，并形成稳定的蜂团。

优质蜂王或年轻蜂王分泌的蜂王物质多，控制蜂群的能力也强。

## 第四节　蜜蜂的习性

### 一、蜜蜂的飞行特点

在黑暗的蜂巢里，蜜蜂利用重力感觉器与地磁力来完成筑巢的定位；在外出采集来往飞行中，蜜蜂利用视觉和嗅觉的功能，依靠地形、物体与太阳位置等来定向；而在近处则主要依靠颜色和气味来寻找巢门位置和食物。在一个狭小的场地住着众多的蜜蜂，若没有明显标志物，蜜蜂也会迷失方位，蜂场附近的高压线能影响蜜蜂回归。

晴暖无风的天气，意蜂载重飞行每小时约 20 千米，在逆风条件下常贴地面艰难运动。意蜂的有效活动范围在离巢穴 2.5 千米以内，向上飞行的高度 1 千米，并可绕过障碍物。中蜂的采集半径约 1 千米。

一般情况下，蜜蜂在最近的植物上进行采集。在其飞行范围内，如果远处有更丰富、可口的植物泌蜜、散粉的情况下，有些蜜蜂也会舍近求远，去采集该植物的花蜜和花粉，但离蜂巢越远，去采集的蜜蜂就会越少。一天当中，蜜蜂飞行的时间与植物泌蜜时间相吻合，或与蜜蜂交配等活动相适应。

## 二、食物采集与加工

蜂群生活所需要的营养物质，都由蜜蜂从外界采集物中获得。

### （一）花蜜的采集与酿造

花蜜是植物蜜腺分泌出来的一种甜液，是植物招引蜜蜂和其他昆虫为其异花授粉必不可少的“报酬”。

**1. 花蜜的采集**　在植物开花时，蜜蜂飞向花朵，降落在能够支撑它的任何方便的部位，根据花的芳香和花蕊的指引找到花蜜和花粉，把喙向前伸出，在其达到的范围内把花蜜吮吸干净（图 1-25）。有时这个工作需要在空中飞翔时完成。

图 1-25　采　蜜
（张中印　摄）

一个 6 千克重的蜂群，在流蜜期投入到采集活动的工蜂约为总数的 1/2；一个 2 千克重的蜂群，投入到采集活动的工蜂所占蜂群比例约为 1/3.4。如果蜂巢中没有蜂儿可哺育，提前到 5 日龄的工蜂也会参与采集工作中。在刺槐、油菜、椴树等主要蜜源开花盛期，一个意蜂强群 1 天采蜜量可达 5 千克以上。

蜜蜂采访 1 100～1 446 朵花才能获得 1 蜜囊花蜜，1 只蜜蜂一生能为人类提供 0.6 克蜂蜜。

**2. 蜂蜜的酿制** 花蜜酿造成蜂蜜，一是要经过糖类的化学转变，二是要把多余的水分排出。花蜜被蜜蜂吸进蜜囊的同时即混入了上颚腺的分泌物——转化酶，蔗糖的转化就从此开始。采集蜂归来后，把蜜汁分给 1 至数只内勤蜂，内勤蜂接受蜜汁后，找个安静的地方，头向上，张开上颚，整个喙进行反复伸缩，吐出吸纳蜜珠。20 分钟后，酿蜜蜂爬进巢房，腹部朝上，将蜜汁涂抹在整个巢房壁上；如果巢房内已有蜂蜜，酿蜜蜂就将蜜汁直接加入。花蜜中的水分，在酿造过程中通过扇风来排出。如此 5～7 天，经过反复酿造和翻倒，蜜汁不断转化和浓缩，蜂蜜成熟，然后逐渐被转移至边脾，泌蜡封存。

### （二）花粉的收集与制作

花粉是植物的雄性配子，其个体称为花粉粒，由雄蕊花药产生。饲喂幼虫和幼蜂所需要的蛋白质、脂肪、矿物质和维生素等，几乎完全来自花粉。

图 1-26 采 粉

**1. 花粉的收集** 当花粉粒成熟时，花药裂开，散出花粉。蜜蜂飞向盛开的鲜花，拥抱花蕊，在花丛中跌打滚爬，用全身的绒毛黏附花粉，然后飞起来用 3 对足将花粉粒收集并堆积在后足花粉篮中，形成球状物——蜂花粉，携带回巢（图 1 - 26）。

工蜂每次收集花粉约访梨花 84 朵、蒲公英 100 朵，历时 10 分钟左右，获得 12～29 毫克花粉。在油菜花期，一个有 2 万只蜜蜂的蜂群，日采鲜花粉量可达到 2 300克，即群日采粉 55 000 蜂次以上。1 群蜂 1 年需要消耗花粉 30 千克。

图 1 - 27 蜂 粮

（张中印 摄）

**2. 蜂粮的制作** 蜜蜂携带花粉回巢后，将花粉团卸载到靠近育虫圈的巢（花粉）房中，不久内勤蜂钻进花粉房中，将花粉嚼碎夯实，并吐蜜湿润。在蜜蜂唾液和天然乳酸菌的作用下，花粉变成蜂粮（图 1 - 27）。巢房中的蜂粮贮存至 7 成左右，蜜蜂添加 1 层蜂蜜，最后用蜡封存，以便长期保存。

## 三、蜜蜂的语言

蜜蜂的社会性生活方式，要求其成员间进行有效的信息传递。它们通过感觉器官、神经系统接受外界和体内各种理化刺激，按固定程序机械性地产生一系列行为反应，整个蜂群中的蜜蜂内外协调，共同完成采集、繁殖、分蜂、抗御敌害与严寒，使蜜蜂种群得以生存和繁荣。

### （一）本能与反射

本能与反射是适应性反应，一般受内分泌激素的调节。如蜂王产卵、工蜂筑巢、采酿蜂蜜和蜂粮、饲喂幼虫等都是本能表现。蜜蜂对刺激产生反射活动，如遇敌蜇刺、闻烟吸蜜，用浸花糖浆喂蜂，蜜蜂就倾向探访有该花香气的花朵。

## （二）信息外激素

信息外激素是蜜蜂外分泌腺体向体外分泌的多种化学通讯物质，这些物质借助蜜蜂的接触、饲料传递或空气传播，作用于同种的其他个体，引起特定的行为或生理反应。主要有蜂王信息素、蜂子信息素和蜂蜡信息素等。

**1. 蜂子信息素**　由蜜蜂幼虫和蛹分泌散布，作为雄、雌区别的信息，刺激工蜂积极工作。

**2. 蜂蜡信息素**　由新造巢脾散发出的挥发物，促进工蜂积极工作。

**3. 蜂王信息素**　由蜂王上颚腺分泌，通过侍卫工蜂传播，起着蜂群团结和抑制工蜂卵巢发育的作用。

**4. 工蜂臭腺素**　当蜜蜂受到威胁时，就高翘腹部，伸出螯针向来犯者示威，同时露出臭腺，扇动翅膀，将携带密码的香气报告给伙伴，于是，群起攻击来犯之敌。

在植物开花泌蜜期，巢内有适量幼虫，积极造脾会增加蜂蜜产量。

## （三）蜜蜂的舞蹈

蜜蜂在巢脾上用有规律的跑步和扭动腹部来传递信息进行交流（图 1－28），类似人的“哑语”或“旗语”。

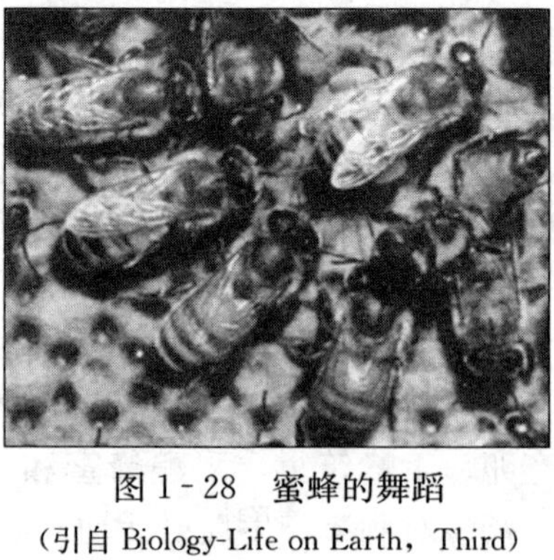

图 1－28　蜜蜂的舞蹈

（引自 Biology-Life on Earth，Third）

**1. 圆舞**　蜜蜂在巢脾上快速左右转圈，向跟随它的同伴展示丰美的食物就在附近。

**2. 8 字舞**　蜜蜂在巢脾上沿直线快速摆动腹部跑步，然后转半圆回到起点，再沿这条直线小径重复舞动跑步，并向另一边转半圆回到起点，如此快速转8字形圈，向跟随它的同伴诉说甜蜜还在远方，鲜花在它的头与太阳的方向上。于是，群芳麇至，将食物搬运回家。

当一个新的蜜蜂王国诞生（分蜂）时，蜜蜂通过舞蹈比赛来确定未来的家园。

### （四）蜜蜂的声音

蜂声是蜜蜂的有声语言，如蜜蜂跳分蜂舞时的呼呼声，似分蜂出发的动员令，“呼声”发出，蜜蜂便倾巢而出。蜜蜂围困蜂王时，发出一种快速、连续、刺耳的吱吱声，工蜂闻之，就会从四面八方快速向“吱吱”声音处爬行集中，使围困蜂王的蜂球越结越大，直到把蜂王闷死。当蜂王丢失时，工蜂会发出悲伤的无希望的哀鸣声。中蜂受到惊扰或遭到胡蜂进攻时，在原地集体快速震动身体，发出刷刷的整齐划一的蜂声，向来犯之敌示威。

## 四、蜜蜂与温度

蜜蜂属于变温动物，其个体体温接近气温，随所处环境温度的变化而发生相应的改变。例如，工蜂个体安全活动的最低临界温度，中蜂为10℃，意蜂为13℃；工蜂活动最适气温为15～25℃，蜂王和雄蜂最适飞翔气温在20℃以上。

蜂群对环境有很强的适应能力，其蜂巢温度相对稳定。蜂群在繁殖期，育虫区的温度要求在34～35℃，而蜂巢穴中壮年、老年工蜂需较低温度；在越冬断子期，蜂团外围的温度在6～10℃，蜂团中心的温度在14～24℃。具有一定群势和充足饲料的蜂群，在－40℃的低温下能够安全越冬，在最高气温45℃左右的条件下还可以生存。但是，蜜蜂在恶劣环境下生活要付出很多。创造适宜的环境条件，蜂群会给人们带来意想不到的收获。

人对蜂巢温度的影响有：蜂箱的遮阳与朝阳、运输蜂群、保暖处置、生产花粉、喂养糖浆等。

## （一）应对炎夏

蜂巢温度超过蜂群正常生活温度时，蜜蜂常以疏散、静止、扇风、洒水和离巢等方式来降低巢温，长时间高温，蜂王会减少产卵量以减轻工蜂负担，在不能耐受长期高温的情况下会飞逃，例如大蜜蜂有因气温和蜜源等因素在平原和山区来回迁移的习性（图 1-29）。

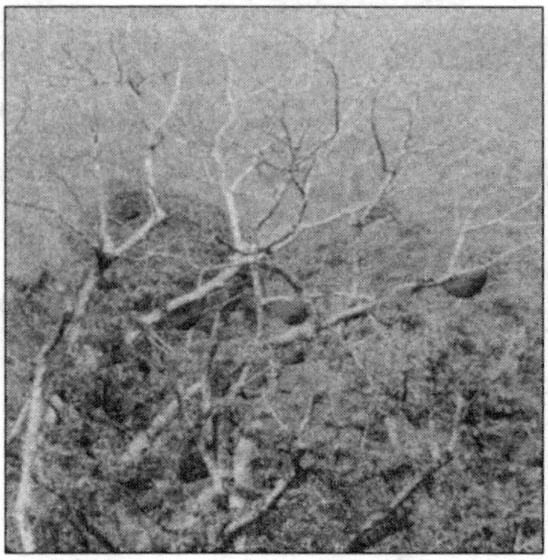

图 1-29　酷暑中的蜜蜂
（龚一飞　摄）

图 1-30　冰雪中的蜜蜂

## （二）抵御严寒

蜂巢温度降到蜂群正常生活温度以下时，蜜蜂通过密集、缩小巢门、加强新陈代谢等方式升高巢温。蜂群在整个生活周期内，都是以蜂团的方式度过的，冷时蜂团收缩，热时蜂团疏散，这在野生的东、西方蜜蜂种群的半球形蜂巢更为明显（图 1-30，图 1-31）。在冬季外界气温接近 6～8℃时，蜂群就结成外紧内松的蜂团，内部的蜜蜂比较松散，它们产生的热量向蜂团外层传输，用以维持蜂团外层蜜蜂的温度。蜂团外层由 3～4 层蜜蜂组成，它们相互紧靠，利用不易散热的周身绒毛形成保温“外壳”。“外壳”里的蜜蜂在得不到足够的温度被冻死时，就被其他蜜蜂替代。一般蜂团表面的温度保持在 6～10℃，中心温度为14～24℃。

图 1-31　蜂群对温度的适应

半球形的蜂巢有利于蜜蜂团结和保温，热时散开，冷时挤在一起

（引自 www.invasive.org 等）

# 第五节　蜜蜂的一生

## 一、生命特征

在蜂群中，蜜蜂个体一生经过卵、幼虫、蛹和成虫 4 个阶段，前 3 个阶段生活在蜂巢中，成虫则穿行于蜂巢和鲜花之间（图 1-32）。

在蜂群中，蜂王、工蜂和雄蜂的生长发育时间和寿命，受品种、食物等影响而存在差异（表 1-1）。

**表 1-1　中蜂和意蜂发育、生活历期**

（单位：天）

| 型别 | 蜂种 | 卵期 | 未封盖幼虫期 | 封盖期 | 羽化日 | 成虫期 |
|---|---|---|---|---|---|---|
| 蜂王 | 中蜂<br>意蜂 | 3 | 5 | 8 | 16 | 1 080～1 800 |
| 工蜂 | 中蜂<br>意蜂 | | 6 | 11<br>12 | 20<br>21 | 28～240 |
| 雄蜂 | 中蜂<br>意蜂 | | 7 | 13<br>14 | 23<br>24 | 平均 20 |

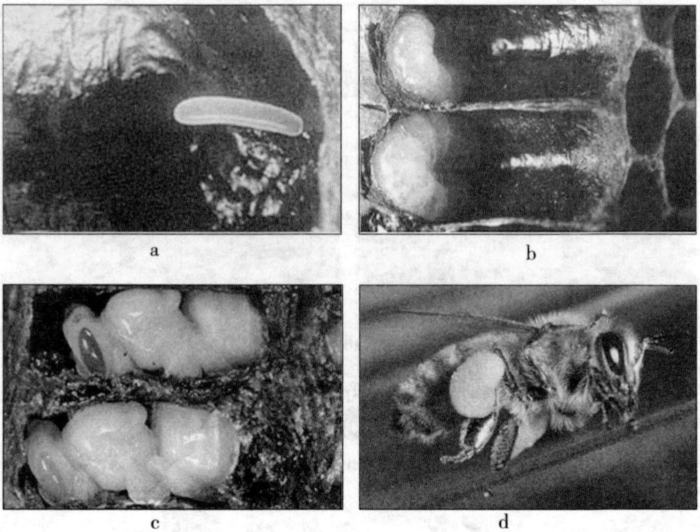


图 1-32　蜜蜂个体生长发育的四个虫态

a. 卵　b. 幼虫　c. 蛹　d. 成虫

（引自 www. greensmiths. com；Zachary Huang；beeman. se. com）

## 二、蜜蜂性别

蜂王在工蜂房和王台基内产下的受精卵，是含有 32 个染色体的合子，经过生长发育成为雌性蜂；由雌性蜜蜂产的未受精卵，其细胞核中仅有 16 个染色体，只能发育成雄蜂（图 1-33）。

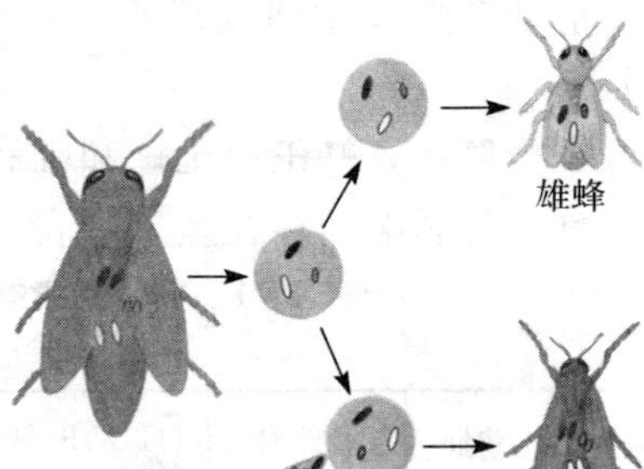


图 1-33　蜜蜂性别决定

（引自 BIOLOGY-The Unity and Diversity of Life，Eighth Edition）

蜂群中工蜂和蜂王这两种雌性蜂，在形态结构、职能和行为等方面存在差异，主要表现在：第一，工蜂具有采集食物和分泌蜂蜡、制造王浆等的工作器官，但生殖器官退化；蜂王不具有采集食物的构造，无分泌蜂蜡、制造王浆等的特殊构造，但生殖器官发达，体大，专司产卵；第二，两者发育历期不同，寿命差异很大。造成工蜂和蜂王差异的原因是食物和出生地，工蜂出生于口斜向上、呈正六棱柱体的工蜂房中，幼虫在最初的 3 天中吃的蜂王浆，以后吃蜂粮；而蜂王成长于口向下、呈圆坛形的王台中，幼虫及成年蜂王一直吃的是蜂王浆。蜂粮和蜂王浆的差异导致了上述命运的悬殊。

## 三、个体活动

### (一) 蜂王

**1. 蜂王的产生**　在每年蜜源丰盛季节，蜂群培育新的蜂王，准备分蜂，或替换衰老的蜂王。处女蜂王羽化出来后，8～9 天性成熟，处于青春期的处女蜂王在晴暖天气出巢婚飞，与一簇雄蜂竞争，胜者交配，交配 2～3 天后产卵，产卵后除非分蜂，便一直生活在蜂巢中。

**2. 蜂王的职能**　蜂王的主要职能就是产卵，从早春到秋末，不分昼夜地在巢脾上巡行，产下一个又一个的卵，而工蜂则将其环绕其中，时刻准备着用营养丰富的蜂王浆饲喂蜂王（图 1 - 34）。意蜂王每昼夜产卵可达 1 800 粒，超过自身的体重。中蜂王每昼夜产卵 900 粒左右。当外界花儿逐渐消失，它也会节制生育，并在

图 1 - 34　蜂王和围绕其周的工蜂

（张中印）

冬天停止产卵。在现代养蜂生产管理中，为获取最好的经济效益，须根据天气、花期、蜂群状态和管理目的控制蜂王产卵，搞好蜂王计划生育（失去自由的蜂王——关在牢笼里）。

其次，蜂王是品种种性的载体，对蜂群中个体的形态、生物学特性、生产性能、抗逆能力等都有直接的影响；它还通过释放蜂王物质和产生足够数量的卵来维持蜂群正常的生活秩序，从而达到控制群体的作用。没有蜂王的蜂群，工蜂不安静、采集力下降，最终导致群体消亡。

**3. 蜂王的寿命** 自然情况下为3～5年，其产卵最盛期是头1～1.5年，1.5年后，产卵量逐渐下降。在养蜂生产中，常使用1～2年的蜂王，中蜂蜂王衰老更快，应年年更换。而在炎热的、蜂群没有断子期的地区，一年更换2次蜂王，以此保持蜂群的繁荣昌盛。

**（二）工蜂**

**1. 工蜂的产生** 每年春暖花开，蜂王产卵首先繁殖工蜂，并将越冬工蜂逐渐更新，替补工蜂又被后来绵绵不断出生的工蜂轮换，生命不息。

**2. 工蜂的职能** 工蜂是性器官发育不完全的雌性蜂，担负着蜂巢内外的一切工作，根据日龄的大小、蜂群的需要以及环境的变化而变更着各自的“工种”。这些工种有：孵卵、打扫巢房、哺育小幼虫和蜂王、泌蜡筑巢、采酿花蜜和蜂粮、守卫蜂巢（图1-35）等。

图1-35 守门蜜蜂张牙舞爪

（引自 Honeybee-upload. wikimedia. org）

在刺槐等主要蜜源开花期，如果巢内只有极少量的蜂子可哺育，5日龄的工蜂也参加采酿蜂蜜活动；在早春越冬工蜂王浆腺发育哺育蜂儿，连续生产花粉的蜂群，采粉的工蜂相对就多。

此外，体态轻盈、浑身长满绒毛的蜜蜂身上，可黏附4万～5万粒植物的花粉，在采蜜时帮助雌蕊找到合适的“对象”而授粉。蜜蜂是农作物最理想的授粉昆虫，其授粉增产的价值，比其产品的总和高10倍以上。大连市利用蜜蜂为苹果授粉，仅1976—1978年三年间，增产苹果5万吨，增加收入1 200万元，每年平均节省辅助授粉劳动力100万人次，且比人工授粉效果更好。

**3. 工蜂的寿命**　在蜜蜂短暂的一生中，繁重的采集和泌浆工作使其寿命在春天约35天，在夏季和秋季只有28天左右；而在没有幼虫哺育的情况下，则寿命可达到60天，冬天180天。

**（三）雄蜂**

**1. 雄蜂的产生**　雄蜂是季节性蜜蜂，为蜂群中的雄性公民。在春暖花开、蜂群强壮时，蜂王在雄蜂房中产下未受精卵，以后它就发育成雄蜂。

**2. 雄蜂的职能**　它们在晴暖的午后，飞离蜂巢，只有少数雄蜂找到处女王交配，履行自己授精的职责，然后死去。绝大多数没有交配机会的雄蜂，却留得生命回巢，或飞到别的“蜜蜂王国”旅游去了。雄蜂的天职就是交配授精，平衡蜂群中的性比关系，平日里饱食终日，无所事事。

**3. 雄蜂的寿命**　雄蜂既没有螫针，也没有采集食物的构造，不能自食其力。在蜂群活动季节，其寿命约20天，一到秋末，这些已是无用处的雄蜂，就会被工蜂驱逐出去，了此一生（图1-36）。

图1-36　把雄蜂赶出家门

（引自 www.mondoapi.it）

## 四、群体生活

蜂群随蜜源、气候变化处在一个动态的平衡中。在我国 2 月前后已有花开，3～10 月蜜源丰富，蜂群繁荣昌盛；11 月至翌年 1 月蜜源稀少或断绝，蜂群越冬。

### （一）蜂群的周年生活

在同一地区，每个蜂群都受气候和蜜源的影响，其周年生活可分为繁殖和断子等阶段（图 1－37）。

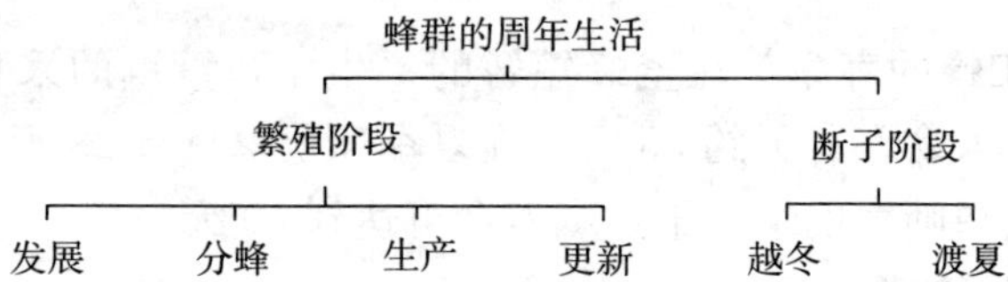


图 1－37　蜂群周年生活

**1. 繁殖阶段**　从早春蜂王产卵开始，到秋末蜂王停卵结束，蜂群中卵、幼虫、蛹和蜜蜂共存，巢温稳定在 34～35℃。

一般情况下，5 脾蜂开始繁殖，蜂群的生长规律见图 1－38。从 a→b21 天，老蜂不断死亡，没有新蜂出生，蜂群群势下降；从 b→c 约 10 天，老蜂继续死亡，新蜂开始羽化，蜂群群势还在下降，到达 c 点，蜂群群势下降到全年最低点；从 c→d 约 10 天，新蜂出生数量超过老蜂死亡数量，群势逐渐恢复，到达 d 点，群势恢复到开始繁殖时的大小；从 d→e 约 30 天，群势逐渐上升，到 e 点达到全年最大群势，并开始了蜂蜜、花粉、蜂王浆和蜂毒的生产。从 e→f 约 120 天，群势比较平衡，是分蜂和蜂产品生产的主要时期。从 f→g 约 1 个月，我国北方蜂群群势下降，生产停止，这一时期繁殖越冬蜂，喂越冬饲料，准备蜂群越冬；从 g→a 约 135 天，北方蜂群越冬。从 f→h 约 60 天，南方蜂群还在生产茶花粉和蜂王浆，从 h→a 约 75 天，南方蜂群越冬。

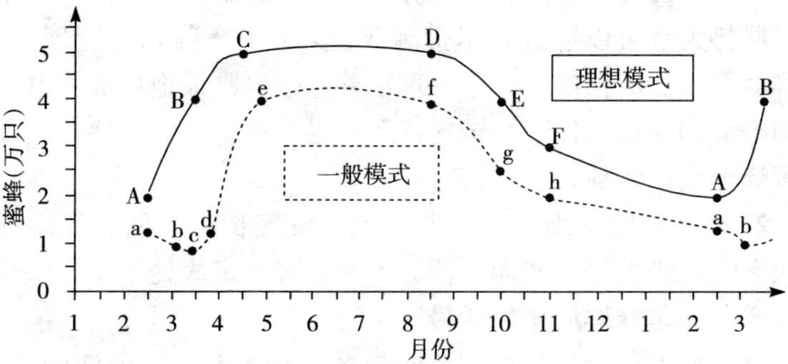


图 1-38　华中地区意蜂周年生活群势消长规律模式

在蜂群繁殖过程中，1 只越冬的蜜蜂在春天仅能养活 1 只蜜蜂，春天新出生的 1 只蜜蜂则能养活 4 只蜜蜂。1 脾子春天羽化出 2.5～3 脾蜜蜂、夏天 1.5 脾、秋天则 1 脾蜂。

在理想的养蜂模式中，蜂群从 2 万只蜜蜂开始繁殖，不经过下降、恢复等阶段，新蜂出生就进入上升时期，即从 A→B→C→D→E→F→A，全年生产周期增长，从 3 月至 11 月长达 8 个月，增加了产量。而华北地区从 4 月至 8 月底，全年仅 5 个月的生产时间。

在主要蜜源植物开花泌蜜期，一个强群 1 天就可采到数千克花蜜，同时可进行取浆、脱粉和造脾等生产。在正常情况下，强群的工蜂在任何季节都比弱群的工蜂寿命长，抗逆力强，节省饲料，采集力高（表 1-2），繁殖期恢复发展快，能充分利用早春和秋季蜜源。

**表 1-2　正常意蜂群不同群势的采蜜量**

（引自 O.L. 法勒）

| 群势（千克） | 1.5 | 2 | 3 | 4 | 5 | 6 |
|---|---|---|---|---|---|---|
| 每千克蜂的采蜜量（千克） | 2.97 | 3.51 | 4.01 | 4.28 | 4.46 | 4.55 |
| 每千克蜂的采蜜量（%） | 100 | 118 | 135 | 144 | 150 | 153 |

蜂多，群势大；蜂少，群势小；蜂多、生产能力强，则是强群。群势大小可以通过技术措施改变，1个蜂群如果管理得当，弱群就可以变成强群，如果管理不善，强群则被拖垮成弱群。在相同季节和环境条件下，饲料优质充足、蜂群群势强盛，则出生的蜜蜂个大、体壮、寿命长。

**2. 断子阶段** 当外界蜜源断绝，天气长时间处于低温或高温状态时，蜂王停止产卵，群势不断下降，蜜蜂处于半冬眠或静止状态，这是蜂群周年生活最困难时期。

越冬期南短北长，如在河南越冬期约4.5月，浙江约2月，而在我国海南没有越冬期。蜂群越冬期除吃蜜活动提高巢温外，不再有其他工作。

度夏期仅发生在江、浙以南夏季没有蜜源的地区，约持续2个月，蜜蜂只有采水降温活动。蜂群度夏难于越冬。

## （二）蜂群的自然分蜂

自然情况下，当群强、子旺时，工蜂建造王台基，蜂王向王台基中产卵，王台封盖以后至新蜂王羽化之前，老蜂王连同大半数的工蜂结队离开老巢，另建蜂巢生活；原群留下的蜜蜂和所有蜂儿，待新王出房后，又形成一群，这个过程就叫自然分蜂，是蜂群的繁殖方式，是蜜蜂社会化生活的本能表现。

**1. 新蜜蜂王国的诞生** 晴朗天气的10：00～15：00时，侦察蜂在巢脾上即时奔跑舞蹈，发出分蜂信号，准备分蜂的蜜蜂异常兴奋，吃喝蜂蜜，之后匆忙冲出巢门，先是在巢门前做低空盘旋，接着出巢蜂越来越多，蜂王爬出巢门飞向空中，接着大队蜜蜂如决堤之水，蜂拥而出。它们在蜂场上空盘旋，跳着浩大的分蜂群舞，发出的嗡嗡声响彻整个蜂场，形成蜂群繁殖的大合唱。不一会儿，分出的蜜蜂便在附近的树杈或其他适合的地方聚集成分蜂团（图1-39）。

通常分蜂团会停留2～3小时，其间，侦察蜂在分蜂团表面卖力地表演舞蹈，向追随者诉说新巢穴的方向和距离，通过舞蹈比赛，得到更多的蜜蜂认同。然后，蜂群结队随侦察蜂投奔，吃饱喝足的蜜蜂在低空形成一朵生命的“蜂云”缓慢前进。蜜蜂飞抵新巢穴，一部分工蜂高翘腹部，发出臭味招引同伴，随着蜂王的进入，蜜蜂便像雨点一样降落下来，涌进巢门。住进新巢穴后，工蜂即开始泌蜡造脾，采集蜂群生活所需要的食粮。一个生机勃勃的新的蜜蜂王国诞生，新的团体生活从此开始。

图 1－39　分蜂团

（引自 Zachary Huang）

**2. 老蜂群重建家园**　约有一半的工蜂跟随老蜂王迁居新址，剩下的工蜂悉心守卫着孕育未来王后的皇宫（王台），耐心地等待新蜂王的诞生，并期待着新蜂王加冕成功。至此，由老蜂王飞离家园到新蜂王交配产卵，才算完成一个新生命的诞生。

中蜂比意蜂喜分蜂。蜂王质量好（产生的蜂王物质多、下的卵多）和工蜂负担重时不易发生分蜂，反之则发生自然分蜂。

在自然分蜂酝酿过程中，工蜂怠工，蜂王产卵减少，分蜂还削弱了群势，这些都会影响生产，分出的蜜蜂有时还会丢失。在饲养管理中，尽量避免自然分蜂的发生。

# 第二章 蜜蜂饲养管理

## 第一节 建立蜂场

### 一、获得蜂群

养蜂伊始，获得蜂群的方法有购买和猎捕，平原地区以购买为主，山区多数猎获野生中蜂。平原地区或转地放蜂，宜饲养西方蜜蜂，山区适合中蜂的发展。

#### （一）诱捕野蜂群

在分蜂季节，将蜂箱置于野生中蜂多且朝阳的半山坡上，内置镶嵌好的巢础框，飞出来的野生蜂群就会住进去。然后将箱带蜂搬到合适的地方饲养，或就地饲养（图 2-1）。利用这个方法，在河南省陕县店子乡宽坪村，一对年轻夫妇于 4 月下旬至 5 月上中旬，每年搜捕中蜂 60～100 群。

图 2-1 在山地阳坡诱捕中蜂
（张中印 摄）

#### （二）捕捉分蜂团

在蜂群周年生活中，分蜂繁殖是其自然规律。分蜂群飞出蜂巢不久便在蜂场附近的树杈或屋椽下团结，2～3 小时后便举群飞走。在蜂群团结后和离开前，最有利于抓捕。在抓捕之前，先准备好蜂箱，摆放在合适的地方，内置 1 张有蜜有粉的子脾，两侧放 2 张巢础框。

捕捉分蜂团的方法有多种，如果分蜂团结在低矮的小树枝上，可将分蜂团直接震落在事先准备的蜂箱中（图 2－2），或将树枝剪断，提到准备好的蜂箱上空，抖动树枝，蜜蜂掉落箱中，及时盖好箱盖；如果蜂团结在树干或多枝的树杈上，可用厚的牛皮纸或铜版纸卷成 V 形纸筒，将蜂舀入蜂箱；如果分蜂团结在大的树枝下方，可用捕虫网从下向上套住分蜂团，拉动网柄，使分蜂团落入网中，转动手柄，封住袋口，提到事先准备好的蜂箱上空，将蜂抖进蜂箱。

图 2－2　收捕低处的分蜂团

（引自 Zachary Huang）

### （三）购买蜂群

一般向高产稳产无病的蜂场购买蜂群。

**1. 挑选蜂群**　挑选蜂群应在晴暖天气的中午到蜂场观察，所购蜂群要求蜂多而飞行有力有序，蜂声明显，工蜂健康，有大量花粉带回；巢前无爬蜂、酸和腥臭气味，无石灰子样蜂尸等病态，然后再打开蜂箱进一步挑选。

（1）蜂王：颜色新鲜，体大胸宽，腹部秀长丰满，行动稳健，产卵时腹部伸缩灵敏，动作迅速，提脾安稳，产卵不停。

（2）工蜂：体大、健康，新蜂多、色一致，性温顺、不扑人、不乱爬。

(3) 子脾：面积大，封盖整齐成片（图 2-3）、无花子、无白头蛹（图 2-4）和白垩病等病态，子脾占总脾数的一半以上；幼虫色白晶亮饱满。

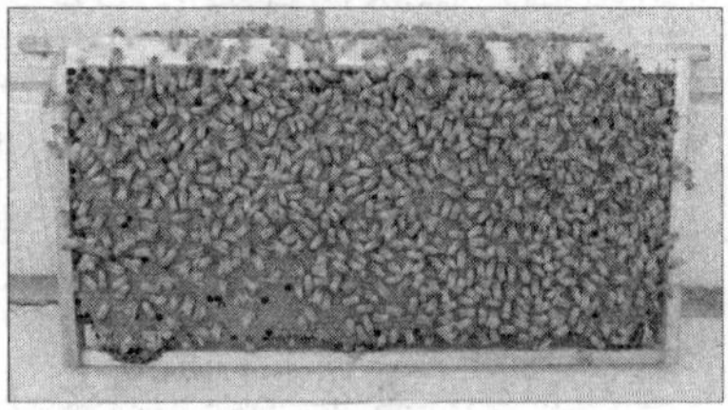

图 2-3 正常的封盖子脾
（张中印 摄）

(4) 巢脾：不发黑，雄蜂房少或无，有一定数量的蜜粉。

(5) 蜂箱：坚固严密，尺寸标准。

(6) 群势：在河南等地早春不小于 2 框足蜂，夏秋季节大于 5 框。

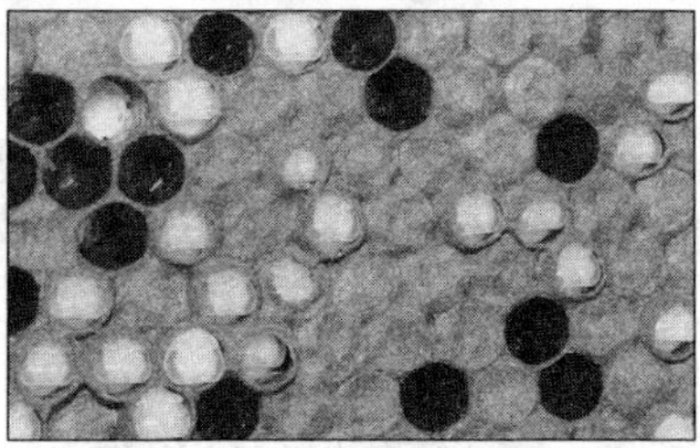

图 2-4 白头蛹（由巢虫、蜂螨引起）
（张中印 摄）

**2. 定价付款** 买蜂以群论价，脾是群的基本单位。脾的两面爬满蜜蜂（不重叠、不露脾）为 1 脾蜂，意蜂约 2 400 只，中蜂约 3 000 只。20 世纪末，在河南省正常情况下，早春 1 脾蜂 20～40 元，秋季则 10 元左右。

高温季节蜜蜂在脾上较稀疏，蜜源泌蜜时期蜜蜂个体较大，容易多估，而低温季节蜜蜂在脾上较密集，蜜源缺乏时期个体较小，容易少估。

买蜂也以重量计价（如笼蜂），一般是 1 千克约有 10 000 只意大利蜜蜂，有中华蜜蜂 12 500 只，占 4 个标准巢框。

## 二、选择场址

养蜂场是养蜂员生活和饲养蜜蜂的场所，无论是定地或转地养蜂，都要选一个适宜蜂群和人生活的环境。目前，1 个人养 45

群蜂较为合适，家庭业余养蜂 20 群左右，规模化养蜂应在 300 群以上。在 1 个放蜂场地，一般放蜂 60～100 群，蜜源集中地区可放 200 群蜂。

### （一）蜜源

在养蜂场地周围 2.5 千米半径内，有 1～2 个比较稳产的主要蜜源和交错不断的辅助蜜源，无有害蜜源，如太行山区，主要蜜源有刺槐、荆条，辅助蜜源有野皂荚、山葡萄、栾树等。

### （二）环境

在山区，场址应选在蜜源所在区的南坡下，平原地带选在蜜源的中心或蜜源北面位置。方圆 200 米内的小气候要适宜，如温度、湿度、光照等，避免选在风口、水口、低洼处，要求背风、向阳，冬暖夏凉，巢门前面开阔，中间有稀疏的树林。水源充足，水质要好，周围环境安静。远离化工厂、糖厂、砖厂、水泥厂、铝厂、铁路和有高压线的地方。避开抗虫植物和施放坐果药、除草剂的蜜源，另外，大气污染的地方（包括污染源的下风向）不得作为放蜂场地。

考虑有无诸如虫、兽、水、火等对人和蜂的潜在威胁。定地蜂场还须有相应的生活用房、生产车间和仓库等（图 2－5），两蜂场之间应相距 2 千米以上。转地放蜂须有帐篷，每到一处，蜜源都要丰富，预防蜜蜂毒害，场地之间可适当密集一些。中华蜜蜂场地要距离意大利蜂场 5 千米以上，同一蜜源，忌场后建场（在飞向蜜源路线上有两个及以上蜂场）。

图 2－5　定地蜂场

（张中印　摄）

蜂场应设在车、船能到达的地方，以方便产品、蜂群的运输。

## 三、摆放蜂群

排列蜂群的方式多样，以蜂群数量、场地大小、蜂种和季节而定，以方便管理、利于生产和不易引起盗蜂为原则。放置蜂群，要前低后高，左右平衡，用支架或砖块垫底，使蜂箱脱离地面。

**1. 散放** 根据地形、树木或管理需要，蜂群散放在四周，或加大蜂群间的距离排列，适合交尾群、家庭养蜂和中蜂的饲养。

交尾群应放在蜂场四周僻静处，蜂路开阔，标志物明显。

**2. 分组** 摆放意大利蜂群等西方蜜蜂，应采取 2 箱一组排列，前后箱错开（图 2－6），或依地形放置。各箱紧靠的一字形排列，适应于冬季摆放蜂群；在车站、码头或囿于场地，多按圆形或方形排列。在国外，常见巢门朝向东南西北四个方向的 4 箱 1 组的排列方式，蜂箱置于底座上，有利于机械装卸和越冬保暖包装（图 2－7）。

成排摆放蜂群，每排不宜过长，以防盗蜂。转地蜂场，若要组织采集群，则蜂箱紧靠；若要平分蜂群，则蜂箱间距要大，留出新分群位置。

图 2－6 转地蜂场

（张中印 摄）

图 2-7　4 箱 1 组排列蜂群，适应机械化养蜂生产
（引自 www. honeybeeworad. com）

## 第二节　检查蜂群

### 一、箱外观察

听懂蜜蜂的语言，看懂蜜蜂的行为，根据蜜蜂的生物学特性和养蜂的实践经验，在蜂场和巢门前观察蜜蜂行为和现象，从而分析和判断蜂群的情况。

**1. 蜜源与蜂群**　在天气晴朗、外界有蜜源时期，工蜂进出巢频繁，说明群强，外界蜜源充足。携带花粉的蜜蜂多，说明蜂王产卵积极，巢内幼虫较多，繁殖好。若见采集蜂出入懈怠，很少带回花粉，说明繁殖差，可能是蜂王质量差或蜂群出现分蜂热；如有工蜂在巢门附近轻轻摇动双翅，来回爬行、烦躁不安，是蜂群无王的表现。如果有蜜蜂伺机瞅缝隙钻空子进巢，则为蜜源中断的现象。春季巢门前散布有黑色或白色石灰子样的蜂尸，蜂群则患了白垩病（图 2-8）；夏季巢穴中散发出腥（或）酸臭味，则蜂群患了幼虫腐烂病，冬季巢门前有蜜蜂翅膀，箱内必有鼠。

**2. 受热的蜂群**　生产花粉时，蜜蜂进出巢数量大减，或卸蜂时打开巢门，蜜蜂爬在箱内外不动，说明蜜蜂已经受闷，应及时给蜜蜂通风。在运蜂途中蜜蜂急躁围堵通风窗口，并发出嗤嗤声，散发出刺鼻的气味，此时要捅破通风窗，以挽救蜂群。

图 2-8 箱前罹患白垩病虫尸

（张中印 摄）

## 二、开箱检查

打开蜂箱将巢脾依次提出仔细查看，全面了解蜂群的蜂、子、王、脾、蜜、粉和健康与否等情况，在分蜂季节，还要注意自然王台和分蜂热现象，开箱检查会使蜂巢温度、湿度变化，影响蜂群正常生活，还易发生盗蜂，又费工费时。

开箱检查时间一般在流蜜期始末、分蜂期、越冬前后和防治病虫害时期，选择气温 12℃以上的无风晴朗天气进行。一天当中，流蜜期要避开蜜蜂出勤高峰时；蜜源缺乏季节在早晚蜜蜂不活动时，并在框梁上盖上覆布，勿使糖汁落在箱外；夏天应在早晚，天冷则在中午前后；交尾群应在上午进行；对中蜂宜在午后做全面检查。

### （一）开箱操作规程

开箱检查操作规程如图 2-9 所示。

### （二）开箱操作方法

检查时，人站在蜂箱的侧面，先拿下箱盖，斜倚在蜂箱后箱壁，揭开覆布，用起刮刀的直刃撬动副盖，取下副盖反搭在巢门踏板前，然后，将起刮刀的弯刃依次插入蜂路撬动框耳，推开隔

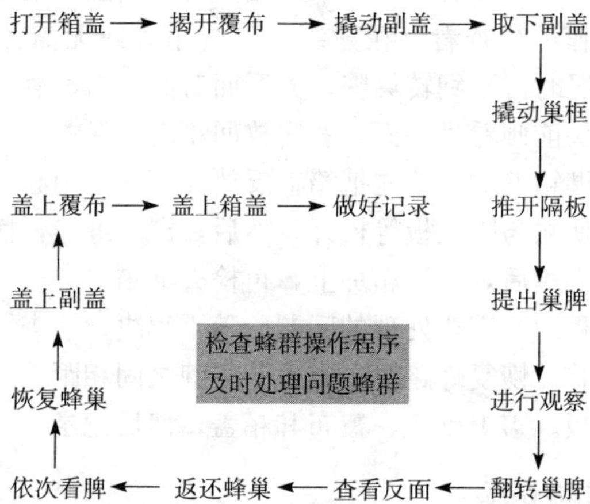


图 2-9　开箱操作程序

板，用双手拇指和食指紧捏巢脾两侧的框耳，将巢脾水平竖直向上提出，置于蜂箱的正上方。先看正对着的一面，再看另一面（图 2-10，图 2-11）。翻转巢脾时，一手向上提巢脾，使框梁与地面垂直，并以上梁为轴转动 180°，然后两手放平，使巢脾上梁

图 2-10　检查蜂群，先看正对的一面
（张中印　摄）

图 2-11　检查蜂群，查看反面
（引自 www.beecare.com index）

在下，下梁在上，查看完毕，采用相同的方法翻动巢脾，放回箱内，再提下脾进行查看。在熟练的情况下，或无需仔细地观察卵、小虫情况时可不翻转巢脾，先看面对的一面，然后，将巢脾下缘前伸，头前倾看另一面，看完放回箱内。

在检查继箱群时，首先把箱盖反放在箱后，用起刮刀的直刃撬动继箱，使之与隔王板等松开，然后，搬起继箱，横搁在箱盖上。检查完巢箱后，把继箱加上，再检查继箱。

检查过程中，需要处理的问题应随手解决，检查结束时应将巢脾恢复原状。恢复蜂路时，巢脾与巢脾之间相距 10 毫米左右。最后推上隔板，盖上副盖、覆布和箱盖，然后记录。

## 三、养蜂记录

养蜂记录主要有检查记录、生产记录、天气和蜜源记录、蜂病和防治记录、蜂王基本情况和表现记录、蜂群活动情况和管理措施等，系统地做好记录，是总结经验教训、提高养蜂技术和制订工作计划的重要依据，也是蜂产品质量溯源性体系建设的组成部分。

蜜蜂数量是蜂群的主要质量标志，常用强、中、弱表达（表 2-1）。开箱检查，根据巢脾数量、蜜蜂稀稠估计蜜蜂数量。在

**表 2-1 群势强弱对照表**（供参考）

单位：脾

| 蜂　种 | 时　期 | 强群 | | 中等群 | | 弱群 | |
|---|---|---|---|---|---|---|---|
| | | 蜂数 | 子脾数 | 蜂数 | 子脾数 | 蜂数 | 子脾数 |
| 西方蜜蜂 | 早春繁殖期 | >6 | >4 | 4～5 | >3 | <3 | <3 |
| | 夏季强盛期 | >16 | >10 | >10 | >7 | <10 | <7 |
| | 冬前断子期 | >8 | — | 6～7 | — | <5 | — |
| 中华蜜蜂 | 早春繁殖期 | >3 | >2 | >2 | >1 | <1 | <1 |
| | 夏季强盛期 | >10 | >6 | >5 | >3 | <5 | <3 |
| | 冬前断子期 | >4 | — | >3 | — | <3 | — |

繁殖季节，蜂群的子脾数量是群势发展的潜力，根据经验，在仲春蜂群增殖时期，群势可达到10天增加1倍的发展速度，在夏季，1张蛹脾羽化出1.5框蜂，秋季更少，1脾蛹羽化出1框蜂。夏秋蜜蜂寿命长短，与蜂群在这一时期的营养、群势和劳动强度等相关，强群、食物充足的寿命长。

## 四、预防蜂螫

开箱是对蜂群的侵犯，招惹工蜂蜇刺是正常的。当蜂群受到外界干扰后，工蜂将螫针刺入敌体，螫针连同毒囊一齐与蜂体断裂，在螫器官有节奏的运动下，螫刺继续深入射毒。

蜂蜇使人疼痛，被蜇部位红肿发痒，面部被蜇还影响美观，有些人对蜂蜇过敏，受群蜂攻击，还会发生严重的中毒现象，因此，要注意避免和减少蜂螫。

### （一）预防蜂螫的办法

**1. 设置隔离区域**　蜂场设在僻静处，周围设置障碍物，如用栅栏、绳索围绕阻隔，防止无关人员或牲畜进入。在蜂场入口处或明显位置竖立警示牌，以避免事故发生。

**2. 穿戴防护衣帽**　操作人员应戴好蜂帽，将袖、裤口扎紧，这对蜂产品生产和蜂群的管理工作是非常必要的，尤其是运输蜂群时的装卸工作，对工作人员的保护更是不可缺少。

**3. 注意个人行为**　遵循程序检查蜂群，操作人员应讲究卫生，着白色或浅色衣服，勿带异味，勿对蜜蜂喘粗气说大话。操作准确，不挤压蜜蜂，轻拿轻放，不震动碰撞，尽量缩短开箱时间。忌站在箱前阻挡蜂路和穿戴蜜蜂忌恨的黑色毛茸茸的衣裤。

若蜜蜂起飞扑面或绕头盘旋时，应微闭双眼，双手遮住面部或头发，稍停片刻，蜜蜂会自动飞走，忌用手乱拍乱打、摇头或丢脾狂奔逃跑。若蜜蜂钻进袖和裤内，将其捏死；若钻入鼻孔和头发内，就及时压死，钻入耳朵中可压死，也可等其自动退出。在处死蜜蜂的位置，用清水洗掉异味。

**4. 使用烟雾镇压** 开箱前准备好喷烟器（或火香、艾草绳等发烟的东西），喷烟驯服好螫的蜜蜂，也可以用喷水的方法让蜜蜂安静。

**（二）被螫后处置措施**

被蜜蜂蜇后，首先要冷静，心平气和，放好巢脾，然后用指甲反向刮掉螫针，或借衣服、箱壁等顺势擦掉螫刺，最后用手遮蔽被蜇部位，再到安全地方用清水冲洗。如果被群蜂围攻，先用双手保护头部，退回屋（棚）中或离开蜂场，等没有蜜蜂围绕时再清除蜂刺、清洗创伤，视情况进行下一步的治疗工作。

被蜂蜇后疼痛持续约 2 分钟，局部迅速出现红肿热痛的急性炎症，尤其是蜇在面部，反应更为严重，多数人无须施救，一般 3 天后可自愈，受伤部位在红肿期间勿抓破皮肤。

少数过敏者，出现面红耳赤、恶心呕吐、腹泻肚疼，全身出现斑疹，躁痒难忍，发热寒战，甚至发生休克。一般情况下，过敏出现的时间与被蜇时间越短，表现越严重。蜂毒引起的中毒症状是失去知觉，血压快速下降，浑身冷热异常。蜂毒中毒和过敏，是紧急情况，应及时给予扑尔敏口服或肾上腺素注射，并到医院救治。

开封市蜂疗医院蜂蜇（毒）过敏急救箱，备有扑尔敏、地塞米松的片剂和针剂，以及肾上腺素等急救药品、器械，蜂蜇（毒）过敏预防、治疗、抢救办法，帮助受伤人员得到及时有效救治。

## 第三节　日常管理

### 一、修造巢脾

新脾巢房大，不污染蜂蜜，病虫害也少，培育出的工蜂个头大身体壮；老脾巢房小，变黑变圆（图 2－12），出生的蜜蜂体小，易滋生虫病。因此，饲养意蜂，每两年更新一次巢脾，中蜂需要年年更换。

### (一) 上础

包括钉框、打孔、穿线、镶础、埋线五个工序。

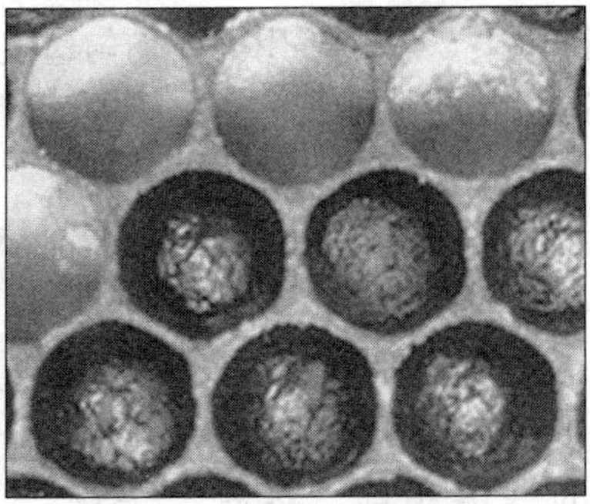

图 2-12　旧脾巢房

**1. 钉框**　先用小钉子从上梁的上方将上梁和侧条固定，并在侧条上端钉钉加固，最后用钉固定下梁和侧条。用模具固定巢框，可提高效率。钉框须结实、端正，上梁、下梁和侧条须在一个平面上。

**2. 打孔**　取出巢框，用量眼尺卡住边条，从量眼尺孔上等距离垂直地在边条上钻 3～4 个小孔。

图 2-13　穿　线

（张中印　摄）

**3. 穿线**　按图 2-13 所示，穿上 24 号铁丝，先将其一头在边条上固定，依次将每根铁丝拉紧，直到使每根铁丝用手弹拨发出清脆之音为止，最后将铁丝的另一头固定。

**4. 镶础**　槽框上梁在下、下梁在上置于桌面。先把巢础的一边插入巢框上梁腹面的槽沟内，巢础左右两边距两侧条 2～3 毫米，上边距下梁 5～10 毫米，然后用熔蜡壶沿槽沟均匀地浇入少许蜂蜡液，使巢础黏在框梁上。或将蜡片在阳光下晒软，捏成豆粒大小，双手各拿 1 粒，隔着巢础，从两边对着一点用力挤压，使巢础黏在框梁上，自两头到中间等距离黏合 5 点。

**5. 埋线**　将巢础框平放在埋线板上，从中间开始，用埋线器卡住铁丝滑动（烙铁头事先需加热）或滚动，把每根铁丝埋入巢础中央。埋线时用力要均匀适度，即要把铁丝与巢础黏牢，又要避免压断巢础。

电热埋线的方法是：在巢础下面垫好埋线板，套上巢框，使框线位于巢础的上面。接通电埋线器电源（6～12伏），将1个输出端与框线的一端相连，然后一手持1根长度略比巢框高度长的小木条轻压上梁和下梁的中部，使框线紧贴础面，一手持埋线电源的另一个输出端与框线的另一端接通。框线通电变热，6～8秒（或视具体情况而定）后断开，烧热的框线将部分础蜡熔化并被蜡液封闭黏合（图2-14）。

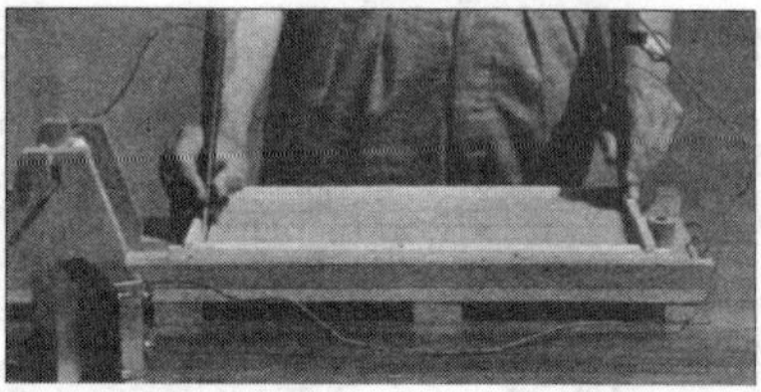

图2-14　电热埋线
（Winter，1980）

安装的巢础要求平整、牢固，没有断裂、起伏、偏斜的现象，巢础框暂存空箱内备用。

### （二）造脾

造脾蜂群须保持蜂多于脾，饲料充足，在外界蜜源缺乏季节，须给蜂群喂糖。在傍晚将巢础框插在粉蜜脾与子脾之间或边脾的位置，1次加1张，加多张时，与原有巢脾间隔放置。

巢础加进蜂群后，第二天检查，对发生变形、扭曲、坠裂和脱线的巢脾，及时抽出淘汰，或加以矫正后将其放入刚产卵的新王群中进行修补。

## 二、合并蜂群

把2群或2群以上的蜜蜂全部或部分合成1个独立的生活群体叫合并蜂群。蜂群的生活具有相对的独立性，每个蜂群都有其独特的气味——群味，蜜蜂凭借灵敏的嗅觉，准确地分辨出自己的同伴或其他蜂群的成员，因此，将无王的蜜蜂合并到有王群中，混淆群味是成功合并蜂群的关键。

### （一）操作程序

**1. 报纸法合并蜂群**

取1张报纸，用小钉扎多个小孔。把有王群的箱盖和副盖取下，将报纸铺盖在巢箱上，上面叠加继箱，然后将无王群的巢脾放在继箱内，盖好蜂箱即可（图2-15）。一般10小时左右，蜜蜂将报纸咬破，群味自然混合，2日后撤去报纸，整理蜂巢。

图2-15　报纸法合并蜂群
（张中印　摄）

**2. 直接合并蜂群法**

在冬季或植物泌蜜时期，除掉被并群的王台或蜂王，傍晚连蜂带脾移入有王群隔板外侧，24小时左右整理蜂巢。

### （二）注意事项

合并蜂群的前1天，彻底检查被合并群，除去所有王台或品质差的蜂王，把无王群并入有王群，弱群并入强群。相邻合并，傍晚进行。

## 三、防止盗蜂

### （一）盗蜂及原因

蜜蜂进入别的蜂群或贮蜜场所采集蜂蜜，主要起因是外界缺乏蜜源、蜂群群势悬殊、中华蜜蜂与意大利蜂同场饲养或蜂场相距过近、同一蜂场蜂箱摆放过长（大）以及蜂箱巢门过高、箱内饲料不足、管理不善等，另外，喂水和阳光直射巢门等也易引发盗蜂（图 2-16）。

### （二）盗蜂的危害

一旦发生盗蜂，轻者受害群的生活秩序被打乱，蜜蜂变得凶暴；重者受害群的蜂蜜被掠夺一空，工蜂大量伤亡；更严重者，被盗群的蜂王被围杀或举群弃巢飞逃，若各群互盗，全场则有覆灭的危险。另外，作盗群和被盗群的工蜂都有早衰现象，给后来的繁殖等工作造成影响。

图 2-16　中蜂攻不入意蜂巢穴，选择拦截回巢的意蜂勒索食物

（张中印　摄）

### （三）盗蜂的识别

盗蜂要抢入蜂巢，守门蜜蜂加以抵挡。刚开始，盗蜂在被盗群周围盘旋飞翔，寻缝乱钻，企图进箱，落在巢门口的盗蜂不时起飞，时刻逃避守卫蜂的“攻击”和“检查”，一旦被对方咬住，双方即开始斗杀，如果抢入巢内，就上脾吸饱蜂蜜，然后匆忙出巢，在被盗群上空盘旋数圈后飞回原群。盗蜂回巢后将信息传递给其他工蜂，遂率众前往被盗群强盗搬蜜。凡是被盗群，箱周围蜜蜂麇集，秩序混乱，并伴有尖锐叫声，地上蜜蜂抱团撕咬（图 2-17），有爬行的，有乱飞的。有些

图 2-17　1 只中蜂被 2 只巡逻的意蜂抓获

（张中印　摄）

弱群的巢门前虽然不见工蜂拼杀，也不见守卫蜂，但蜜蜂突然增多，外界又无花蜜可采，这表明已被盗蜂征服。

### （四）盗蜂的防止

**1. 预防盗蜂**　选择有丰富、优良蜜源的场地放蜂，常年饲养强群，留足饲料。在繁殖越冬蜂前喂足越冬饲料，抽饲料脾给弱群，饲料尽量选用白糖。重视蜜、蜡保存，保持蜂不露脾，脾不露箱、蜜不露缸。蜜源缺乏时期看蜂趁一早一晚，并用覆布遮盖暴露的蜂巢。降低巢门高度（6～7 毫米）。取蜜作业在室内进行，结束后洗净摇蜜机。

中华蜜蜂和意大利蜂不同场饲养，对盗性强和守卫力低的蜂种进行改造。相邻两蜂场应距 2 千米以上，同一蜜源，忌场后建场，同一蜂场蜂箱不摆放过长。

**2. 制止盗蜂**　初起盗蜂，立即降低被盗群的巢门，然后用白色透明塑料布搭住被盗群的前后，直搭到距地面 2～3 厘米高处，并用清水冲洗巢门。

网通防盗法：用纱网做一个宽约 7 厘米（以堵住巢门为准）、高约 2.5 厘米、长约 7 厘米两端开口的筒，与巢门口相连，使蜜蜂通过纱网通道出入蜂巢。

全场蜂群互相偷抢，一片混乱，应当机立断，将蜂场迁到 5 千米以外的地方，分散安置，饲养月余再搬回。

## 四、预防工蜂产卵

蜂群无王的情况下，部分工蜂卵巢发育，并向巢房中产下未受精卵（图 2-18，图 2-19），这些卵有些被工蜂清除，有些发育成雄蜂，自然发展下去，蜂群灭亡。

意蜂群中，雄蜂房封盖呈馒头状，突起；中蜂群中，雄蜂房封盖初期呈馒头状，突起，后期呈斗笠状，中间有小孔。

预防措施是及时发现无王蜂群，导入新蜂王。一旦发现工蜂产卵，将蜜蜂分散合并，巢脾化蜡。

图 2-18　产卵工蜂
（张中印　摄）

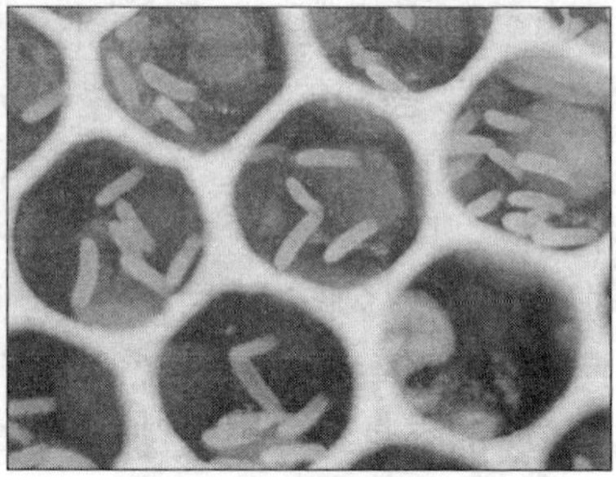

图 2-19　工蜂产的卵
（张中印　摄）

## 五、饲喂蜜蜂

蜜蜂的食物是蜂王浆、糖浆和花粉，饮水也不可少。在早春 1 只越冬蜂分泌的蜂王浆仅能养活 1 条小幼虫（蜜蜂），即 3 脾蜂养活 1 脾子，按蜂数放脾，控制繁殖速度。工蜂泌乳所需要的营养和大幼虫的食物，则从花粉和蜂蜜中来（图 2-20）。

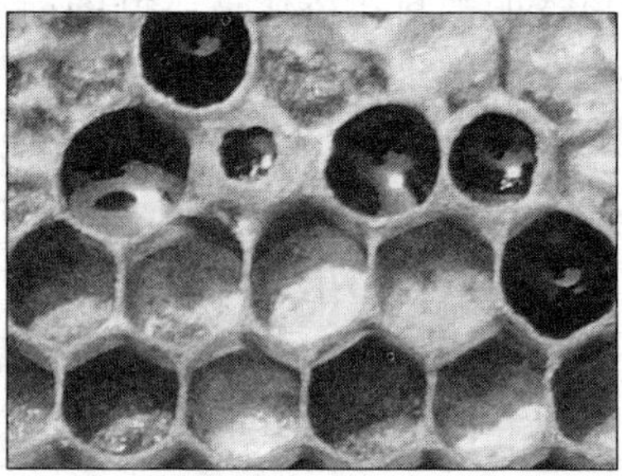

图 2-20　蜜蜂的食物——蜂蜜和蜂粮
（工蜂泌乳的营养、雄蜂和工蜂较大幼虫及成虫的食物）
（张中印　摄）

### （一）喂糖

**1. 喂蜂形式**　给蜂喂糖有奖励喂蜂和补助喂蜂两种形式，奖励喂蜂是以促进繁殖、采粉或取浆为目的，每天或隔天喂 1∶0.7 的糖水或更稀薄的糖水 250 克左右，以够吃不产生蜜压卵圈为宜。如果缺食，先补足糖饲料，使每个巢脾上有 0.5 千克糖蜜，再进行补偿性奖励饲养，以够当天消耗为准，直到采集的花蜜略有盈余为止。早春喂糖，如果蜂数不足，应用糖脾来制约蜂群繁殖速度。

补助喂蜂是以维持蜜蜂生命为目的，在3～4天内喂给蜂群大量糖浆，使蜂群渡过难关。

**2. 制作糖水**　先将7份清水烧开，再加入白糖10份，搅拌熔化，并加热至锅响为止。

**3. 喂蜂方法**　奖励饲喂（如早春喂蜂）采取箱内塑料盒，一端喂糖浆，一端喂水。补助饲喂（如喂越冬饲料）时，采用大塑料盒，置于隔板外侧，一次喂蜂2.5千克左右；若蜂箱内干净、不漏液体，也可以将蜂箱前部垫高，傍晚把糖浆直接从巢门倒入箱内喂蜂。

**4. 注意事项**　禁用劣质、掺假、污染的饲料和果葡糖浆喂蜂。用大蒜0.5千克压碎榨汁，加入50千克糖浆中喂蜂，可预防美洲幼虫腐臭病、欧洲幼虫腐臭病、孢子虫病和爬蜂病。在1 000毫升糖浆中加4毫升食醋，也可预防孢子虫病。

早春加入蜂群中的蜜脾，不宜把蜜盖割除。

### （二）喂粉

喂粉是给蜂群补充蛋白质、促进繁殖，在蜜源植物散粉前20天开始喂粉，早春宜喂花粉脾，每脾贮存花粉300～350克，到主要蜜源植物开花并有足够的新鲜花粉采进箱时为止。

**1. 喂花粉脾**　将贮备的花粉脾喷上少量稀薄糖水，直接加到蜂巢内供蜜蜂取食。

**2. 做花粉脾**　把花粉团用水浸润，加入适量熟豆粉和糖粉，充分搅拌均匀，形成松散的细粉粒，用椭圆形的纸板（或木片）遮挡育虫房（巢脾中下部）后，把花粉装进空脾的巢房内，一边装一边轻轻揉压，使其装满填实，然后用蜜汁淋灌，渗入粉团。用与巢脾一样大小的塑料板或木板，遮盖做好的一面，再用同样方法做另一面，最后加入蜂巢供蜜蜂取食。

花粉占70％以上，豆粉占30％以下。

**3. 喂花粉饼** 将花粉闷湿润，加入适量蜜汁或糖浆，充分搅拌均匀，做成饼状或条状，置于蜂巢幼虫脾的框梁上，上盖一层塑料薄膜，吃完再喂，直到外界粉源够蜜蜂食用为止（图 2-21）。有经验表明：虞美人花粉虽能促进繁殖和抵抗疾病，但它却使蜜蜂寿命缩短，在没有充足的新鲜花粉采进时停止饲喂，将使蜂王的产卵量急剧下降。

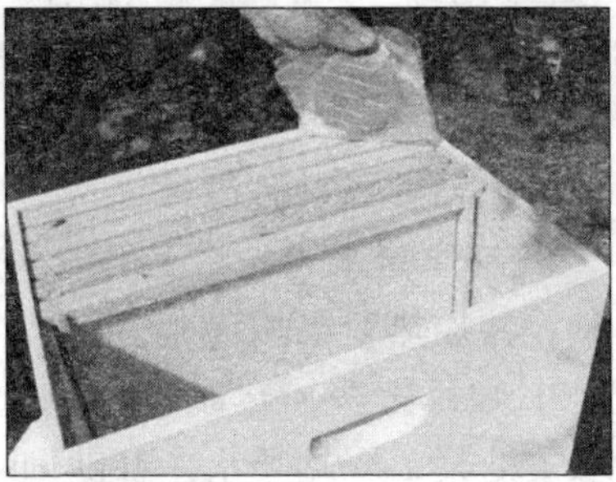

图 2-21 喂花粉饼

（引自 www.beecare.com）

长期低温寒流，如果蜜蜂不吃花粉就停喂。

消毒花粉，把 5～6 个继箱叠在一起，每 2 个继箱之间放纱盖，纱盖上铺放 2 厘米厚的蜂花粉，边角不放，以利透气，然后，把整个箱体封闭，在下燃烧硫黄，3～5 克/箱，间隔数小时后再熏蒸 1 次。密闭 24 小时，晾 24 小时后即可使用。

**（三）喂水**

春季在箱内喂水，用脱脂棉连接水槽与巢脾上梁，并以小木棒支撑，让蜜蜂取食。每次喂水够 3 天饮用，间断 2 天再喂，水质要好。箱内喂水要么一直喂冷水，要么一直喂温开水，不能冷热相间。

## 第四节 繁殖期管理

### 一、春季繁殖

四川、湖南、湖北、河南、山西、安徽、江西等省的春季，油菜种植面积大，蜜源丰富，天气寒冷，气候多变；蜂群前期繁殖，中期后期生产。在这种情况下须加强管理，培育健康蜜蜂、提高产量。

### （一）选择场地

选择背风、向阳、干燥，有榆、杨、柳和油菜等早期蜜源的地方摆放蜂群，蜂群双箱排列或呈一字形排列，但不宜过长，前后排间隔不小于 3 米。蜂路开阔，避开风口，周围水源清洁干净，环境优美，安全方便。

在南方多风的地方，蜂群摆放还要求地势不高不低，雨天能排水。阴雨天气，蜂箱上盖塑料薄膜，盖后不盖前，防止雨淋，保持蜂巢干燥，不下雨时要拿掉。在湖北、四川油菜花期，场地空气要求畅通。

### （二）食物充足

**1. 蜂蜜**　蜂蜜用于蜂群能量消耗、造脾、繁殖、生产王浆和脱粉等，养好蜜蜂须要全年保持蜂巢蜂蜜充足。

（1）蜂群缺少蜂蜜的后果：蜂蜜不足，繁殖受到影响（蜂子得不到足够的营养，发育不良，产生爬蜂等其他疾病；成年蜜蜂易得病寿命短）、王浆和花粉不能正常生产。

没有蜂蜜，蜂群产生拖子——抛弃幼虫、饿死、逃跑现象。

蜂蜜不足影响产量，如无蜜季节繁殖差，蜜源来了没有蜂；蜜源花期蜂群繁殖，蜜源结束群势长大，消耗增大，没有效益。

（2）解决蜂群缺蜜的方法：一是生产季节留足饲料，二是缺蜜季节及时喂蜂。在河南省喂蜂时间：早春、刺槐花期结束后酸枣或枣花泌蜜前、8 月下旬及 9 月上中旬。

早春蜂蜜消耗以蜂巢中预留的蜜脾为主，或加入前年预留的蜜脾。

**2. 蜂花粉**　蜂花粉是幼虫和幼蜂的蛋白质食物，生产蜂王浆、造脾需要花粉。

（1）蜂群缺少花粉的后果：蜂群繁殖受到影响，不能进行王浆生产。

（2）解决蜂群缺粉的方法：补充花粉或代用饲料，喂粉时间在早春、有蜜无粉季节生产蜂王浆，枣花场地、某些荆花场地、秋季繁殖，喂蜂方法有加入粉脾、做花粉脾和喂花粉饼。

**3. 蜂王浆** 蜂王浆是幼虫食物、蜂王食物。

（1）*蜂群缺少王浆的后果*：蜂王产卵减少，幼虫发育不良，蜜蜂不健康。早春哺育王浆不足、夏季哺育王浆不足、人工饲料营养缺陷——培养的蜜蜂不健康，工蜂过度泌浆——早衰。

（2）*解决蜂群缺浆的方法*：早春1只越冬蜜蜂能养活1.2只新蜂，1只新蜂可哺育3.8只蜜蜂，所以早春要求蜂脾比2～3∶1，保持蜂多于脾，不对强群保温处置；平时保持蜂脾相称；高温季节注意降温，预防工蜂离脾。

## （三）管理措施

**1. 繁殖时间** 1月下旬至2月雨水，视天气好坏提前或延迟几天，灵活掌握。

**2. 蜂脾比例** 视蜂群大小，留脾2～3张，蜂脾比约2∶1，以蜂包住脾、在隔板外和副盖下有蜜蜂聚集为准。蜂路1.2～1.5厘米。

**3. 饲料供应** 巢脾贮糖巢房占脾的2/3，脾的中下部有1/4左右巢房供繁殖，视情况每天或隔天喂蜂1次，喂量以蜂巢框梁上一直出现巢白（新蜡）为度（图2-22），糖浆浓度约为1∶0.7，如果封盖蜜多，可喂1∶1的糖水，但不得以割破封盖蜜房的方式刺激蜜蜂。

图2-22 喂糖参考

（张中印 摄）

（长期）寒流期间不喂蜂糖浆，以原有封盖蜜供蜜蜂食用，不割封盖蜜房盖。要求花粉充足，在外界没有大量花粉采进时，保持给蜂群喂花粉饼。坚持箱内喂水。

**4. 保温处置**　用稻草将箱底垫实，将箱侧松散地围住，副盖上盖一层覆布，两层报纸。

**5. 冻蜂措施**　一般天气，在巢脾后缘上部折叠覆布一角通气，大小根据蜂群强弱确定，3 脾蜂约 4.5 厘米$^2$。（长期）寒流，将覆布折叠一半加大通气量冻蜂。在寒流期间，如果蜂群不缺水，而蜜蜂还向巢外飞翔，证明蜂巢温度高，想法降温，如将覆布全部折叠，进一步扩大通风面积。

（长期）寒流期间不给蜂群喂糖浆，但要求花粉充足，但也不能过量，发现添加的花粉没有被蜜蜂消耗时就要停止喂粉。

坚持收听天气预报，及时掌握天气变化，在有 10℃以上好天气，在当天早上喂蜂，促使蜜蜂排泄。

**6. 保护蜜蜂**　无论在何种天气情况下，要求隔板外、副盖下一直有蜜蜂聚集为度，稍加宽蜂路，如此即可保住前一年的老蜂生命，以便采集当年油菜花蜜，提高产量，也保住了新培养的蜜蜂健康（图 2-23）。

图 2-23　蜜蜂春炼抗逆饲养蜂群叠加继箱前蜂巢情况
（张中印　摄）

**7. 加脾扩巢**　在原繁殖脾新蜂羽化出房 7 天左右（即开始繁殖 30 天），根据蜂数多少添加第一张脾，并在这张脾蜂儿封盖 2/3 后加第二张脾（如遇寒潮延迟加脾），在油菜开花泌蜜一周后再加继箱。

注意事项：早春寒潮时间不加脾、蜂稀不加脾、子脾不成不加脾，注意巢脾数量，要求蜂多于脾。

早春第一代子脾不宜过大，利用巢脾贮存的蜜糖量进行控制。掌控好蜂群中幼蜂 30%、青年蜂 40%、老年蜂 30%的优势比例。

**8. 添加继箱**　在油菜开花泌蜜一周后加继箱，此时，巢箱

4～5 张脾，继箱一次加 4 张空脾。

**9. 生产蜂蜜**　油菜泌蜜盛期，副盖中间横梁有赘脾、蜂稠，生产第一次蜂蜜，然后在继箱加 1 张脾供贮蜜，一周后在巢箱加巢础 1 张，直到油菜结束，上下箱体各保持 5～6 张脾。

**10. 转场扩巢**　油菜花后期，转移蜂场时视情况继箱加 1 张巢脾、巢箱加 1 张巢础，之后不再加脾，蜜蜂活动季节保持上 6 下 6 脾，用巢础框更换巢箱巢脾时，应抽出多余巢脾，经常更新巢脾。上下一般不调脾。

注：单脾繁殖，第一张脾，糖足，喂稀糖。加第一张脾，要求有 2 脾半蜂，第一张脾 6 天产满，晚一天加脾，加脾前喂稀蜜，2～3 天不再喂糖，然后再喂稀糖水。养双王，不到 4 个蜜脾不打蜜，多次取蜜伤元气。

### （四）更新蜂王

每年定时在刺槐开花前或荆条花中期培养新王，种王以自选为宜（须有 60 群以上规模），培育抗病、抗虫、高产、优质蜂王。也可引进良种。养王时，分别在上下箱体安装王台，保证新王成功率在现有蜂群数的 125％，整体换王。常年养王，及时淘汰个体小、产量低、抗病差的蜂王。避免使用小交尾群养王。

### （五）蜂病防治

早春蜂巢中有幼虫无封盖子时期防治大蜂螨，采取蜂多于脾、食物充足、蜂箱前低后高、蜂巢空气流通等措施预防其他疾病。在湖北油菜、河南紫云黄花期，如果遇到黄风（沙尘暴）、黄雨和阴霾天气时及时转移蜂场，避免花蜜中毒爬蜂。

## 二、夏季繁殖

### （一）长江以北夏季繁殖

6～8 月，在长江以北地区，枣树、芝麻、荆条、椴树、棉花、草木樨、向日葵等开花流蜜，是养蜂的生产季节，蜂群经过繁殖，其群势达到了生产要求。这一阶段的繁殖要求新蜂不断更换老蜂，并达到一个动态平衡中，即维持群势并达到生产的繁殖。

场地阴凉通风，蜜源丰富，花蜜、花粉食物充足，饮水丰富洁净。

新王，蜂群健康。蜂脾比例达到 1∶1 以上，繁殖巢脾，以生产王浆为主的放 7～8 脾，以生产蜂蜜或花粉为主的放 5～6 脾，适当放宽蜂路。

做好蜂群降温加湿工作，加宽巢门，盖好覆布。无树林遮阳的蜂场，可有黑色遮阳网或秸秆树枝置于蜂箱上方，阻挡阳光照射蜂巢（图 2-24）。

图 2-24　将树枝置于蜂箱顶遮阳
（张中印　摄）

蜜源丰富适当加础造脾，蜜源缺少抽出新脾。

如果遭遇花期干旱等造成流蜜不畅，蜂群繁殖区巢脾要少放，蜂数要足，及时补充饲料。新脾抽出或靠边放。

预防农药中毒，防治大小蜂螨，其他管理措施见生产期管理。

### （二）长江以南夏季繁殖

6～8 月，长江以南地区，天气气温高，持续时间长，多数地区蜜粉源稀少，蜂群繁殖差，甚至中断。这些地区的夏季繁殖以更新蜜蜂越过夏季为目的。也有部分地区，蜜源丰富，则繁殖兼顾生产。

无论更新蜜蜂、断子或繁殖生产，对蜂群都要遮阳、喂水，保持食物充足，清除胡蜂，防止盗蜂、中毒，合并弱群，防治蜂螨。详见断子期管理。

## 三、秋季繁殖

在南方以繁殖秋季蜜源采集蜂为主，兼顾培育适龄越冬蜂，其方法措施参考春季繁殖进行。在北方以繁殖适龄越冬蜂为主，部分山区兼顾培育野菊花蜜源采集蜂，方法措施如下。

### （一）繁殖时间

在中原地区，8月下旬开始，继箱蜂群上5脾下5～6脾或单箱蜂群8脾繁殖越冬蜂，平原地区9月20日前后结束，山区稍晚，利用好葎草、冬瓜、栾树、（半个）荆芥、茵陈、菊花粉对越冬蜂的培养，并喂好越冬饲料。

### （二）管理措施

**1. 防治蜂螨** 繁殖越冬蜂前防治蜂螨，可以结合育王断子治螨，也可以挂螨扑片防治。

**2. 奖励饲喂** 每天喂蜂多于消耗，喂到9月底结束（子脾全部封盖）。防止蜜压卵圈或粉压卵圈。

**3. 适时关王** 越冬蜂繁殖20天左右，及时用王笼将蜂王关闭起来（图2-25），吊于蜂巢前部（中央巢脾前面框耳处），淘汰老劣王。

图2-25 将蜂王囚禁在笼子里
（张中印 摄）

**4. 贮备饲料** 贮备饲料除蜜蜂冬季食用外，还供春季繁殖用。继箱繁殖越冬蜂时，在奖励饲喂前喂至七八成，奖励饲喂结束时喂足。单箱体繁殖越冬蜂的，在子脾将出尽时喂足，或新蜂全部羽化时换入饲料脾。

越冬饲料小糖脾形成，是在喂越冬饲料时缩小蜂路，使整个蜜脾封盖。

实践证明，1脾越冬蜂平均需要糖饲料，在东北和西北地区需2.5～3.5千克，华北地区需2～3千克，转地蜂场需1～1.5千克（周冰峰，2002），同时须贮存一些蜜脾，以备急用。

**5. 冬前治螨**　越冬蜂全部羽化出房后，喷雾治螨2次，治螨后及时把蜂王从王笼中放出。

**6. 减少空飞**　不论是在外转地还是在家定地秋繁的蜂场，在喂足越冬饲料后，如果条件允许，都应及时把蜂群搬到阴凉处，巢门转向北方，折叠覆布，放宽蜂路，减少蜜蜂活动。或者将秸秆放在箱上，对蜂群进行遮阳避光。

养蜂场地要避风防潮，注意防火。

## 第五节　生产期管理

### 一、蜂蜜生产管理

蜂蜜收成的好坏主要取决于天气、蜜源和蜂群。蜂群是人能控制的，养好蜂，还要用好蜂，维持强群，保持蜜蜂的工作积极性，以增加蜜、浆、蜡等的产量。

#### （一）选好场地

生产蜂场，场地应干燥、通风、遮阳（图2-26），避开风口、水口、低洼地方。蜂场不宜太挤，蜜源丰富；对不施农药、没有蜜露蜜的蜜源可选在蜜源的中心地带，季风的下风向，如刺槐、荆条、椴树、芝麻等，林区场地蜂路须开阔，荆条花期宜选林少的山地放蜂。对缺粉的主要蜜源花期，场地周围应有辅助粉源植物开花，如枣花场地附近有瓜花。

图2-26　将蜂群置于树下
（张中印　摄）

抗虫棉泌蜜减少，施用激素（如赤霉素）的蜜源对蜜蜂采蜜都有影响。

## （二）管理措施

**1. 维持强群** 强群是高产的基础，在美国、澳大利亚和加拿大等国家，采用多箱体养蜂，群势达到 20 框蜂为强群，我国采用深继箱生产蜂蜜，群势达到 12～15 框即算是强群，而生产蜂花粉时，8～9 框蜂就是强群。对产生分蜂热或其他原因造成生产力、抗逆力差的蜂多脾多的蜂群，仅算是大群而已。强群单位群势的产蜜量一般比弱群高出 30%～50%（周冰峰，2002）。因此，主要蜜源开花泌蜜开始前 45 天到结束前 30 天之间，加强管理，培育适龄采集工蜂（21～28 日龄）；培育足够量的适龄采集蜂，蜂群要有一定的群势基础，还要兼顾采蜜结束后的繁殖与生产。适龄采集蜂的培育可参照春季繁殖进行。结合管理，尽可能做到新王、强群生产。

在植物流蜜期间，充分利用强群取蜜、弱群繁殖，新王群取蜜、老王群繁殖，单王群生产、双王群繁殖，繁殖群正出房子脾调给生产蜂群维持群势，适当控制生产蜂群卵虫数量，以此解决生产与繁殖的矛盾。同时，采取措施预防分蜂热，保证蜜蜂处于积极的工作状态。

蜜源流蜜好，以生产为主，兼顾繁殖。如果遇到花期干旱等造成蜜源流蜜差，蜂群繁殖区脾要少放，蜂数、饲料要足，新脾撤出或靠边搁置。适当安排分蜂，此时脱粉，须进行奖励饲养。

**2. 调整蜂群** 根据经验，在中原地区，春天 3 脾蜂，2 月 20 日前后繁殖，箱内糖多喂稀糖，促进产卵，巢门喂水。4 月 20 日前后上继箱，5 月采刺槐。秋季越冬蜂的数量和质量决定翌年早春繁殖和生产，河南早春繁殖，一脾蜂赶枣花，二脾蜂只能赶刺槐，三脾以上可以赶苹果。

因此，为增加生产蜂群数量，距离开花泌蜜 20 天左右，将强群的封盖子脾适当调到近满箱的蜂群；距离开花泌蜜 10 天左右，将弱群正在羽化的子脾调到近满箱的蜂群。被调出子脾的弱群组成双群同箱繁殖，若流蜜期不超过 30 天，则每个弱群留下 3 框蜂和 1 个小子脾即可；若流蜜期超过 30 天或有连续蜜源，则小群应保留 5 框蜂为宜，为以后的生产贮备力量。

调脾数量以扩大生产、预防分蜂和正常繁殖为原则。

**3. 控制虫口**　在流蜜期短的花期，以生产蜂蜜为主的蜂场，在开始流蜜前 10 天左右，用王笼把蜂王关起来；或结合养王，在流蜜开始前 12 天给每个蜂群介绍 1 个成熟王台，在大流蜜期开始时新蜂王产卵，可能提高蜂蜜产量。如刺槐花期蜜蜂全力采集蜂蜜，刺槐花期结束后，加强繁殖，到荆条花期又能繁殖成生产蜂群，可以收到较好的效益。东北椴树花期采用这个方法，也得到好收成。

陈盛禄等报道在幼、青、壮、老工蜂比例正常、生物学组成完整和不发生分蜂热的健康蜂群中，蜂子比值是影响蜂群采蜜量的重要因素。

单位蜜蜂采蜜量（$y$）与蜂子比值（$x_1$）之间的关系可用回归方程 3-1 表示。

$$y=1.4262+3.2805\times(W\div B)\qquad(0.3<x_1<3)\tag{3-1}$$

单位蜜蜂采蜜量（$y$）与蜂虫比值（$x_2$）之间的关系可用回归方程 3-2 表示。

$$y=2.2535+0.6717\times(W\div B)\qquad(0.5<x_2<7.5)\tag{3-2}$$

式中的 $W$ 为工蜂重量，单位为千克；$B$ 为子脾数。

若蜜源花期较长（25 天以上）或两个蜜源花期衔接，则应前期生产、繁殖并重，在开花后期或后一个蜜源采取限王产卵，也可以结合养王换王的措施限王产卵，以提高产量。在河南省太行山区的荆条花期，适宜采取此种措施。

**4. 给蜂喂水**　对缺粉的枣花场地，需要及时给蜂群补充花粉。没有洁净水源的场地，还须喂水，提倡箱内喂水。

**5. 积极生产** 生产蜂蜜时，前期狠取、中期稳取、后期贮藏饲料，常年保持蜂群食物充足。早春开花泌蜜一周后加继箱，副盖中间横梁有赘脾、蜂稠，生产第一次蜂蜜，以后根据蜜源，有 1/3 蜜房封盖即可取蜜。注意留足饲料。根据蜂数和蜜源积极采集蜂王浆，在粉足取浆时要进行奖励饲喂。

**6. 加强繁殖** 植物流蜜结束，或因气候等原因流蜜突然中止，应及时调整群势，抽出空脾，使蜂略多于脾，防治蜂螨，补喂缺蜜蜂群。根据下一个场地的具体情况繁殖蜂群，在干旱地区繁殖蜂群时要缩小繁殖区。

以生产王浆为主的蜂场，应生产、繁殖两不误。以生产蜂花粉为主的蜂场，应促进蜂群繁殖。而转地蜂场，则需要边生产边繁殖。

**7. 开门运蜂** 适合汽车运输。开门运蜂避免伤子、预防爬蜂，要求蜂群强壮、食物充足、装车喂水，而且要采取相应的技术措施。

**8. 预防盗蜂** 预防盗蜂的有效措施是放蜂场地蜜源丰富，在缺乏蜜源的场地，巢门要压低，喂蜂要适量（当夜吃完），查蜂看时间，群势要强壮，蜜脾保存好，治螨要彻底。

### （三）管理蜂王

生产蜂群使用新王，用隔王板将蜂王限制在固定的区域内（如巢箱）产卵，生产操作尽量避免打扰，通过蜜蜂采粉多少等判断蜂王优劣，及时更换问题蜂王。对隔年的老蜂王，还应有计划地检查防止分蜂。

根据蜜源花期长短和泌蜜特点，使用王笼控制蜂王产卵，或采取饲喂促进蜂群繁殖，以获得效益。

## 二、南方秋、冬生产管理

在我国长江以南各省和自治区，冬季温暖并有蜜源植物开花，是生产冬蜜的时期，仅只在 1 月份蜂群才有短暂的越冬时间。

### （一）冬季蜜源

我国南方冬季开花的植物有茶树、柃、野坝子、枇杷、鹅掌柴（鸭脚木）等，这些蜜源有些可生产到较多的商品蜜和花粉，有些可促进蜂群的繁殖。而在河南西南地区，许多年份在 10～11 月还能生产到菊花蜂蜜。

### （二）生产管理

南方冬季蜜源花期气温较低，尤其在流蜜后期，昼夜温差大，时有寒流，有时还阴雨连绵，因此，冬蜜期管理应做好以下工作：

**1. 选择好场地**　在背风向阳干燥的地方摆放蜂群，避开风口。

**2. 生产兼繁殖**　冬蜜期要淘汰老劣蜂王，合并弱群，适当密集群势，采取强群生产、强群繁殖，生产与繁殖并重。流蜜前期，选晴天中午取成熟蜜，流蜜中后期，抽取蜜脾，保证蜂群饲料充足和备足越冬、春季繁殖所需饲料。在茶叶花期，喂糖水脱花粉取王浆。

在河南省南阳市，当年 10～11 月采取大群采集野菊花蜂蜜，大群繁殖越冬蜂，年年好蜜好蜂。平箱群，8 脾蜂 7 个子，越冬 5 脾蜂，翌年春天 3 脾蜂，2 月 20 日前后繁殖。箱内蜜多喂稀糖，促进产卵，巢门喂水。4 月 20 上继箱，5 月采刺槐。

**3. 做越冬准备**　对弱群进行保温处置，在恶劣天气里要适当喂糖喂粉，促进繁殖，壮大群势，积极防治病、虫和毒害，为越冬做准备。

## 三、分蜂热的预防与解除

每年春天（多数在 4 月下旬至 5 月上旬），当中蜂群势发展到 4～5 框子脾、意大利蜂超过 7～8 框子脾后，常会发生分蜂。

另外，不同地区，蜂群发生分蜂时间并不一致，只要有大蜜源，蜂群强壮，就会发生分蜂。

虽然自然分蜂是蜂群繁殖的规律，也是种族繁衍生存的需要，但是，蜂群一旦产生分蜂热后，蜂王产卵量就显著下降，甚至停产，工蜂怠工，影响产量。因此，养蜂场一般通过有计划地人工分蜂，来达到扩大经营规模，并采取措施控制自然分蜂。

### （一）预防分蜂热

**1. 更新养王** 早春及时育王，更换老王。平常保持蜂场有3～5个养王群，及时更换劣质蜂王。在炎热地区，采取1年每群蜂换2次蜂王的措施，有助于维持强群，提高产量。

**2. 控制群势** 在蜂群发展阶段，群势大不利于发挥工蜂的哺育力，而且容易分蜂，所以，应抽调大群的封盖子脾补助弱群，弱群的小子脾调给强群，这样可使全场蜂群同步发展壮大。强、弱群调换大、小子脾，应以不影响蜂群在主要蜜源期生产为原则。

**3. 积极生产** 及时取出成熟蜂蜜，进行王浆、花粉的生产和造脾，加重工蜂的工作负担，可有效地抑制分蜂。

**4. 扩巢遮阳** 随着蜂群长大，要适时加脾、上继箱和扩大巢门，有些地区或季节蜂箱巢门可朝北开，将蜂群置于通风的树影下，给水降温。

### （二）解除分蜂热

蜂群已发生分蜂趋势，应根据蜂群、蜜源等进行处理，使其恢复正常工作秩序。

**1. 更换蜂王一** 在蜜源流蜜期，对发生分蜂热的蜂群当即去王和清除所有封盖王台，保留未封盖王台，在第7至第9天检查蜂群，选留1个成熟王台或诱入产卵新王，尽毁其余王台。

**2. 更换蜂王二** 仔细检查已产生分蜂热的蜂群，清除所有王台后把该群搬离原址，在原位置放1个装满空脾的巢箱，从原群中提出带蜂不带王的所有封盖子脾放在继箱中，加到放满空脾的巢箱上，诱入 1 只新蜂王或成熟王台。再在这个继箱上盖副盖，上加 1 个继箱，另开巢门，把原群蜂王和余下的蜜蜂、巢脾放入，在新蜂王产卵一段时间后，杀死老蜂王，撤回副盖合并。

**3. 更换蜂王三**　在外勤蜂大量出巢之后，把有新蜂王的小群用王笼诱入法先将蜂王保护起来，再把该群与有分蜂热的蜂群互换箱位；第二天，检查蜂群，清除有分蜂热蜂群的王台，给小群调入适量空脾或分蜂热群内的封盖子脾，使之成为一个生产蜂群。

**4. 剪翅、除台**　在自然分蜂季节里，定期对蜂群进行检查，清除分蜂王台，或对已发生分蜂热蜂群的蜂王剪去其右前翅的 2/3（图 2－27）。剪翅和清除王台只能暂时不使蜂群发生分蜂和不丢失，要预防和控制分蜂热，应采取综合措施。

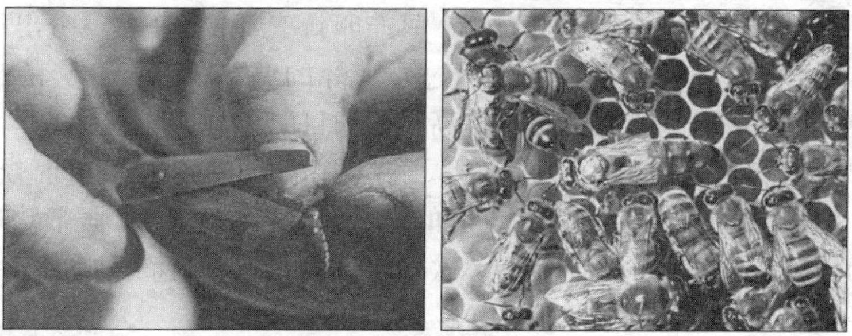

图 2－27　蜂王剪翅

（引自 www.beeman.se）

## 四、蜂群生产技术

生产蜂群也称人工分群，是根据蜜蜂的生物学习性，有计划有目的地在适宜的时候增加蜂群数量，扩大生产和避免自然分蜂造成损失的一项有效措施。以分蜂扩大规模的蜂场，应早养王、早分蜂。人工分群的时间，河南省在采过刺槐蜜后即可及时分群，或在油菜蜜源花期，结合换王进行分群。

分群之前要培育蜂王（见第四章）。

## （一）分群方法

**1. 强群平分法** 先将原群蜜蜂向后移出1米，取两个形状和颜色一样的蜂箱，放置在原群巢门的左右，两箱之间留0.3米的空隙，两箱的高低和巢门方向与原群相同，然后把原群内的蜂、卵、虫、蛹和蜜粉脾分为相同的两份，分别放入两箱内，一群用原来的蜂王，另一群在24小时后诱入产卵蜂王。分蜂后，外勤蜂飞回找不到原箱时，会分别投入两箱内；如果蜜蜂有偏集现象，可将蜂多的一群移远点，或将蜂少的一群向中间移近一点。

这种方法能使两群都有各龄蜜蜂，各项工作能够正常进行，蜂群繁殖也较快，宜离主要采蜜期50天左右进行。

**2. 强群偏分法** 从强群中抽出带蜂和子的巢脾3、4张组成小群，如果不带王，则介绍1个成熟王台，成为1个交尾群。如果小群带老王，则给原群介绍1只产卵新王或成熟王台。分出群与原群组成主、副群饲养，通过子、蜂的调整，进行群势的转换，以达到预防自然分蜂和提高产值的目的。

**3. 多群分一群** 选择晴朗天气，在蜜蜂出巢采集高峰时候，分别从超过10框蜂和7框子脾的蜂群中，各抽出1～2张带幼蜂的子脾，合并到1只空箱中。次日将巢脾并拢，调整蜂路，介绍蜂王，即成为一个新蜂群。

这个方法多用于大流蜜期较近时分蜂。因为是从若干个强群中提蜂、子组织新分群，故不影响原群的繁殖，并有助于预防分蜂热的发生，在主要流蜜期到来时新分群还能壮大起来，达到分蜂促进繁殖和增收的目的。

**4. 双王群分蜂** 在距主要蜜源开花较近时，按偏分法进行，仅提出两脾带蜂带王、有一定饲料的子脾作为新分群，原箱不动变成1个强群。距离主要蜜源开花50天左右，采取平分法。

## （二）管理措施

新分群的蜜蜂应以幼蜂为主，保证饲料充足，第二天给其介绍产卵蜂王或成熟王台，王台安装在中间脾的两下角处或脾下缘。

新分群的位置要明显，新王产卵后须有3框足蜂的群势，不足的要补蜂补子，保持蜂脾相称或蜂略多于脾，各阶段的蜂龄尽可能合理。哺育蜂少的新分群，其卵脾可提到大群哺育，随着群势的发展，要适时加空脾和加巢础框造脾。

## 第六节 断子期管理

### 一、冬季断子管理

蜜蜂属于半冬眠昆虫，在冬季，蜜蜂停止巢外活动和巢内产卵育虫工作，结成蜂团，处于半蛰居状态，以适应寒冷漫长的气候。我国北方蜂群越冬时间长达5～6个月，而南方仅在1月份有短暂的越冬期，在广东和广西无越冬期。

蜂群安全越冬的条件是充足优质的饲料、品质良好的蜂王、一定的群势、健康和安静的环境。

#### (一) 越冬准备

**1. 选择越冬场地** 蜂群的越冬场所有两种，一是室外，二是室内。

室外场地要求背风、向阳、干燥和卫生，在一日之内要有足够的阳光照射蜂箱，场所要僻静，周围无震动、声响（如不停的机器轰鸣）。

室内越冬场所要求房屋隔热性能好，空气畅通，温、湿度稳定，黑暗、安静。

**2. 布置越冬蜂巢** 越冬用的巢脾要求是黄褐色、贮存有100克以上蜂粮的巢脾，在贮备越冬饲料时进行遴选。越冬蜂群势，北方应达到5脾以上，长江中下游地区须超过2框，群势的调整在繁殖越冬蜂时就要完成。越冬蜂巢的脾间蜂路设置为15毫米左右。

越冬蜂巢的布置应在蜜蜂白天尚能活动、早晚处于结团状态时进行，较弱的蜂群，要蜂脾相称或蜂略多于脾，强群蜂少于脾。单箱体越冬，蜂数不足5脾的蜂群，应双群同箱饲养，布置蜂巢时，把半蜜脾放在闸板的两侧，大蜜脾放在半蜜脾的外侧，这样能使两个蜂群聚集在闸板两侧，整体结成1个越冬团，有助于相互温暖。蜂数多于5脾的蜂群，可以单群平箱越冬，布置蜂巢时，中间放整蜜脾，两侧放半蜜脾；若均为整蜜脾，则应放大蜂路，靠边的糖脾要大。

双箱体越冬，上下箱体放置相等的脾数，例如8脾蜂的上下箱体各放6张脾，蜂脾相对，上箱体放整蜜脾，下箱体放半蜜脾。

### （二）北方蜂群室外越冬方法

室外越冬简便易行，投资较少，适合我国广大地区，越冬蜂群受外界天气的变化影响较大。

**1. 长江以北及黄河流域** 冬季气温高于－20℃的地方，可用干草、秸秆把蜂箱的两侧、后面和箱底包围、垫实，副盖上盖草帘，将覆布折叠一角留作通风，箱内空间大应缩小巢门，箱内空间小则放大巢门（图2－28）。如果冬季气温在－10℃以上的地区，不对蜂群保温（群势须达到5脾足蜂），蜂巢上下通气。

图2－28　华中地区室外越冬蜂群
（张中印　摄）

**2. 东北、西北高寒地区** 冬季气温低于－20℃，蜂箱上下、前后和左右都要用枯草等包围覆盖（图2－29，图2－30），巢门用∩形桥孔与外界相连，并在御寒物左右和后面砌成∩形围墙。也可堆垛保蜂或开沟放蜂对蜂群保暖处置。

无论怎样保温处置，蜂巢上下都需要空气流通，并有一定空间。

（1）堆垛保蜂：蜂箱集中一起成行堆垛，垛之间留通道，背对背，巢门对通道，以利管理与通气，然后在箱垛上覆盖帐篷或保蜂罩：夜间温度－15～－5℃时，帐篷盖住箱顶，掀起周围帆布；夜间温度－20～－15℃时，放下周围帆布；－20℃以下，四周帆布应盖严，并用重物压牢。在背风处保持篷布能掀起和放下，以便管理，篷布内气温高于－5℃时要进行通风，“立春”后撤垛。

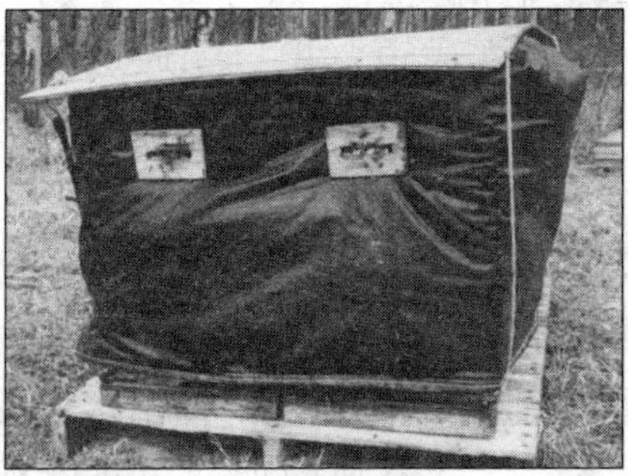

图 2－29　高寒地区 4 箱 1 组室外越冬保温处置

（引自 www.honeybeeworld.com）

图 2－30　高寒地区蜂群室外越冬保温处置

（引自 www.honeybeeworld.com）

（2）开沟放蜂：在土质干燥地区，按 20 群一组挖东西方向的地沟，沟宽约 80 厘米、深约 50 厘米、长约 10 米，沟底铺一层塑料布，其上放草 10 厘米厚，把蜂箱紧靠挨近北墙置草上，用支撑杆横在地沟上，上覆草帘遮蔽。通过掀、放草帘，调节地沟的温度和湿度，使其保持在 0℃左右，并维持沟内的黑暗环境。

## （三）北方蜂群室内越冬方法

在东北、西北等严寒地区，把蜂群放在室内或窑洞中越冬比较安全，可人工调节环境，管理方便，节省饲料，群势变化不大。在华北地区，蜂群在恒温室内越冬，可延长蜜蜂寿命减少死亡，节省饲料。室内越冬禁关巢门，以恒温室内越冬为佳，但注意放蜂排泄。

越冬室要求保暖好，温差小，防雨雪，湿度、通风和光线能调，还可加装空调或排风扇。

**1. 搬蜂入室** 蜂群在水面结冰、阴处冰不融化时进入室内，如东北地区 11 月上中旬，西北和华北地区在 11 月底进入，在早春外界中午气温达到 8℃以上时即可出室。

**2. 摆放蜂箱** 蜂箱在越冬室距墙 20 厘米摆放，搁在 40～50 厘米高的支架上，叠放继箱群 2 层，平箱 3 层，强群在下，弱群在上，成行排列，排与排之间留 80 厘米通道，巢口朝通道便于管理。

利用空调机控制越冬室内温度在－2～4℃，相对湿度75％～85％。入室初期，白天关闭门窗，夜晚敞开室门和通风窗，以便室温趋于稳定。蜂箱开大巢门、折叠覆布，立冬前后或 12 月中下旬，中午温度高时搬出室外进行排泄，检查蜂群，抽出多余巢脾，留足糖脾。室内过干可洒水增湿，过湿则增加通风排除湿气，或在地面上撒草木灰吸湿，使室内湿度达到要求。蜂群进入越冬室后还要保持室内黑暗和安静。

### （四）北方蜂群越冬管理

**1. 防鼠** 把巢门高度缩小至 7 毫米，使鼠不能进入。如发现巢前有腹无头的死蜂，应开箱捕捉，并结合药饵毒杀。

**2. 防火** 包围的保暖物和蜂箱、巢脾等都是易燃物，要预防小孩引火烧蜂，要求越冬场所远离人多的地方，人不离蜂。

**3. 防热** 严格控制越冬室内的温度，室外越冬蜂群的御寒物包外不包内，巢门和上通气孔畅通。定期用√形钩勾出蜂尸和箱内其他杂物。大雪天气应及时清理积雪，防止雪堵巢门或通气孔。

室外越冬蜂群，要求蜂团紧而不散，不往外飞蜂，寒冷天气箱内有轻霜而不结冰。对有“热象—散团”的蜂群，开大巢门，必要时撤去上部保暖物，待降温后再逐渐恢复。

**4. 防饿**　蜂群缺少食物多发生在越冬后期，对缺食蜂群及时补充蜜脾，方法是把贮备的蜜脾先在35℃下预热12小时，下方的蜜盖割开一小部分，喷少量温水，靠蜂团放置，将空脾和结晶蜜脾撤出。受饥饿的蜂群，尤其是饿昏被救活的蜂群，其蜜蜂寿命会大大缩短。

**5. 排泄**　个别蜂群严重下痢，可于8℃以上无风晴天的中午在室外打开大盖、副盖，让蜜蜂排泄，或搬到20℃以上的塑料大棚内放蜂飞翔。如在越冬前期，大批蜂群普遍下痢，并且日趋严重，最好的办法是及时运到南方繁殖。

解救有问题的蜂群只能挽救部分损失，应做好前述的工作，预防事故的发生。

室内越冬的蜂群，根据经验和天气预报，应有计划地让蜜蜂排泄1～2次。

**6. 遮光**　蜂群无论在室外或在室内越冬，尽可能遮蔽光线，减少刺激。

### （五）南方蜂群越冬管理

蜂群断子越冬应在45天以上。

**1. 关王、断子**　蜂群在室外越冬或入室越冬之前，把蜂王用竹王笼关起来，强迫蜂群断子45天以上。

**2. 防治蜂螨**　待蜂巢内无封盖子时治蜂螨，治螨的前1天对蜂群饲喂，效果更显著。

**3. 布置蜂巢**　南方蜂群越冬蜂巢的布置除要求扩大蜂路外，其他同北方蜂群室外越冬。

**4. 饲料**　喂足糖饲料，抽出花粉脾。

**5. 促蜂排泄**　在晴天中午打开箱盖，让太阳晒暖蜂巢引导蜜蜂飞行排泄。

**6. 越冬场所**　在室外越冬的蜂群，选择阴凉通风、干燥卫生、周围2千米内无蜜粉源的场地摆放蜂群，并给蜂群喂水。

### (六) 转地蜂群越冬管理

我国北方的一些蜂场，于12月至次年1月中旬把蜂群运往南方繁殖。这些蜂场在越冬时，首先把饲料脾准备好，镶上框卡，钉上纱盖，在副盖上加盖覆布和草帘，蜂箱用秸秆覆盖，尽可能保持黑暗、空气流通、温度稳定，等待时日，随时启运。

## 二、夏季断子管理

7～9月，在我国广东、浙江、江西、福建等省，天气长期高温，蜜粉源枯竭，敌害猖獗，蜜蜂活动减少，蜂王产卵量下降甚至停产，群势逐日下降。

### (一) 越夏前准备

**1. 更换老劣王，培育越夏蜂**　在越夏前1个月，养好1批蜂王，产卵10天后诱入蜂群，培育1批健康的越夏蜜蜂。

**2. 充足的饲料**　进入越夏前，留足饲料脾，每框蜂需要2.5千克，不足的补喂糖浆，并有计划地贮备一部分蜜脾。

**3. 调整蜂群势**　越夏蜂群，中蜂应有3框以上的蜜蜂，意蜂要有5框以上的蜜蜂，不足的用强群子脾补够，弱群予以合并。提出多余巢脾，使蜂脾相称。

**4. 防病、治螨**　在早春繁殖初期防治蜂螨，在越夏前利用换王断子的机会再防治。

### (二) 越夏期管理

**1. 选择场地**　选择有芝麻、乌桕、玉米、窿椽桉等蜜粉源较充足的地方放蜂，或选择海滨、山林和深山区度夏，场地空气流通，水源充足。

**2. 放好蜂群**　把蜂群摆放在排水良好和阴凉的树下，蜂箱不得放在阳光直射下的水泥、沙石和砖面上。

**3. 通风遮阳**　适当扩大巢门和蜂路，掀起覆布一角，但勿打开蜂箱的通气纱窗。

**4. 增湿降温**　在蜂箱四周洒水降温，在空气干燥时副盖上可放湿草帘，坚持喂水。

**5. 九防措施** 越夏期间，减少开箱次数，全面检查在每天的早晚进行，巢门高度以 7 毫米为宜，宽度按每框蜂 15 毫米累计，谨防盗蜂发生；避免烟熏和震动；用药饵和捕打等办法遏制胡蜂的危害；早晚捕捉青蛙和蟾蜍，防范它们捕食蜜蜂；消灭蜂场中的蚁穴，制止蚂蚁攻入蜂箱；经常清除箱底杂物，预防滋生巢虫；利用群内断子或封盖子少的机会，用杀螨剂治螨 2 次，防止蜂螨暴发；预防农药中毒；预防水淹蜂箱。

**6. 控制繁殖** 在越夏期较短的地区，可关王断子，有蜜源出现后奖励饲养进行繁殖。在越夏期较长的地区，适当限制蜂王产卵量，但要保持巢内有 1～2 张子脾，2 张蜜脾和 1 张花粉脾，饲料不足须补充。

**7. 适当生产** 在有辅助蜜源的放蜂场地，应奖励饲喂，以繁殖为主，兼顾王浆生产。繁殖区不宜放过多的巢脾，蜂数要充足。

在有主要蜜源的放蜂场地，无明显的越夏期，按生产期管理。

**8. 临时搬迁蜂群** 如遇洪水、大雨造成较深积水等必须将蜂群暂时搬迁时，先将各群的位置绘图做好标记，再把蜂群搬离原地，集中一处，待洪水退后，及时有序地把蜂箱放好。在搬离期间，可关巢门，也可不关，但应打开通风窗，并在白天不断地向巢门洒水，减少蜜蜂骚动和飞出。

### （三）越夏后管理

蜂群越夏后，蜂王开始产卵，蜂群开始秋繁，这一时间的管理可参照繁殖期管理办法，做好抽脾缩巢、恢复蜂路、喂糖补粉、防止飞逃等工作，为冬蜜生产做准备。

## 第七节　转地放蜂

根据生产或管理需要，按开花先后以放蜂路线将养蜂场地贯穿起来。长途转地放蜂，一般从春到秋，从南向北逐渐赶花采蜜，最后再一次南返。现在运输蜂群多用汽车，方便快捷。

## 一、运前准备

### （一）选择场地

先选定蜜源，再遴选搁蜂场地，凡是在人口密集、水道或风口上的地方，都不宜搁蜂。

### （二）蜂群准备

**1. 调整蜂群** 一个继箱群放蜂不超过 14 脾，上 7 下 7，封盖子 3～4 框，多余子脾和蜜蜂调给弱群；一个平箱群有蜂不超过 8 脾，否则应加临时继箱。

群势大致平衡后，继箱群的巢箱放小子脾，卵虫脾居中，粉蜜脾依次靠外，继箱放老子脾，巢、继箱内的巢脾全向箱内一侧或中间靠拢。平箱群的巢脾顺序不变。

**2. 补充饲料** 每框蜂有 0.5 千克以上的成熟蜂蜜，忌稀蜜运蜂，还要有一定量的粉脾。

在装车前 2 小时，给每个蜂群喂水脾 1 张，并固定。或在装车时从巢门向箱底打（喷）水 2～3 次，蜂箱盖或四周洒水降温。

### （三）包装蜂群

运输蜂群须固定巢脾与连接上下箱体，防止巢脾碰撞压死蜜蜂，装车、卸车方便。这项工作在启运前 1～2 天完成。

**1. 固定巢脾** 以牢固、卫生、方便为准。

（1）用框卡或框卡条固定：在每条框间蜂路的两端各楔入一个框卡，并把巢脾向箱壁一侧推紧，再用寸钉把最外侧的隔板固定在框槽上。或用框卡条卡住框耳，并用螺钉固定（图 2-31）。

（2）海绵条固定：用特殊材料制成的具有弹（韧）性的海绵条，置于框耳上方，高出箱口 1～3 毫米，盖上副盖、大盖，以压力使其压紧，巢脾不松动。用时与挑绳相结合。

**2. 连接箱体** 用绳索等把上下箱体及箱盖连成一体。

用海绵压条压好巢脾后，紧绳器置于大盖上，挂上绳索，压下紧绳器的杠，即达到箱体联结和固定巢脾的目的，随时可以挑运。

### (四) 运输工具

运输蜜蜂的汽车，必须车况良好、干净无毒，车的大小（吨位）和车厢大小与所拉蜂量和蜂箱装车方法（顺装或横装）相适应。蜂车启程后尽量走高速公路，在条件许可的情况下，可与车主签订运蜂合同，明确各方义务和责任。运蜂车辆必须无毒，总高度不得超过 4.5 米。

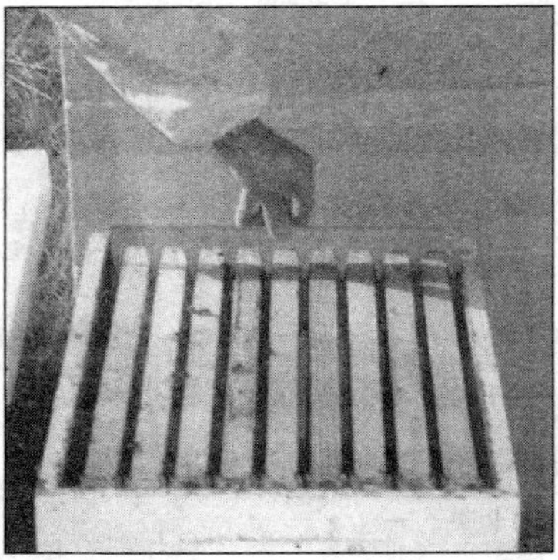

图 2-31　用框卡条固定巢脾

（引自 www.dadant.com）

## 二、装车启运

在主要蜜源花期首尾相连时，应舍尾赶前，及时赶赴新蜜源的始花期。运输蜂群的时间，应避免处女王出房前或交尾期运蜂，忌在蜜蜂采集兴奋期和刚采过毒时转场。

### (一) 关巢门运蜂时装车

打开箱体所有通风纱窗，收起覆布，然后在傍晚大部分蜜蜂进巢后关闭巢门（若巢门外边有许多蜜蜂，可用喷烟或喷水的方法驱赶蜜蜂进巢）。每年 1 月份，许多北方蜂场赶赴南方油菜场地繁殖蜜蜂，弱群折叠覆布一角，强群应取出覆布等覆盖物。关门运蜂适合各种运输工具。

蜂箱顺装，汽车开动，使风从车最前排蜂箱的通风窗灌进，从最后排的通风窗涌出。

运输中蜂，巢门和通风窗都应关闭，但应掀开覆布一角，留下蜜蜂透气的出气孔，保持蜂巢黑暗，蜂巢中还要有足够的空间。

### （二）开巢门运蜂时装车

必须是蜂群强、子脾多和饲料足，取下巢门档开大巢门，适合繁殖期运蜂。

**1. 装车时间** 白天下午装车，避开傍晚蜜蜂收工回巢高峰期。

**2. 装蜂准备** 装卸人员穿戴好蜂帽和工作服，束好袖口和裤口，着带腰的胶鞋。在蜂车附近燃烧秸秆，产生烟雾，使蜜蜂不致追蛰人畜。另外，养蜂用具、生活用品事先打包，以便装车。

**3. 装车操作** 装车以 4 个人配合为宜，1 人喷水（洒水），每群喂水 1 千克左右，2 人挑蜂，1 人在车上摆放蜂箱。蜂箱横装，箱箱紧靠，巢门朝向车厢两侧。蜂箱顺装（适合阴雨低温天气或从温度高的地区向温度低的地区运蜂），箱箱紧靠，巢门向前。最后用绳索挨箱横绑竖捆，刹紧蜂箱。

国外养蜂，4 箱 1 组置于托盘之上，使用叉车装卸节省劳力（图 2－32，图 2－33）。

图 2－32 叉车装车

（引自 www.honeybeeworld.com）

图 2－33 捆绑蜂车

（引自 www.honeybeeworld.com）

### （三）开车启运的时间

蜂车装好后，如果是开巢门装车运蜂，则在傍晚蜜蜂都上车后再开车启运。如果是关巢门装车运蜂，捆绑牢固后就开车上路。黑暗有利于蜜蜂安静，因此，蜂车应尽量在夜晚前进，第二天午前到达，并及时卸蜂。

## 三、途中管理

### （一）汽车关巢门运蜂途中管理

运输距离在500千米左右，傍晚装车，夜间行驶，黎明前到达，天亮时卸蜂，可不喂水，途中不停车，到达场地，蜂群卸下摆到位置，及时开启巢门，盖上覆布、大盖。

若需白天行驶，避免白天休息，争取午前到达，以减少行程时间和避免因蜜蜂骚动而闷死蜜蜂。遇白天运蜂堵车应绕行，其他意外不能行车应当机立断卸车放蜂，傍晚再装运。

8～9月份从北方往南方运蜂，途中可临时放蜂；11月份至翌年1月份运蜂，提前做好蜂群包装，途中不喂蜂、不放蜂，不洒水，关巢门，视蜂群大小折叠覆布一角或收起，避免剧烈震动。卸下蜂群，等蜜蜂安静后或在傍晚再开巢门。

运输途中，严禁携带易燃易爆和有害物品，不得吸烟生火。注意装车不超高，押运人员乘坐位置安全，按照规定进行运输途中作业，防止意外事故发生。

黑暗和连续轻微震动有助于蜜蜂稳定。

### （二）汽车开巢门运蜂途中管理

如果白天在运输途中遇堵车等原因，蜂车停住，或在第二天午前不能到达场地，应把蜂车开离公路，停在树阴处，待傍晚蜜蜂都飞回蜂车后再走。如果蜂车不能驶离公路，就要临时卸车放蜂，蜂箱排放在公路边上，巢门向外（背对公路），傍晚再装车运输。

临时放蜂或蜂车停住，应对巢门洒水，否则其附近须有干净的水源，或在蜂车附近设喂水池。

## 四、卸车管理

到达目的地，蜂车停稳，即可解绳卸车，或对巢门边喷水边卸车，尽快把蜂群安置到位。

关门运蜂，蜂群安置到位后向巢门喷水（勿向纱盖喷水），待蜜蜂安静后，即可打开巢门。如果蜂群不动，有闷死的危险，则应立刻打开大盖、副盖，撬开巢门。

开门运蜂，如果运输途中停过车，蜜蜂偏集到装在周边的蜂箱里，在卸车时，须有目的地 3 群一组，中间放中等群势的蜂群，两边各放 1 个蜂多的蜂群和蜂少的蜂群，第二天，把左右两边的蜂群互换箱位，平衡群势。

## 五、结果评价

在养蜂生产中，开门运蜂可保障单王群或双王群的蜜蜂不会闷死，不会影响蜜蜂卵虫蛹的发育，并且蜂王产卵正常，群势下降不明显。在炎热的夏季，用汽车远距离开门运蜂，与关门运蜂相比，可使产值增加 30%左右，工蜂体色正常，寿命正常（图 2-34，图 2-35）。

图 2-34　开门运蜂留有通道装车方法

（李东荣　摄）

图 2-35　开巢门汽车运输西方蜜蜂，群势不降

（李东荣　摄）

开门运蜂对多王群（5 只蜂王）有影响，主要是幼虫会损

(丢) 失 1/3～1/2，但到场后，蜂王很快正常产卵，蜂子发育正常。

## 第八节　饲养中蜂

中华蜜蜂简称中蜂，在 1910 年以前，全国养中蜂共计 500 多万群，而在 2001—2010 年约 200 多万群。农业部《全国养蜂“十二五”规划》中要求，到 2015 年中蜂饲养量达 350 万群。目前，养中蜂有桶养（无框）和箱养（有框）两种方式。

图 2-36　活框蜂箱养中蜂
（张中印　摄）

### 一、活框箱养中蜂

利用蜂箱、巢框（图 2-36）像意蜂一样饲养中蜂的方法，是中蜂发展方向。

#### （一）选择场地

中蜂多数定地饲养，场地以山区为宜，要求在场地周围 1.5 千米半径内，全年有 1～2 个比较稳产的主要蜜源（如荆条、酸枣等）和连续不断的辅助蜜源，无有害蜜源；水源充足，水质洁净。方圆 200 米内的温度、湿度和光照要适宜，避免选在风口、水路和低洼处，要求背风、向阳，冬暖夏凉，巢门前面开阔，背面有挡风屏障。还要考虑诸如虫、兽、水、火等对人、蜂可能造成的危险，两蜂场之间相距 2 千米左右，要距离意大利蜂场 2.5 千米以上。另外，还要避开化工厂、粉尘厂。

中蜂少数小转地放养，场地以蜜源中心或边缘皆可，要求蜂路开阔，蜂场标志明显。

### （二）摆放蜂群

摆放蜂箱前，先把场地清理干净，蜂群可摆放在房前屋后，也可散放在山坡。蜂箱前低后高，左右平衡，巢门朝向南方和东南皆可。

**1. 置于庭院** 置于房前屋后的蜂群，应将蜂箱支离地面 25 厘米以上，经常打扫蜂场，防止蚁兽等对蜜蜂的侵害以及保持蜂群卫生。有些群众将蜂箱（桶）悬挂在房屋墙壁上。

**2. 散放山坡** 散放山坡的蜂群（图 2－37），每个点可放蜂 30 群左右（在蜜源丰富、连贯的条件下可多放），利用窑洞挡风避雨、保温防暑，在着重考虑蜜源利用和温湿度对蜂群影响的同时，通行方便安全，还应预防自然灾害。

图 2－37 散放在山坡上的蜂群
（张中印 摄）

**3. 集中排列** 集中排列蜂群时，以 3～4 群为一组，背靠背方向各异，利于蜜蜂识别巢门方位。便于管理和不引起盗蜂为准，充分利用地形、地物，使各群巢门尽量朝不同方向或处于不同高低位置。

### （三）检查蜂群

**1. 箱外观察** 检查中蜂，多以箱外观察为主，根据蜜蜂的生物学特性和养蜂的实践经验，在蜂场和巢门前观察蜜蜂行为和现象，从而分析和判断蜂群的情况。

繁殖季节，如天气晴朗，工蜂进出巢穴频繁，说明群强，外界蜜源充足。工蜂携带花粉，说明蜂王产卵多、繁殖好。工蜂在巢门附近摇动双翅、来回爬行、不安，是蜂群无王的表现。工蜂伺机瞅缝隙钻空子进巢，则为蜜源中断的现象。巢穴中散发出腥或酸臭味，则蜂群患了幼虫腐烂病。

冬季巢门前有蜜蜂翅膀，箱内必有鼠。抬举蜂箱，以其轻重判断食物盈缺。拍打蜂箱，正常蜂群蜜蜂会发出整齐的嗡鸣声。

**2. 开箱检查**

（1）开箱检查注意事项：开箱检查要有计划，主要在分蜂季节、育种换王时期、越冬前后。

开箱检查蜂群次数尽量少，时间尽量短，天气尽量好，蜜源要丰富。操作时需要穿戴防护衣帽，备齐起刮刀、喷水壶等工具。操作要求轻、稳、快、准，提脾放脾须直上直下，防止碰撞挤压蜜蜂，还须注意覆盖暴露的蜂巢，预防盗蜂。

检查结束，对蜂群的群势大小、蜜蜂稀稠、饲料多少、蜂王优劣、王台有无、蜂子生长、蜜蜂健康等作出判断，记录存档，制定管理措施。

（2）开箱检查操作规程：开箱检查与检查意蜂相似，参照本章第二节进行。

**（四）蜂群管理**

管理中蜂，须要遵循选用年轻优质蜂王、每年更新巢脾、尽量少开箱和少打扰蜂群、减少取蜜次数和始终保持蜂群饲料充足的原则，防止雨淋和日光曝晒蜂群，饲养强群。专业养蜂场，要求蜂、人相伴，人不离场，时刻掌握蜂群动向，采取相应措施。其他管理措施参照意蜂进行。

## 二、木桶饲养中蜂

### （一）桶养中蜂的意义

利用镂空的树段饲养中蜂，即桶养中蜂，勿剥去蜂桶树皮。篓养与此类似，其管理方法大致相同。

桶养中蜂，蜂巢的小环境较适宜，符合野生种群的生活和延续，蜜蜂疾病少，减少了管理，投入与产出比值较为合理。

### （二）桶养中蜂的管理

**1. 饲养方法** 用蜂桶饲养中蜂在长江流域及其以北山区还较多。把高 60～80 厘米、直径 35 厘米左右的树段镂空，在中间或稍微靠上一些的位置，用约 3 厘米见方的木条成＋字形穿过树段，即成蜂桶。方木下方供造脾繁殖，上方供造脾贮存蜂蜜。蜂桶置于石头平面上或底座（木板）上，巢门留在下方，上口用木板或片石覆盖，并用泥土填补缝隙（图 2－38）。

图 2－38 桶中养蜂
（张中印 摄）

**2. 检查蜂群** 在分蜂季节将蜂桶倾斜 30°左右，用烟驱赶蜜蜂，露出巢脾进行查看。如果巢脾下部建有王台，如需分蜂，就留下 1 个较好的王台，并预测分蜂时间，等待时机搜捕分蜂团；如果不希望分蜂，就除掉王台；如果巢脾灰暗，蜜蜂稀疏，或蜂子腐烂，表明蜂群或蜂王生病，应采取相应管理措施。同时，清扫箱底垃圾。检查完毕，放正蜂桶，恢复原状，做好记录。

**3. 更换蜂王** 在分蜂季节将蜂桶倾斜 30°左右，查看巢脾下部是否产生分蜂王台，并留下 1 个较好的王台，预测分蜂时间，等待时机收捕分蜂团，捕到分蜂团后，除去蜂王，再将蜜蜂与原群合并。

**4. 人工分群**　在自然分蜂季节，检查蜂群，将有封盖王台的巢脾割下来一部分，粘贴在木箱上，将蜂箱倒置过来，使巢脾在上。用勺子或V形纸筒将原群中的蜜蜂先舀出两勺，靠拢巢脾，有几十只蜜蜂上脾后，然后再舀几勺直接倒入蜂箱，迅速盖上盖子（木板），再将蜂箱放在原蜂群的位置，原群搬到一边。

**5. 饲喂蜜蜂**　打开侧门或掀起蜂桶，将盛装糖水的容器置于箱底，上浮秸秆或小木棒，靠近巢脾下缘即可。天气寒冷在下午饲喂，天气温暖在傍晚饲喂。对患病蜂群，每次喂蜂前应将容器及浮木清洗干净。

**6. 割取蜂蜜**　根据蜜源情况和历年积累的经验，从上部观察蜂蜜的多寡，每年割蜜脾2～3次，每群年产蜜量5～25千克。

**7. 更新蜂巢**　前期将蜂桶上部的巢脾割除后，将蜂桶倒置，蜜蜂在下修造新脾繁殖，当新脾造成后，再割除上部巢脾。对于无框箱养或窑养的中蜂，当年割除一侧的巢脾，翌年割除另一侧巢脾。如果蜂群生病，全部割除巢脾，喂蜜（或糖浆）让蜜蜂重新营造新巢穴。

## 三、无框箱养中蜂

无框蜂箱、定地饲养，选育良种，蜜足蜂稠群体健康，强群采蜜。蜂群散放于朝阳山坡（图2-39）。窑养中蜂（图2-40）与此类似。

图2-39　散放于朝阳山坡的蜂群
（张中印　摄）

### （一）蜂具

**1. 蜂箱**　由6块木板合围而成，其中一个侧面是活动的，作为打开蜂箱检查、管理蜂群使用。蜂箱左右内宽66厘米，前后深40厘米（如果群势大，则增加到45～48厘米），内高33厘米。蜂箱用木架支高40厘米左右，箱上部用草苫作成斜坡状，以遮蔽雨水和阳光，夏天时期，还用浸水布片置于箱上用来降温。蜂箱活动箱板下沿开有巢门。此外，在夏季，活动板左右和上部都有缝隙，蜜蜂可以进出（图2-41）。

图2-40　饲养在墙壁中的中蜂

（张中印　摄）

图2-41　无框蜂箱

（张中印　摄）

**2. 击胡蜂板**　一节长约70厘米的竹子，劈开四瓣（即1/4），其中柄长约40厘米、宽2.8厘米，丝端长30厘米、宽6厘米，用竹刀将丝端分35～40根丝，用于击落来袭胡蜂（图2-42）。

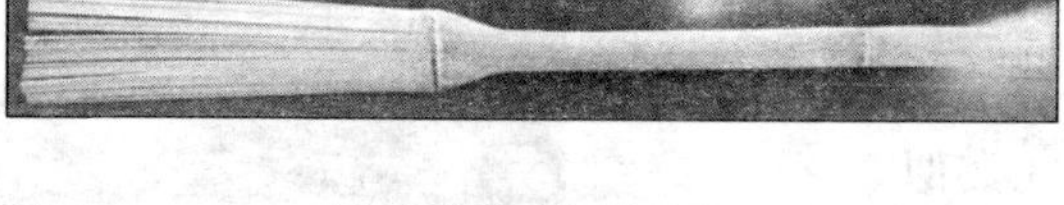

图2-42　击胡蜂板

**3. 捕蜂网**　捕蜂网顶端采用一个高约0.21米（7寸）、下口直径约0.21米（7寸）的圆形（即半球形）竹（荆）编笼（壳），并且用泥涂抹竹笼缝隙，下沿缝上塑料纱网，使用前在内壁涂上蜂蜜。

### （二）饲养方法

**1. 检查蜂群** 根据经验按季节查看蜂群，打开活动箱板，巢脾发白蜜蜂造新脾是正常，巢脾发黄蜂不旺是不正常，并判断是病、是虫或蜂王问题，及时处理。在分蜂季节，用烟驱赶蜜蜂，露出巢脾下缘，查看巢脾下部是否产生分蜂王台，如需分蜂，就留下 1 个较好的王台，并预测分蜂时间，等待时机搜捕分蜂；如果不希望分蜂，就除掉王台。同时，清扫箱底垃圾（图 2 - 43）。检查完毕，堵上侧板，恢复原状，做好记录。

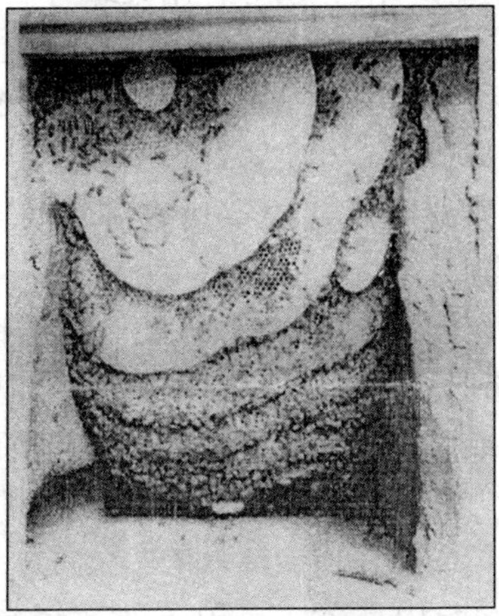

图 2 - 43 打开侧板检查无框中蜂
（张中印 摄）

**2. 蜂群繁殖** 繁殖时间是在立春前后，使用泥巴将蜂箱孔洞糊严，减少通风透气，再在箱上用草苫围着，促进产子，开始时稍微喂些糖水（图 2 - 44），加消炎药（大安 1 片/笼＋1∶1 的糖水）。

图 2 - 44 开箱检查、喂蜂和预防病害
（张中印 摄）

**3. 造脾** 每年割蜜留下 4 张脾，作为第二年蜜蜂造脾发展群势的基础，并在次年割蜜时割除。以脾是否发黄判断巢脾是否需要更换，每年更新巢脾。

**4. 良种选育** 每年从 5 000 米外其他蜂场购买群势最大产蜜最高的蜂群 2 群，以这两群蜂的雄蜂作种，控制本场雄蜂的产生

(割雄蜂蛹)，引导种用雄蜂与本场处女蜂王交配。

**5. 蜜蜂饲料** 割蜜时间多在农历十月初十前后，保留一个角（蜂巢）够蜂越冬食用，即冬季饲料留 4 个脾，每脾高约 0.18 米（6 寸）、宽约 0.18 米（6 寸），多余的割除。正月检查，如果缺食，就取一块蜜脾放置蜂团下方补食，并让蜜蜂能接触到。

**6. 人工分蜂**（养王） 用锤子敲击蜂箱一侧，迫使蜜蜂聚集到另一端，然后割取巢脾，在巢脾中央插入竹丝一根，靠近箱侧或后箱壁的顶端将其吊绑在箱顶上，并从箱外孔隙横向插入两个竹片且穿过巢脾；然后将有封口王台的巢脾带王台割下一小块，固定在横向插入的两个竹片上，与原焊接在箱顶上的巢脾间隔 8～10 毫米，再用 V 形纸筒将蜂舀入三筒即可；最后搬走原群，新分群（安装王台群）放在原群位置。原群蜜蜂约 10 天后即发展起来，安装王台蜂群，新王产卵即成一群。

**7. 收捕分蜂** 无框养蜂，蜂群一般在 4 月下旬至 5 月上旬发生自然分蜂，如果当天发现王台封口，次日王台端部就会变黄，天气正常就要发生分蜂，或在封口第三天分蜂；如果天气不好，蜜蜂就在天气转晴、温度 18℃以上分蜂。在分蜂季节，人就住在蜂场盯住，如果发生蜜蜂一个紧随一个地从巢门往外涌出，即表明分蜂开始。收蜂时，将网套在分蜂群活动箱板（巢门）一侧，顶端挂在一个立柱上，约 2 分钟，分出的蜂蜜被套在网中，撤回套在蜂箱上的网，稍停 30 分钟左右，蜜蜂便聚集在竹笼内（图 2 - 45）。然后，准备一个蜂箱，在靠近后箱壁或左右箱壁，将一个小巢脾

图 2 - 45 收捕分蜂
（张中印 摄）

用铁丝吊在箱顶之上，再将收回的蜜蜂放入箱中。引进蜜蜂时，先将纱网反卷，暴露出蜂团，将竹笼倒置于蜂箱中，盖好箱板，蜜蜂自动上脾造脾，蜜蜂造脾走向与事先固定的巢脾相同，因此，无框蜂箱的巢脾走向、大小是可以控制的。

**8. 蜂病防治** 使用敌螨熏烟剂防治巢虫；采取过氧乙酸加入小敞口瓶中，上用纱网封闭（防止蜜蜂跌落其中）熏蒸，预防囊状幼虫病；饲喂蜂必康预防疾病。

### （三）蜂蜜生产

每年 9 至 10 月割蜜一次，将蜜脾从蜂箱中割下来，蜂蜜带巢一起销售。生产的是山蜂糖，也叫毛蜂糖。在河南省南召县伏件山区，每年每箱平均生产蜂蜜 20 千克，高的达到 35 千克。

# 第三章

# 蜜蜂产品生产

## 第一节　蜂蜜的生产

蜂蜜是蜜蜂采集植物花蜜、甜汁或部分昆虫分泌物，经过充分酿造形成的甜物质。现代养蜂，生产蜂蜜的方法有分离蜜、蜂巢蜜和压榨蜜三种。

### 一、分离蜂蜜

#### （一）生产原理

分离蜂蜜是利用摇蜜机的离心力，把贮存在巢房里的蜂蜜甩出来，并用容器承接收集。

#### （二）工艺流程

分离蜂蜜工艺流程见图 3-1。

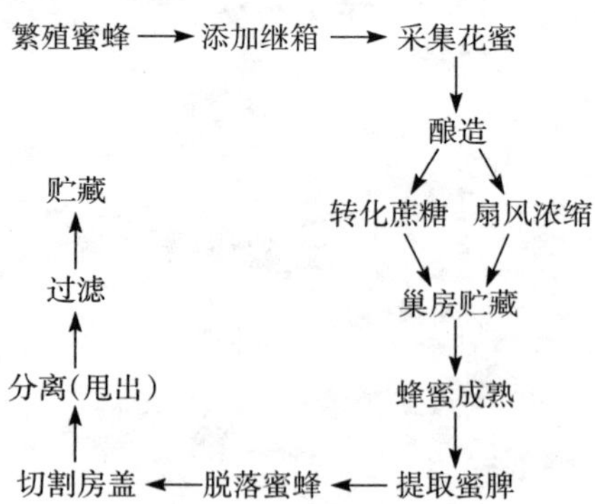


图 3-1　分离蜂蜜工艺流程

## （三）操作规程

包括：脱落蜜蜂→切割蜜盖→分离蜂蜜→归还巢脾 4 个步骤。

**1. 脱落蜜蜂**　把附着在蜜脾上的蜜蜂脱离蜜脾，其方法有抖落蜜蜂和吹落蜜蜂等。

（1）抖落蜜蜂：人站在蜂箱一侧，打开大盖，把贮蜜继箱搬下，搁置在仰放的箱盖上，并在巢箱上放 1 个一侧带空脾的继箱；然后推开贮蜜继箱的隔板，两手紧握框耳，依次提出巢脾，对准新放继箱内空处、蜂巢正上方，依靠手腕的力量，上下迅速抖动 2～3 下，使蜜蜂落下，再用蜂扫扫落巢脾上剩余的蜜蜂（图 3-2a）。脱蜂后的蜜脾置于搬运箱内，搬到分离蜂蜜的地方。当蜂扫沾蜜发黏时，将其浸入清水中涮干净，甩净水后再用。抖脾脱蜂，要注意保持平稳，不碰撞箱壁和挤压蜜蜂。

（2）吹落蜜蜂：将贮蜜继箱置于吹风机的铁架上，使喷嘴朝向蜂路吹风，将蜜蜂吹落到蜂箱的巢门前（图 3-2b）。

a　　b

图 3-2　脱　蜂

a. 抖落蜜蜂　b. 吹落蜜蜂

（引自 http：//www. beeman. se）

**2. 切割蜜盖**　左手握着蜜脾的一个框耳，另一个框耳置于井字形木架或其他支撑点上，右手持刀紧贴蜜房盖从下向上顺势徐徐拉动，割去一面房盖，翻转蜜脾再割另一面，割完后送入分蜜机里进行分离。为提高切割效率，可采用电热割蜜刀切割（图3－3），大型养蜂场还用电动割蜜盖机。

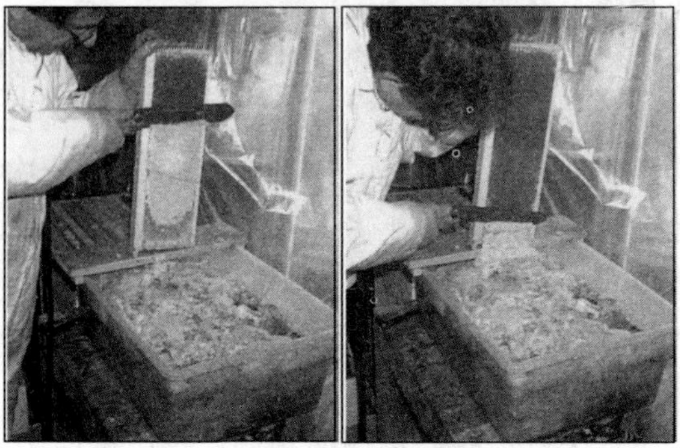

图3－3　电热割蜜刀切割蜜房盖

（引自 http：//www.megalink.net/～northgro/images）

割下的蜜盖和流下的蜂蜜，用干净的容器（盆）承接起来，最后滤出蜡渣，滤下的蜂蜜作蜜蜂饲料或酿造蜜酒、蜜醋。

**3. 分离蜂蜜**　将割除蜜房盖的蜜脾置于分蜜机的框笼里，转动摇把，由慢到快，再由快到慢，逐渐停转，甩净一面后换面或交叉换脾，再甩净另一面（图3－4）。

图3－4　分离蜂蜜——手工摇蜜和过滤

（引自 www.legaitaly.com）

遇有贮蜜多的新脾，先分离出一面的一半蜂蜜，甩净另一面后，再甩净初始的一面。在摇蜜时，放脾提脾要保持垂直平行，避免损坏巢房；摇蜜的速度以甩净蜂蜜而不甩动虫蛹为准。

大型蜂场设置有取蜜车间或流动取蜜车，配备辐射式自动蜂蜜分离机等，用于提高劳动效率。在分离蜂蜜过程中，分蜜机的转速随着巢脾上蜂蜜被甩出从低速而逐渐加快，并以 250～350 转/分的速度将巢脾中残留的蜂蜜分离出来。

**4. 归还巢脾**　取完蜂蜜的巢脾，清除蜡瘤、削平巢房口后，立即返还蜂群。

采收平箱群的蜂蜜，首先要把该取的巢脾提到运转箱内，把有王脾和余下的巢脾按管理要求放好，再抖“蜜脾”上的蜜蜂于巢箱中，随抖蜂随取蜜、还脾。

### （四）贮存方法

分离出的蜂蜜，及时撇开上浮的泡沫和杂质，并用 80＃或 100＃无毒滤网过滤，再装入专用包装桶内，每桶盛装 75 或 100 千克，贴上标签，注明蜂蜜的品种、浓度、生产日期、生产者、生产地点和生产蜂场等，最后封紧桶口（图 3-5），贮存于通风、干燥、清洁的仓库中，按品种、浓度进行分等、分级，分别堆

图 3-5　贮存蜂蜜
（张中印　摄）

放、码好，不露天存放。在运输时，将蜜桶叠好、捆牢，尽量避免日晒雨淋，缩短运输时间。

### （五）质量控制与高产措施

选择蜜源丰富、环境良好的地方放蜂，饲养强群，继箱采蜜贮蜜；主要蜜源泌蜜开始清净蜂巢中原有蜂蜜，单独存放。在花期即将结束或巢内出现巢白（巢房加高现象）、贮蜜房有 1/3 以上封盖（图 3－6）时，于早上 6:00～10:00 取蜜，新取蜂蜜浓度不低于 40.5 波美度①。植物花期不施药，生产期开始前 30 天对蜂群停用药。不用老脾取蜜，防扬尘与飞虫，远离空气、水源污染的地方放蜂，不使幼虫体液混入蜂蜜，不用水洗割蜜刀。

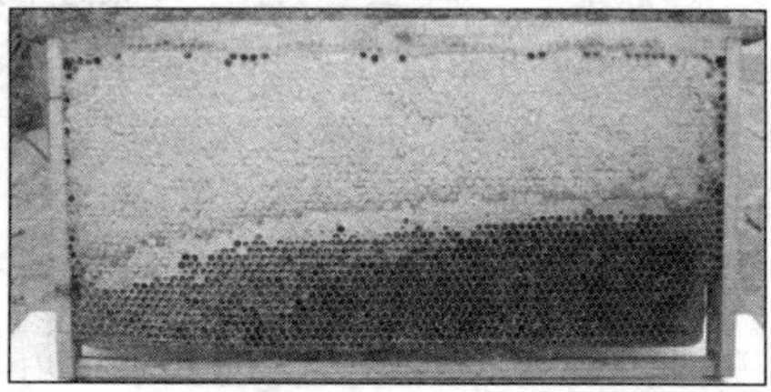

图 3－6　封盖蜜脾

（张中印　摄）

根据具体情况，新王强群采蜜，适时控制繁殖。

## 二、生产巢蜜

### （一）生产原理

蜜蜂把花蜜酿造成熟贮满蜜房、泌蜡封盖，并直接作为商品被人食用的称为巢蜜。

蜜蜂把花蜜贮藏在巢穴上部的巢房中，经过充分酿造，贮满蜜房后即泌蜡封盖。根据蜜蜂酿造蜂蜜的特点和人的消费需求，制造各种规格的巢蜜格（盒），引导蜜蜂在其上造脾贮蜜，直至封盖，然后包装待售。

① 波美度为非法定计量单位，生产中常用，本书中仍保留，20℃下 40.5 波美度液态蜂蜜的含水量为 22.3%。

## （二）工艺流程

巢蜜生产工艺流程见图 3－7。

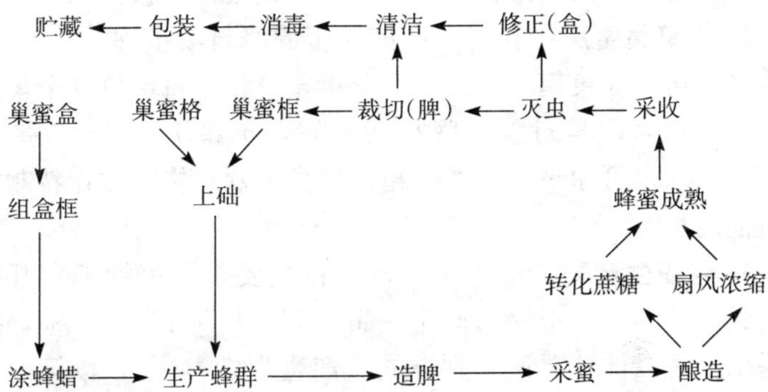


图 3－7　巢蜜生产工艺流程

## （三）操作规程

**1. 组装巢蜜框**　巢蜜框架大小与巢蜜盒（格）配套，四角有钉子，高约 6 毫米。先将巢蜜框架平置在桌上，把巢蜜盒每两个盒底上下反向摆在巢框内，再用 24 号铁丝沿巢蜜盒间缝隙竖捆两道，等待涂蜡（图 3－8）。

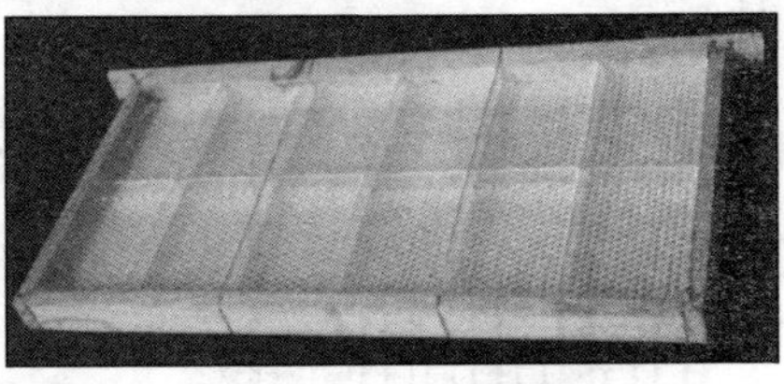

图 3－8　组盒成框

（孙士尧　摄）

**2. 镶础或涂蜡**

（1）盒底涂蜡：首先将纯净的蜜盖蜡加开水熔化，然后把盒子础板在被水熔化的蜂蜡里蘸一下，再放到巢蜜盒内按一下，整框巢蜜盒就涂好蜂蜡备用。为了生产的需要，涂蜡尽量薄少。

（2）格内镶础：先把巢蜜格套在格子础板上，再把切好的巢础置于巢蜜格中，用熔化的蜡液沿巢蜜格巢础座线将巢础黏固，或用巢蜜础轮沿巢础边缘与巢蜜格巢础座线滚动，使巢础与座线黏合。

巢蜜础板比巢蜜盒或格的处围尺寸略小，高约 18 毫米，包上绒布即是盒子巢蜜础板，反之，则为巢蜜格础板。

**3. 修筑巢蜜房** 利用生产前期蜜源修筑巢蜜脾，3～4 天即可造好巢房。在巢箱上一次加两层巢蜜继箱，每层放 3 个巢蜜框架，上下相对，与封盖子脾相间放置，巢箱里放 6～7 张巢脾（图 3-9）。也可用十框标准继箱，将巢蜜盒、格组放在特制的巢蜜格框内。

**4. 组织生产群** 单王生产群，在主要蜜源植物泌蜜开始的第二天调整蜂群，把继箱撤走，巢箱脾数压缩到 6～7 框，蜜粉脾提出（视具体情况调到副群或分离蜜生产群中），巢箱内子脾按正常管理排列后，针对蜂箱内剩余空间用闸板分开，采用二、七分区管理法，小区做交配群（图 3-10）。巢箱调整完毕，在其上加平面隔王板，隔王板上面放巢蜜箱。巢蜜箱中的巢蜜盒（格）框，蜂多群势好的多加，蜂少群势弱的少加，以蜂多于脾为宜。

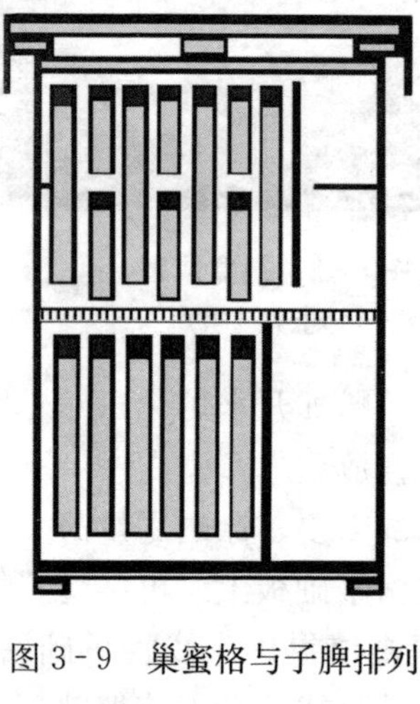

图 3-9 巢蜜格与子脾排列

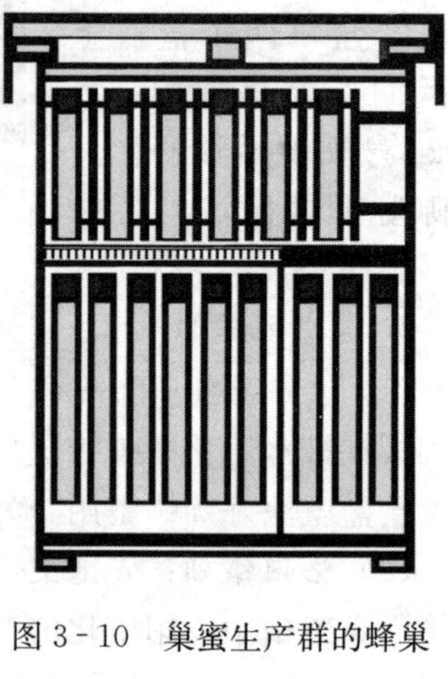

图 3-10 巢蜜生产群的蜂巢

**5. 管理生产群**

(1) 叠加继箱：组织生产蜂群时加第一继箱，箱内加入巢蜜框后，应达到蜂略多于脾，待第一个继箱贮蜜 60%时，蜜源仍处于流蜜盛期，及时在第一个继箱上加第二个继箱，同时把第一个继箱前、后调头，当第一个继箱的巢蜜房已封盖 80%，将第一个巢蜜继箱与第二个调头后的继箱互换位置（图 3-11），若蜜源丰富，第二个继箱贮蜜已达 70%，则可考虑加第三继箱，第三继箱直接放在前两个继箱上面，第一个继箱的巢蜜房完全封盖时，及时撤下。

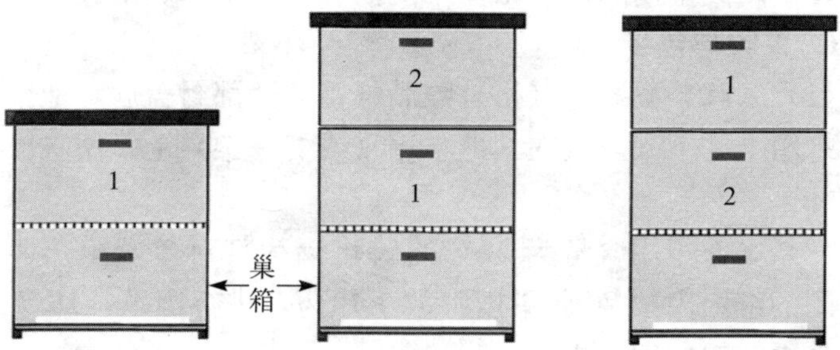


图 3-11 巢蜜继箱垒加顺序

1. 第一继箱 2. 第二继箱

(2) 控制分蜂：生产巢蜜的蜂群须使用优良新王，及时更换老劣蜂王；加强遮阳通风；积极进行王浆生产。

(3) 控制蜂路：采用 10 框标准继箱生产整脾巢蜜时，蜂路控制在 5～6 毫米为宜；采用 10 框浅继箱生产巢蜜时，蜂路控制在 7～8 毫米为宜。

控制蜂路的方法：在每个巢蜜框（或巢蜜格支撑架）和小隔板的一面 4 个角部位钉 4 个小钉子，每个钉头距巢框 5～6 毫米。相间安放巢框和隔板时，有钉的一面朝向箱壁，依次排列靠紧，最后用两根等长的木棒（或弹簧）在前后两头顶住最外侧隔板，另一头顶住箱壁，挤紧巢框，使之竖直、不偏不斜，蜂路一致。

（4）促进封盖：当主要蜜源即将结束，蜜房尚未贮满蜂蜜或尚未完全封盖时，须及时用同一品种的蜂蜜强化饲喂。没有贮满蜜的蜂群喂量要足，若蜜房已贮满等待封盖，可在每天晚上酌情饲喂。饲喂期间揭开覆布，以加强通风、排除湿气。

（5）预防盗蜂：为被盗蜂群做一个长宽各1米、高2米，四周用尼龙纱围着的活动纱房，罩住被盗蜂群。被盗不重时，只罩蜂箱不罩巢门；被盗严重时，蜂箱、巢门一起罩上，开天窗让蜜蜂进出，待盗蜂离去、蜂群稳定后再搬走纱房。而利用透明无色塑料布罩住被盗蜂群，亦可达到撞击、恐吓直至制止盗蜂的目的。在生产巢蜜期间，各箱体不能前后错开来增加空气流通。

**6. 采收与包装**

（1）采收：巢蜜盒（格）贮满蜂蜜并全部封盖后，把巢蜜继箱从蜂箱上卸下来，放在其他空箱（或支撑架）上，用吹风机吹出蜜蜂。

（2）灭虫：用含量为56%的磷化铝片剂对巢蜜熏蒸，在相叠密闭的继箱内按20张巢蜜脾放1片药，进行熏杀，15天后可彻底杀灭蜡螟的卵、虫。

（3）修正：将灭过虫的巢蜜脾从继箱中提出，解开铁丝，用力推出巢蜜盒（格），然后用不锈钢刀逐个清理巢蜜盒（格）边沿和四角上的蜂胶、蜂蜡及污迹，对刮不掉的蜂胶等用棉纱浸酒

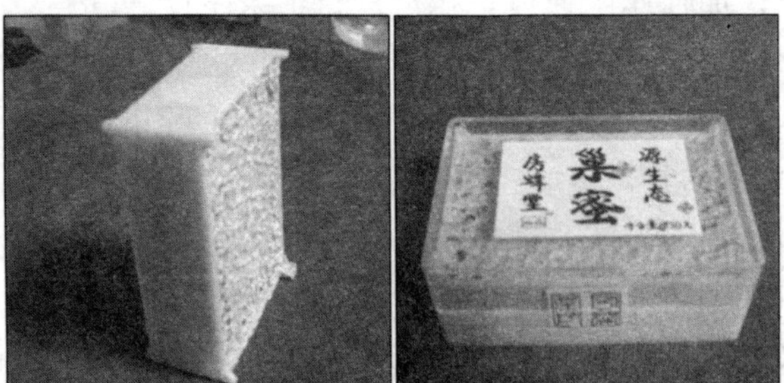


图3-12　格子巢蜜的修整与包装
（张中印　摄）

精擦拭干净，再盖上盒盖或在巢蜜格外套上盒子（图 3－12）。

（4）包装　如果生产的是整脾巢蜜，则须经过裁切和清除边沿蜂蜜后进行包装（图 3－13，图 3－14）。

图 3－13　切割巢蜜脾，清除边缘残蜜
（引自 www.honeyflowfarm.com）

图 3－14　切割巢蜜，用玻璃纸包裹后再用透明塑料盒包装
（张中印　摄）

## （四）贮藏方法

根据巢蜜的平整与否、封盖颜色、花粉房的有无、重量等进行分级和分类，剔除不合格产品，然后装箱，在每 2 层巢蜜盒之间放 1 张纸，防止盒盖的磨损，再用胶带纸封严纸箱，最后把整箱巢蜜送到通风、干燥、清洁的仓库中保存，温度在 20℃以下为宜。若长久保存，室内相对湿度应保持在 50%～75%。按品种、等级、类型分垛码放，纸箱上标明防晒、防雨、防火、轻放等标志。

在运输巢蜜过程中，要尽力减少震动、碰撞，要苫好、垫好，避免日晒雨淋，防止高温，尽量缩短运输时间。

## （五）质量控制与高产措施

新王、强群和蜜源充足是提高巢蜜产量的基础，选育产卵多、进蜜快、封盖好、抗病强、不分蜂的蜂群（如用东北黑蜂为母本、黄色意蜂作父本的单交或双交蜂种）连续生产，可加快生产速度，安排 2/3 的蜂群生产巢蜜，1/3 的蜂群生产分离蜜，在流蜜期集中生产，流蜜后期或流蜜结束，集中及时喂蜜。

在生产巢蜜的过程中，严格按操作、食品卫生要求、巢蜜质量标准进行。坚持用浅继箱生产，严格控制蜂路大小和巢蜜框竖直。防止污染，不用病群生产巢蜜。饲喂的蜂蜜必须是纯净、符合卫生标准的同品种蜂蜜，不得掺入其他品种的蜂蜜或异物，生产饲喂工具无毒，用于灭虫的药物或试剂，不得过量，避免对巢蜜外观、气味等造成污染。在巢蜜生产期间，不允许给蜂群喂药，防止药物残留。

## 第二节　蜂王浆的采集

蜂王浆是工蜂王浆腺和上颚腺分泌的混合物，用于饲喂蜜蜂幼虫和蜂王的食物。生产蜂王浆在晴暖无风的天气进行，场所清洁卫生，气温 20～30℃、相对湿度 75％～80％。如果空气干燥，可在地面洒温水。移虫时须避免阳光直射幼虫。

### 一、计量蜂王浆的采集

#### （一）生产原理

模拟蜂群培育蜂王的特点，然后仿造王台和引诱蜜蜂分泌蜂王浆。

蜂群长大后，就计划分蜂（家），在分蜂之前，于脾下缘建造王台，蜂王在王台中产卵，年轻工蜂向王台中分泌大量的蜂王浆喂幼虫；如果蜂群中没有蜂王，也没有王台，工蜂就将有 3 日龄内小幼虫的工蜂房改造成王台，并喂给大量的蜂王浆，将这条小幼虫培育成蜂王（图 3－15）。

根据上述现象，人们模拟自然王台制作人工王台基——蜡碗或塑料台基（条），把 3 日龄内的工蜂小幼虫移入人工王台基内，置于蜂群，同时通过适当的管理措施使蜂群产生育王欲望，引诱

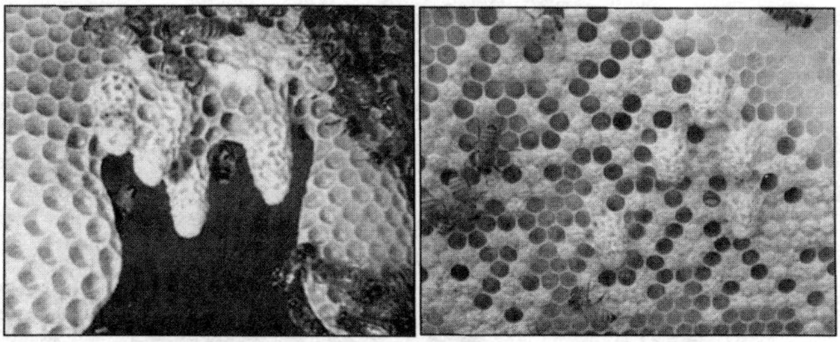

图 3-15 蜂群培养蜂王的特点
（引自 www. beeclass. com；Zachary Huang）

工蜂分泌蜂王浆来喂幼虫，经过一定时间，待王台内积累蜂王浆量最多时，取出，捡拾幼虫，把蜂王浆挖（吸）出来，贮存在容器中，这就是计量蜂王浆的生产原理。

## （二）工艺流程

蜂王浆生产工艺流程见图 3-16。

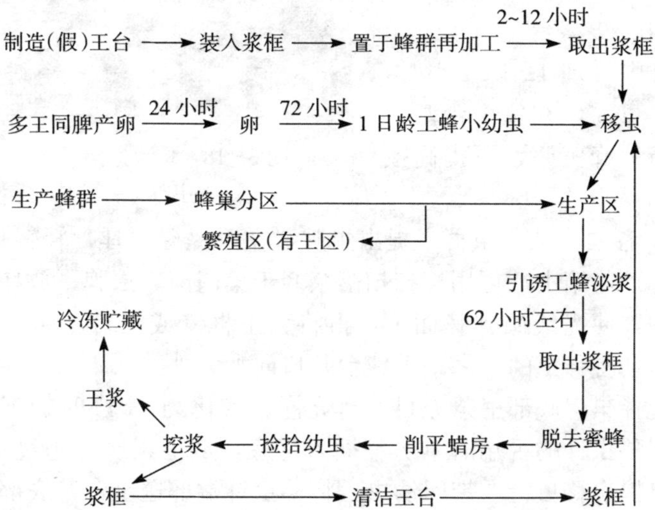


图 3-16 蜂王浆生产工艺流程

### （三）操作规程

**1. 安装浆框** 用蜡碗生产的，首先黏装蜡台基，每条 20～30 个。用塑料台基生产的，每框装 4～10 条，用金属丝将其捆绑在的浆框条上即可（图 3-17）。蜡碗可使用 6～7 批次，塑料台基用几次后，应清理浆垢和残蜡 1 次，清水冲洗后再继续使用。

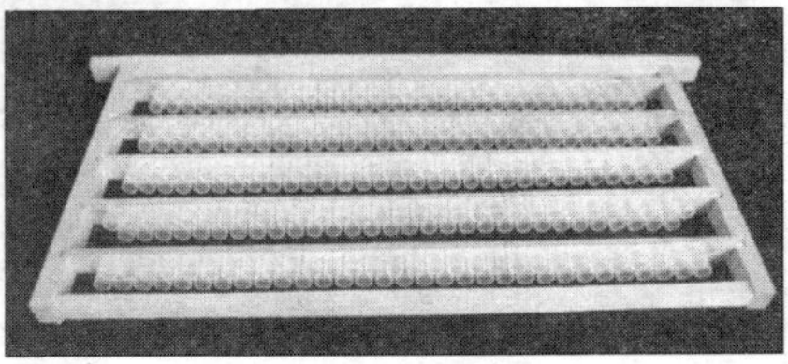

图 3-17　将塑料台基条捆绑在王浆框上
（张中印　摄）

**2. 修台** 将安装好的浆框插入产浆群中，让工蜂修理 2～3 小时，即可取出移虫。并将掉落的台基补上，啃坏的台基换掉。凡是第一次使用的塑料台基，须置于产浆群中修理 12～24 小时，正式移虫前，在每个台基内点上新鲜蜂王浆，可提高接受率。

图 3-18　培育适龄幼虫
（张中印　摄）

**3. 移虫** 从供虫群中提出虫脾，左手提握框耳，轻轻抖动，使蜜蜂跌落箱中，再用蜂扫扫落余蜂于巢门前。虫脾平放在承脾木盒中，使光线照到脾面上，再将育王框（或王台基条）置其上，转动待移虫的台基条，使台基口向上斜外。

选择巢房底部王浆充足、有光泽、孵化约 24 小时的工蜂幼虫，将移虫针的舌端沿巢房壁插入房底，从王浆底部越过幼虫，顺房口提出移虫针，带回幼虫，将移虫针端部送至台基底部，推动推杆，移虫舌将幼虫推向台基的底部，退出移虫针（图 3-19，图 3-20）。

图 3-19　移虫针的正确用法
（张中印　摄）

图 3-20　移　虫
（张中印　摄）

移虫时不挤碰幼虫，做到轻、快、稳、准，操作熟练，不伤幼虫和防止幼虫移位，速度 3～5 分钟移 100 条左右。

**4. 插框**　移好 1 框，将王台口朝下放置，及时加入生产群生产区中，引诱工蜂泌浆喂虫（图 3-21）。暂时置于继箱的，上放湿毛巾覆盖，待满箱后同时放框；或将台基条竖立于桶中，上覆湿毛巾，集中装框，在下午或傍晚插入最适宜。

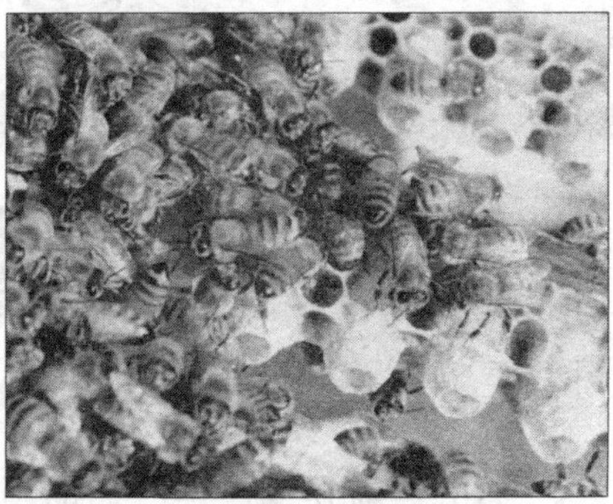

图 3-21　引诱工蜂泌浆喂虫
（叶振生　摄）

**5. 补虫**　移虫 2～3 小时后，提出浆框进行检查，凡台中不见幼虫的（蜜蜂不护台）均需补移，使接受率达到 90%左右。补虫时可在未接受的台基内点一点鲜蜂王浆再移虫。

**6. 收框** 移虫 62～72 小时，在下午 13：00～15：00 时提出采浆框（图 3-22），捏住浆框一端框耳轻轻抖动，把上面的蜜蜂抖落于原处，用清洁的蜂刷拂落余蜂。

收框时观察王台接受率、王台颜色和蜂王浆是否丰盈，如果王台内蜂王浆充足，可再加 1 条台基，反之，就减去 1 条台基。同时在箱盖上做上记号，比如写上“6 条”、“10 条”等字样，在下浆框时不致失误。

**7. 削平房壁** 用喷雾器从上框梁斜向下对王台喷洒少许冷水（勿对王台口），用割蜜刀削去王台顶端加高的房壁，或者顺塑料台基口割除加高部分的房壁，留下长约 10 毫米有幼虫和蜂王浆的基部（图 3-23），勿割破幼虫。

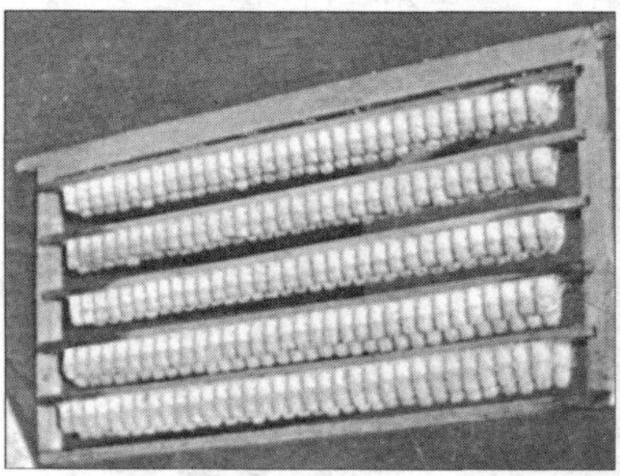

图 3-22 提取浆框，清除蜜蜂

（龚一飞 摄）

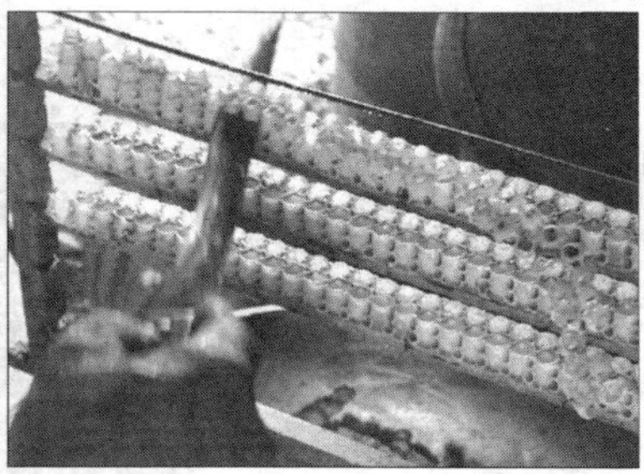

图 3-23 切削房壁

（张中印 摄）

**8. 捡虫** 削平王台后，立即用镊子夹住幼虫的上部表皮，将其拉出，放入容器（图 3-24），注意不要夹破幼虫，也不要漏捡幼虫。

**9. 挖浆** 用挖浆铲顺房壁插入台底，稍旋转后提起，把蜂王浆刮带出台，然后刮入蜂王浆瓶（壶）内（瓶口可系 1 线，利于刮落），并重复一遍刮尽（图 3-25）。

至此，生产蜂王浆的一个流程完成，历时 2～3 天，但蜂王浆的生产由前一批结束开始第二批的生产，取浆后尽可能快地把幼虫移入刚挖过浆还未干燥的前批台基内，前批不被接受的蜡碗割去，在此位置补 1 个已接受的老蜡碗。如人员富足，应分批提浆框→分批取王浆→分批移幼虫→随时下浆框，循环生产。成批生产提出的浆框放在周转箱内，或卸下的王台条集中在桶中，上覆干净的湿纱布或毛巾，等待捡虫和挖浆。

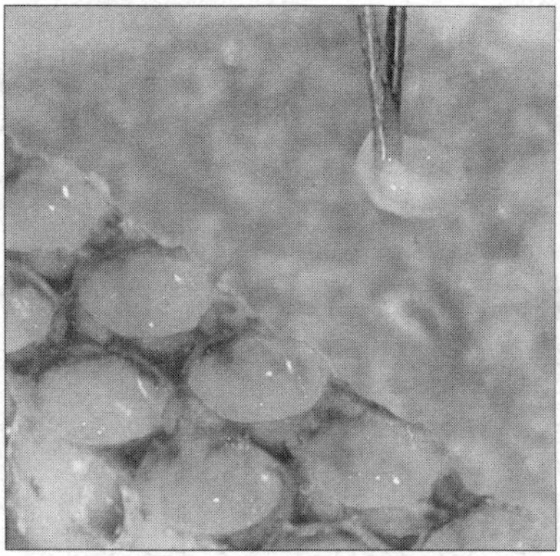

图 3-24 捡 虫

（张中印 摄）

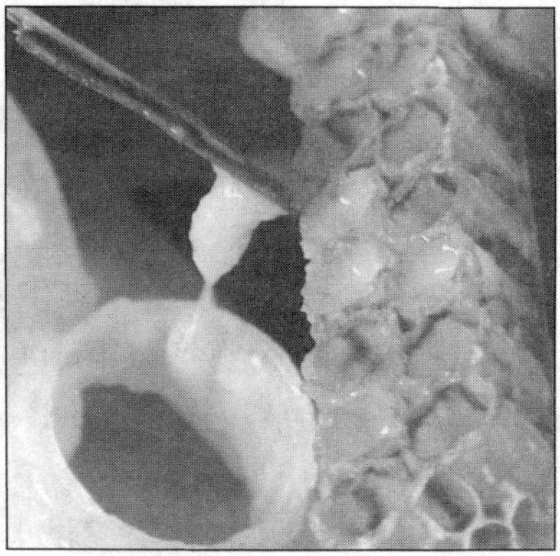

图 3-25 挖 浆

（张中印 摄）

### （四）蜂群管理

包括组织生产群和供虫群，管理生产群等。

**1. 组织生产群**

（1）大群产浆：春季提早繁殖，群势平箱达到 9～10 框，工蜂满出箱外，蜂多于脾时，即加上继箱，巢、继箱之间加隔王板，巢箱繁殖，继箱生产。

选产卵力旺盛的新王导入产浆群，维持强群群势 11～13 脾蜂，使之长期稳定在 8～10 张子脾，2 张蜜脾，1 张专供补饲的花粉脾（大流蜜后群内花粉缺乏时须迅速补足），巢脾布置巢箱为 7 脾，继箱 4～6 脾。这种组织生产群的方式适宜小转地、定地饲养。春季油菜大流蜜期用 10 条 33 孔大型台基条取浆，夏秋用 6～8 条台基条取浆。

（2）小群产浆：平箱群蜂箱中间用立式隔王板隔开，分为产卵区和产浆区，2 区各 4 脾，产卵区用 1 块隔板，产浆区不用隔板。浆框放产浆区中间，两边各 2 脾。流蜜期，产浆区全用蜜脾，产卵区放 4 张脾供产卵；无蜜期，蜂王在产浆区和产卵区 10 天一换，这样 8 框全是子脾。

**2. 组织供虫群**

（1）选择虫龄：主要蜜源花期，选移 15～20 小时龄的幼虫；在蜜、粉源缺乏时期则选移 24 小时龄的幼虫，同一浆框移的虫龄大小一定要均匀。

（2）虫群数量：早春将双王群繁殖成强群后，在拆除部分双王群时，组织双王小群——供虫群。供虫群占产浆群数量的 12%，例如，一个有产浆群 100 群的蜂场，可组织双王群 12 箱，共 24 只蜂王产卵，分成 A、B、C、D 4 组，每组 3 群，每天确保 6 脾适龄幼虫供移虫专用。

（3）组织方法：在组织供虫群时，双王各提入 1 框大面积正出房子脾放在闸板两侧，出房蜜蜂维持群势。A、B、C、D 4 组分 4 天依次加脾，每组有 6 只蜂王产卵，就分别加 6 框老空脾，老脾色深、房底圆，便于快速移虫。

（4）调用虫脾：向供虫群加脾供蜂王产卵和提出幼虫脾供移虫的间隔时间为 4 天，4 组供虫群循环加脾和供虫，加脾和用脾顺序见表 3-1。

**表 3-1　专用供虫群加脾和用脾顺序**　　单位：天

| | 加空脾供产卵 | 提出移虫 | 加空脾供产卵 | 调出备用 | 提出移虫 | 加空脾供产卵 | 调出备用 |
|---|---|---|---|---|---|---|---|
| A | $1_{P1}$ | $5_{P1}$ | $5_{P2}$ | $6_{P1}$ | $9_{P2}$ | $9_{P3}$ | $10_{P2}$ |
| B | $2_{P1}$ | $6_{P1}$ | $6_{P2}$ | $7_{P1}$ | $10_{P2}$ | $10_{P3}$ | $11_{P2}$ |
| C | $3_{P1}$ | $7_{P1}$ | $7_{P2}$ | $8_{P1}$ | $11_{P2}$ | $11_{P3}$ | $12_{P2}$ |
| D | $4_{P1}$ | $8_{P1}$ | $8_{P2}$ | $9_{P1}$ | $12_{P2}$ | $12_{P3}$ | $13_{P2}$ |

注：P1、P2……为第一次加的脾、第二次加的脾……

移虫后的巢脾返还蜂群，待第二天调出作为备用虫脾。移虫结束，若巢脾充足，备用虫脾即调到大群，否则，用水冲洗大小幼虫及卵，重新作为空脾使用。

春季气温较低时空脾应在提出虫脾的当天下午 17 时加入，夏天气温较高时空脾应在次日上午 7 时加入。若是冷脾，应在还虫脾的当天加在隔板外让工蜂整理一夜，到次日上午 7 时移到隔板里边第二框位置，也就是中间位置让蜂王产卵。

（5）维持群势：长期使用供虫群，按期调入子脾，撤出空脾。

专业生产蜂王浆的养蜂场，应组织大群数 10% 的交配群，既培育蜂王又可与大群进行子、蜂双向调节，不换王时用交配群中的卵或幼虫脾不断调入大群哺养，快速发展大群群势。

（6）小蜂场组织供虫群：选择双王群，将一侧蜂王和适宜产卵的黄褐色巢脾（育过几代虫的）一同放入蜂王产卵控制器，蜂王被控制在空脾上产卵 2～3 天，第 4 天后即可取用适龄幼虫，并同时补加空脾，一段时间后，被控的蜂王与另一侧的蜂王轮流产适龄幼虫。

**3. 管理生产群**

（1）双王繁殖，单王产浆：秋末用同龄蜂王组成双王群，繁殖适龄健康的越冬蜂，为来年快速春繁打好基础。双王春繁的速度比单王快，加上继箱后采用单王群生产。

（2）选王换王，保持产量：蜂王年年更新，新王导入大群，50～60 天后鉴定其蜂王浆生产能力，将产量低的蜂王迅速淘汰再换上新王。

（3）调整子脾，大群产浆：春秋季节气温较低时提 2 框新封盖子脾保护浆框，夏天气温高时提上 1 框脾即可。10 天左右子脾出房后再从巢箱调上新封盖子脾，出房脾返还巢箱以供产卵。

（4）维持蜜、粉充足，保持蜂多于脾：在主要蜜粉源花期，养蜂场应抓住时机大量繁蜂。无天然蜜粉源时期，群内缺粉少糖，要及时补足，最好喂天然花粉，也可用黄豆粉配制粉脾饲喂。方法是：黄豆粉、蜂蜜、蔗糖按10∶6∶3重量配制。先将黄豆炒至九成熟，用0.5毫米筛的磨粉机磨粉，按上述比例先加蜂蜜拌匀，将湿粉从孔径3毫米的筛上通过，形如花粉粒，再加蔗糖粉（1毫米筛的磨粉机磨成粉）充分拌匀灌脾，灌满巢房后用蜂蜜淋透，以便工蜂加工捣实，不变质。粉脾放置在紧邻浆框的一侧，这样，浆框一侧为新封盖子脾，另一侧为粉脾，5～7天重新灌粉1次。在蜂稀不适宜加脾时，也可将花粉饼（按上述比例配制，捏成团）放在框梁上饲喂。群内缺糖时，应在夜间用糖浆奖饲，确保哺育蜂的营养供给。

定地和小转地的蜂场，在产浆群贮蜜充足的情况下，做到糖浆“二头喂”，即浆框插下去当晚喂1次，以提高王台接受率；取浆的前一晚喂1次，以提高蜂王浆产量。大转地产浆蜂场要注意蜜不能摇得太空，转场时群内蜜要留足，以防到下个场地时天下雨或者不流蜜，造成蜂群掩子，蜂王浆产量大跌。

（5）控制蜂巢温、湿度：蜂巢中产浆区的适宜温度是35℃左右，相对湿度75%左右。气温高于35℃时，蜂箱应放在阴凉地方或在蜂箱上空架起凉棚，注意通风，必要时可在箱盖外洒水降温，最好是在副盖上放一块湿毛巾。

（6）蜂蜜和王浆分开生产：生产蜂蜜时间宜在移虫后的次日进行，或上午取蜜、下午采浆。

（7）分批生产：备4批台基条，第四批台基条在第一批产浆群下浆框后的第三天上午用来移虫，下午抽出第一批浆框时，立即将第四批移好虫的浆框插入，达到连续产浆。第一批的浆框可在当天下午或傍晚取浆，也可在第二天早上取浆，取浆后上午移好虫，下午把第二批浆框抽出时，立即把这第一批移好虫的浆框插入第二批产浆群中，如此循环，周而复始。

### （五）贮藏方法

生产出的蜂王浆及时用60或80目滤网，经过离心或加压过滤［养蜂场或收购单位严禁在久放或冷藏（冻）后过滤，防止 10－HDA 的流失］，按 0.5 千克、1 千克和 6 千克分装入专用瓶或壶内并密封（图 3－26），存放在－25～－15℃的冷库或冰柜中贮藏。

图 3－26　内衬袋外套盒包装王浆
（张中印　摄）

蜂场野外生产，应在篷内挖 1 米深的地窖临时保存，上盖湿毛巾，并尽早交售。

### （六）质量控制与高产措施

**1. 选用良种**　中华蜜蜂泌浆量少，黄色意蜂泌浆量多。选择蜂王浆高产和 10－HDA 含量高的种群，培育产浆蜂群的蜂王。引进王浆高产蜂种，然后进行育王，选育出适合本地区的蜂王浆高产品种。

**2. 强群生产**　产浆群应常年维持 12 框蜂以上的群势，巢箱 7 脾，继箱 5 脾，长期保持 7～8 框四方形子脾（巢箱 7 脾，继箱 1 脾）。

**3. 下午取浆**　下午取浆比上午取浆产量高。

**4. 选择浆条**　根据技术、蜂种和蜜源，选择圆柱形有色（如黑色、蓝色、深绿色等）台基条和适时增加或减少王台数量，一般 12 框蜂用王台 100 个左右，强群 1 框蜂放台数 8～10 个。外界蜜粉不足，蜂群群势弱，应减少放台数量，防止 10－HDA 含量的下降，王台数量与蜂王浆总产量呈正相关，而与每个王台的蜂王浆量和 10－HDA 含量成负相关。

**5. 长期产浆、连续取浆**　早春提前繁殖，使蜂群及早投入生产。在蜜源丰富季节抓紧生产，在有辅助蜜源的情况下坚持生产，在蜜源缺乏但天气允许的情况下，视投入产出比，如果有利，喂蜜喂粉不间断生产，喂蜜喂粉要充足。

**6. 虫龄适中、数量充足** 利用副群或双王群，建立供虫群，适时培育适龄幼虫。48小时取浆，移48小时龄的幼虫；62小时取浆，移36小时龄的幼虫；72小时取浆，移24小时龄内的幼虫。适时取浆，有助于防止蜂王浆老化或水分过大。

**7. 饲料充足** 选择蜜粉丰富、优良的蜜源场地放蜂，蜜粉缺乏季节，浆框放幼虫脾和蜜粉脾之间，在放入浆框的当晚和取浆的前1天傍晚奖励饲喂，保持蜂王浆生产群的饲料充足。对蜂群进行奖励时禁用添加剂饲料，以免影响蜂王浆的色泽和品质。

**8. 加强管理，防暑降温** 外界气温较高时浆框可放边二脾的位置，较低时应放中间位置。

**9. 蜂群健康，防止污染** 生产蜂群须健康无病，整个生产期和生产前1个月不用抗生素等药物杀虫治病。捡虫时要捡净，割破的幼虫，要把该台的蜂王浆移出另存或舍弃。

**10. 保证卫生** 严格遵守生产操作规程，生产场所要清洁，空气流通，所有与蜂王浆接触的用具都应用75%的酒精消毒，生产人员身体健康，注意个人卫生，工作时戴口罩，着工作服、帽。取浆时不得将挖浆工具和移虫针插入其他物品中，盛浆容器务必消毒、洗净和晾干，整个生产过程尽可能在室内进行；禁止无关的物品与蜂王浆接触。

## 二、计数蜂王浆的采集

### （一）生产原理

蜂王浆在销售、保存和使用时，均以1个王台为基本单位进行，即将装满蜂王浆的王台从蜂群提出，捡净幼虫，立即消毒、装盒贮存，或者从蜂群中取出王台，连幼虫带王台，经消毒处理后装盒冷冻保存。

### （二）工艺流程

计数蜂王浆的生产工艺流程见图3-27。

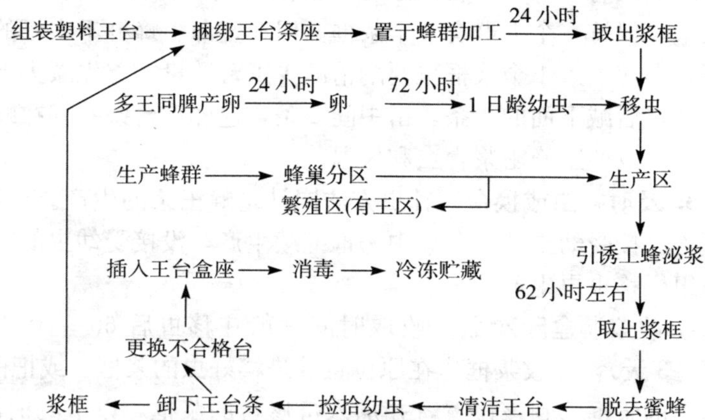


图3-27 计数蜂王浆的生产工艺流程

## （三）操作规程

**1. 组装王台绑浆框** 将单个王台推进王台条座的卡槽内，12个王台组成1个王台条，浆框的每一个框梁上捆绑2条王台条，再把每条王台条用橡皮圈固定在浆框的框梁上（图3-28）。根据王台条的长短，在浆框木梁两端及中间各钉1个小钉，钉头距木框3毫米，用橡皮圈绕木梁一周后捆住王台条，然后挂在小钉3毫米的钉头上。

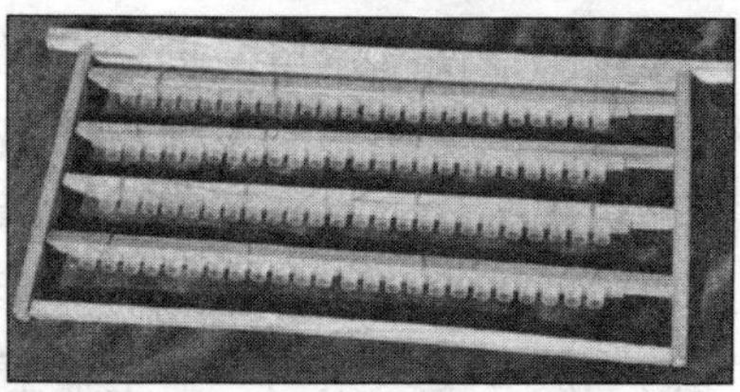

图3-28 计数蜂王浆框

（孙士尧 摄）

**2. 插浆框诱蜂泌浆** 将移好虫的浆框及时插入产浆群，初次插框产浆时，首先要提前1～2小时将产浆群中的虫脾和蜜粉脾移位，使之相距30毫米，插框时徐徐放下，不扰乱蜂群的正常秩序。在插浆框的同时插入待修王台的浆框。

一般情况下，蜂群达到8～9框蜂的可插入有72个王台的浆框；达到12框蜂的可插入有96个王台的浆框；达到14框蜂以上的可插入有144个王台的浆框，或隔日错开再插入96个王台的浆框，保持一个大群有2个浆框。但在蜜源、蜂群不太好的情况下，即使插入1个浆框也要酌情减少王台数量，首先减去上面的1条，后减下面的1条，留中间2条，这样王台条刚好在蜂多的位置，以便工蜂泌浆育虫和保温。

**3. 及时补虫或换台** 补虫方法同计量蜂王浆的生产。此外，还可把已接受幼虫的王台集中一框继续生产，没接受幼虫的王台重新组框移虫再生产。

**4. 收浆装盒除次品** 收取时间一般在移虫后60～70小时（2.5～3天），边收浆框边在原位置放进移好虫的浆框，或把前1天放入的浆框移到该位置，并加入待修台的浆框，以节约时间，并减少开箱次数。将附着在浆框上的蜜蜂轻轻抖落在蜂箱内，再用清洁的蜂扫拂去余蜂，或用吹蜂机吹落蜜蜂，勿将异物吹进王台中。

从浆框梁上解开橡皮圈，卸下王台条，用镊子小心捡拾幼虫，注意不能使王台口变形，一旦变形要修整如初，否则，应与不足0.5克的王台一同换掉，使整条王台内的蜂王浆一致，上口高度和色泽一样，另外还要注意蜂王浆状态不被破坏。

取出的王台蜂王浆经清污消毒后，将王台条推进王台盒底的插座内，放2支取浆勺，盖上盒盖（图3-29）。

**（四）蜂群管理**

用隔王板把生产群的蜂巢隔为生产区和繁殖区，产浆区将小幼虫脾放中间，粉脾放两侧，往外是新封盖蛹脾和蜜脾，浆框插在幼虫脾和粉蜜脾之间。生产一段时间后，蜜蜂形成条件反射，就可以不提小

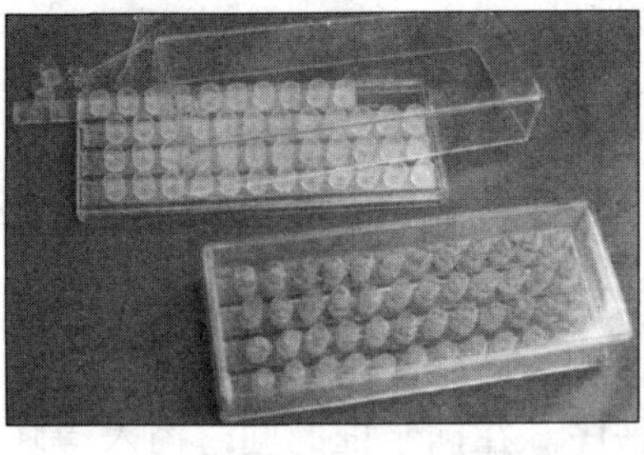

图3-29 计数蜂王浆（示底座和台基）

（孙士尧 摄）

虫脾放继箱，巢脾的排列则为蜜粉脾在两边，浆框两侧放新封盖蛹脾，每6天（2个产浆期）调整1次蜂群，从巢箱内或其他蜂群中，给产浆区调入幼虫脾或新封盖子脾，促使更多哺育蜂在此处集结泌浆育虫，在生产期，浆框两侧不少于1张封盖蛹脾。保持蜂多于脾，饲料充足，视群势强弱增减王台数量。

### （五）贮藏方法

浆框提出蜂群后，取虫、清污、消毒、装盒和速冻以最快的速度进行，忌高温和暴露时间过长。盒子透明，不能磨损和碰撞，盒与盒之间由瓦楞纸相隔，置于专用泡沫箱内，送冷库冷冻贮藏。

### （六）质量控制与高产措施

选育王浆高产蜂种，保持食物充足，坚持调脾连产。每个王台内蜂王浆含量不少于0.5克，王台口蜡质洁白或微黄，高低一致，无变形、无损坏；王台内的幼虫要求取出的，应全部捡净，并保持蜂王浆状态不变。

## 第三节　蜂花粉的收集

蜂花粉生产包括蜂花粉的收集和蜂粮的获得。在粉源丰富的季节，有5脾蜂的蜂群就可以投入生产，单王群8～9框蜂生产蜂花粉较适宜，双王群脱粉产量高而稳产。

### 一、收集蜂花粉

### （一）生产原理

蜜蜂采集植物的花粉，并在后足花粉篮中堆积成团带回蜂巢（图3-30），在通过巢门设置的脱粉孔时其后

图3-30　采集花粉

（张中印　摄）

足携带的两团花粉就被截留下来，待接粉盒积累到一定数量蜂花粉后，集中收集晾（烘）干。

### （二）工艺流程

蜂花粉生产工艺流程见图 3-31。

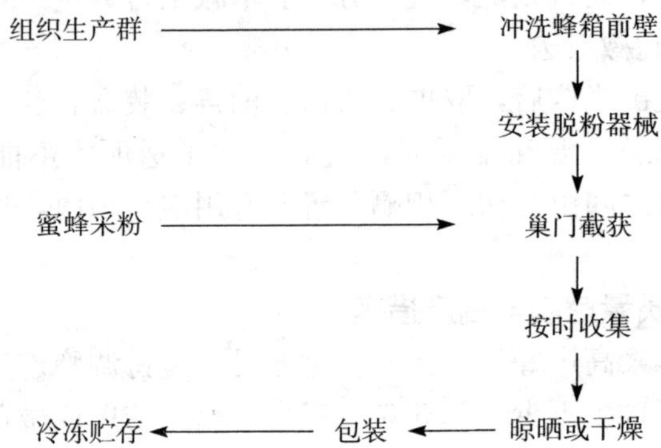


图 3-31 蜂花粉生产工艺流程

### （三）操作规程

**1. 安装脱粉器** 先把蜂箱垫成前低后高，取下巢门档，清理、冲洗巢门及其周围的箱壁（板）；然后，把脱粉器紧靠蜂箱前壁巢门放置，堵住蜜蜂通往巢外除脱粉孔以外的所有空隙，并与箱底垂直。

**2. 安装集粉盒** 在脱粉器下安置簸箕形塑料集粉盒（或以覆布代替），脱下的花粉团自动滚落盒内（图 3-32），积累到一定量时，及时倒出。

图 3-32 截留花粉

（张中印 摄）

**3. 干燥蜂花粉** 晾晒在无毒干净的塑料布或竹席上，花粉要均匀摊开，厚度约 10 毫米为宜，并在蜂花粉上覆盖一层棉纱布。晾晒初期少翻动，如有疙瘩时，2 小时后用薄木片轻轻拨开。

尽可能一次晾干，干的程度以手握一把花粉听到刷刷的响声为宜。若当天晾不干，应装入无毒塑料袋内，第二天继续晾晒或作其他干燥处理。对莲花粉，3 小时左右须晾干。不得在沥青、油布（毡）上晾晒花粉，以免变黑和沾染毒物。

恒温箱干燥的方法是：把花粉放在烘箱托盘的衬纸上或托盘的棉纱布上，接通电源，调节烘箱温度至 45℃，8 小时左右即可收取保存。

**4. 安排好时间**　一个花期，应从蜂群进粉略有盈余时开始脱粉，而在大流蜜开始时结束，或改脱粉为抽粉脾。一天当中，山西省大同地区的油菜花期、太行山区的野皂荚蜜源在 7:00～14:00 脱粉，有些蜜源花期可全天脱粉（在湿度大、粉足、流蜜差的情况下），有些只能在较短时间内脱粉，如玉米和莲花粉，只有在早上 7：00～10：00 才能生产到较多的花粉。在一个花期内，如果蜜、浆、粉兼收，脱粉应在 9：00 以前进行，下午生产蜂王浆，两者之间生产蜂蜜。当主要蜜源大泌蜜开始，要取下脱粉器，集中力量生产蜂蜜。

### （四）蜂群管理

**1. 选择脱粉工具**　10 框以下的蜂群选用二排的脱粉器，10 框以上的蜂群选用三排及以上的脱粉器。西方蜜蜂一般选用 4.8～4.9 毫米孔径的脱粉器，4.6～4.7 毫米孔径的适用于中蜂脱粉。山西省大同地区的油菜花期、内蒙古的葵花期、驻马店的芝麻花期和南方茶叶花期使用 4.8、4.9 毫米的脱粉器；4.9 毫米孔径的适用于低温、高湿和花粉团大的蜜粉源花期生产蜂花粉，如四川的蚕豆和板栗花期。

**2. 组织脱粉蜂群**　在生产花粉 15 天前或进入粉源场地后，有计划地从强群中抽出部分带幼蜂的封盖子脾补助弱群，使之在粉源植物开花时达到8～9框的群势，或组成10～12框蜂的双王群，增加生产群数。

**3. 蜂王管理要求** 使用良种、新王生产，在生产过程中不换王、不治螨、不介绍王台，这些工作要在脱粉前完成，同时要少检查、少惊动。

**4. 选择巢门方向** 春天巢向南，夏、秋面向东北，巢口不对着风口，避免阳光直射。

**5. 加强蜂群繁殖** 在开始生产花粉前45天至花期结束前30天有计划地培育适龄采集蜂，做到蜂群中卵、虫、蛹、蜂的比例正常，幼虫发育良好。

**6. 蜂数足** 群势平箱8～9框、继箱12框左右，蜂和脾的比例相当或蜂略多于脾。

**7. 饲料够** 蜂巢内花粉够吃不节余，或保持花粉略多于消耗。无蜜源时先喂好底糖（饲料），有蜜采进但不够当日用时，每天晚上喂，达到第二天糖蜜的消耗量，以促进繁殖和使更多的蜜蜂投入到采粉工作中去，特别是干旱天气更应每晚饲喂。

在生产初期，将蜂群内多余的粉脾抽出妥善保存；在流蜜较好进行蜂蜜生产时，应有计划地分批分次取蜜，给蜂群留足糖饲料，以利蜂群繁殖。

**8. 连续脱粉** 连续雨后及时脱粉，建立蜜蜂采粉条件反射机制。

**9. 防止热伤，防止偏集** 脱粉过程中若发现蜜蜂爬在蜂箱前壁不进巢、怠工，巢门堵塞，应及时揭开覆布、掀起大盖或暂时拿掉脱粉器，以利通风透气，积极降温，查明原因及时解决。气温在34℃以上时应停止脱粉。

采取全场蜂群同时脱粉，同一排的蜂箱应同时安装或取下脱粉器，防止蜜蜂钻进其他箱。

### （五）贮存方法

干燥后的蜂花粉用双层无毒塑料袋密封后外套编织袋包装，每袋40千克，密封，在交售前不得反复晾晒和倒腾。莲花粉须在塑料桶、箱中保存，内衬塑料袋。此外，工厂或公司可用铝箔复合袋抽气充氮包装。在通风、干燥和阴凉的地方暂时贮存，在－5℃以下的库房中可长期贮放，并做好上述工作。

### （六）质量控制与高产措施

**1. 防污染和毒害**　生产蜂花粉的场地要求植被丰富，空气清新，无飞沙与扬尘；周边环境卫生，无苍蝇等飞虫；远离化工厂、粉尘厂；避开有毒有害蜜源。

**2. 生产蜂群健康**　不用病群生产，生产前冲刷箱壁，脱粉中不治螨，不使用升华硫。若粉源植物施药或刮风天气，应停止生产。晾晒花粉须罩纱网或覆盖纱布，防止飞虫光顾。

**3. 粉源植物优良**　一群蜂应有油菜3～4亩[①]、玉米5～6亩、向日葵5～6亩、荞麦3～4亩供采集，五味子、杏树花、莲藕花、茶叶花、芝麻花、栾树花、葎草花、虞美人、党参花、西瓜花、板栗花、野菊花和野皂荚等蜜源花期，都可以生产蜂花粉。

**4. 防混杂和破碎**　集粉盒面积要大，当盒内积有一定量的花粉时要及时倒出晾干，以免压成饼状。

图3－33　五味子花粉
（张中印　摄）

在采杂粉多的时间段内和采杂粉多的蜂群，所生产的花粉要与纯度高的花粉分批收集，分开晾晒，互不混合（图3－33）。

## 二、获取蜂粮

蜂粮由工蜂采集花粉经过唾液、乳酸菌等酿造贮藏在巢房中

注：①亩为非法定计量单位。15亩＝1公顷，下同。

的固体物质，为蜜蜂的蛋白质食物。蜂粮的质量稳定，口感好，卫生指标高于蜂花粉，营养价值优于同种粉源的蜂花粉，易被人体消化吸收，而且不会引起花粉过敏症。

### （一）生产原理

利用可拆卸和组装的蜂粮专用塑料巢脾（图 3-34），或使用纯净的蜜盖蜡轧制的巢础、无础线筑造的蜂粮专用蜡质巢脾，通过管理促使蜜蜂在其上贮藏花粉并酿造成蜂粮成熟。塑料巢脾生产的是颗粒状的蜂粮，蜡质巢脾生产的是切割成各种造型的块状。另外，生产蜂粮，还可参照生产盒装巢蜜的方法，用巢蜜盒生产蜂粮。

图 3-34　分合式巢房组成蜂粮专用巢脾
（张少斌　摄）

蜂粮专用蜡质巢脾造好后要让蜂王产上卵育 2～3 代虫，然后再用于蜂粮生产。

### （二）工艺流程

蜂粮生产工艺流程见图 3-35。

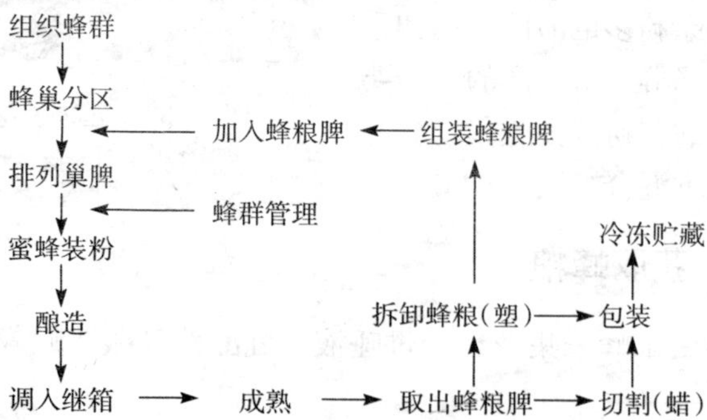


图 3-35　蜂粮生产工艺流程

## （三）操作规程

**1. 单王群生产蜂粮** 用三框隔王栅和框式隔王板把蜂巢分成产卵区、哺育区和生产区三部分，依次排列巢脾（图 3-36）。然后加入蜂粮生产脾，约 1 周，视贮粉多少，及时提到继箱，等待成熟，当有部分蜂粮巢房封盖，即取出等待后继工序，原位置再放蜂粮生产脾 1 张，并把 3 区巢脾调整如初。

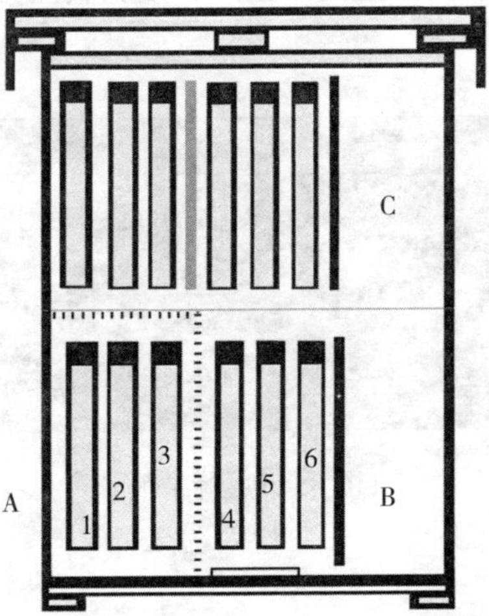


图 3-36 单王群生产蜂粮的蜂巢

A. 产卵区 B. 生产区 C. 哺育区

1. 封盖子脾 2. 大幼虫脾

3. 正出房子脾或空脾 4. 蜂粮脾

5. 大幼虫脾 6. 装满蜂蜜脾

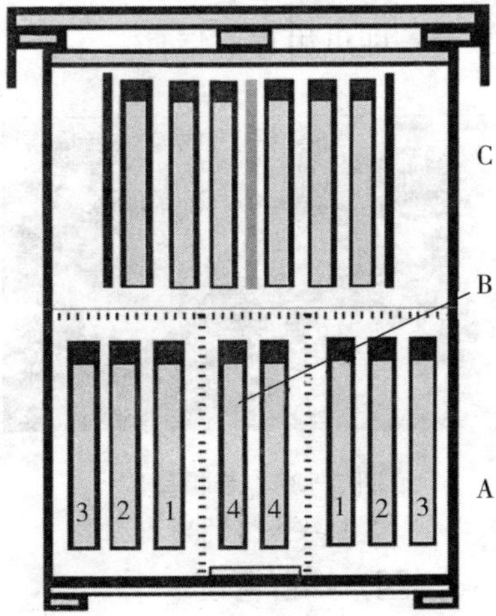


图 3-37 双王群生产蜂粮的蜂巢

A. 产卵区 B. 生产区 C. 哺育区

1. 新封盖子脾 2. 大幼虫脾

3. 空脾或正出房子脾 4. 蜂粮脾

**2. 双王群生产蜂粮** 用框式隔王板把巢箱隔成三部分，若三部分相等，中间区的中央放无空巢房的虫脾或卵脾，其两侧放蜂粮生产脾；若中间区有两个脾的空间，则放两张蜂粮脾（图 3-37）。继箱与巢箱之间加平面隔王板，继箱中放子脾、蜜脾和浆框。当巢房贮存满蜂粮后及时提到继箱使之成熟，有部分蜂粮封盖后取出。

**3. 蜂粮的消毒灭虫** 抽出的蜂粮脾（图 3－38）用 75％的食用酒精喷雾消毒及用无毒塑料袋密封后，放在－18℃的温度冷冻 48 小时，或用磷化铝熏蒸杀死寄生其上的害虫。

**4. 蜂粮的切割拆卸** 经消毒和灭虫的蜂粮，在塑料巢脾内，应拆开收集，用无毒塑料袋包装后待售（图 3－39）。在蜡质巢脾内的蜂粮，可用模具刀切成所需形状，用无毒玻璃纸密封后，再用透明塑料盒包装，标明品名、种类、重量、生产日期、食用方法等，即可出售或保存。

图 3－38　蜂粮巢脾
（张少斌　摄）

图 3－39　蜂　粮
（张少斌　摄）

## （四）蜂群管理

生产蜂粮的蜂群，其管理措施与生产花粉的蜂群相似，其特殊要求如下：

**1. 新王、预防分蜂热** 新王、健康和无分蜂热的王浆高产蜂群适合生产蜂粮。

**2. 调整蜂粮脾位置** 及时把装满花粉的蜂粮脾调到边脾或继箱位置，让蜜蜂继续酿造，当有一部分巢房封盖即表示成熟，及时抽出。在原位置再放置蜂粮生产脾，以供贮粉，继续生产。

**3. 提供产卵用巢脾** 在产卵区，适时将产满卵的子脾调到蜂粮脾外侧，傍晚调进正出房的封盖子脾。

## （五）贮藏方法

蜂粮脾经消毒、灭虫后即可放在通风、阴凉、干燥处保存，长期保存温度应在0℃以下。保存期间要防鼠害、防虫害，防污染和变质。

### （六）质量控制与高产措施

提高蜂粮产量和控制蜂粮质量的措施，与收集蜂花粉一致。

## 第四节　蜂胶的积累

### 一、生产原理

蜂胶是蜜蜂采集树芽分泌物（图3-40）与其唾液混合后的胶状物质。蜜蜂在气温较高的夏秋季节采胶，西方蜜蜂采胶，东方蜜蜂不采，高加索蜂采胶能力强。

图3-40　蜜蜂采集杨树芽胶

（房柱　提供）

蜜蜂采集植物芽液，涂抹于蜂巢穴上方以及缝隙处（图3-41），用于抑制微生物的生长与繁殖，以及清洁巢房。在蜜蜂采胶季节，将有缝竹丝栅片或尼龙纱网置于蜂巢上方，待蜂胶积累到一定量时，取出，通过冷冻、抠刮或搓揉，将蜂胶取下。

蜂胶生产要求外界最低气温在15℃以上，蜂场周围2.5千

图 3-41　蜜蜂堆积在框耳、箱沿和纱盖上的蜂胶
（张中印　摄）

米范围内有充足的胶源植物；蜂群强壮、健康无病、饲料充足。

## 二、工艺流程

蜂胶生产工艺流程见图 3-42。

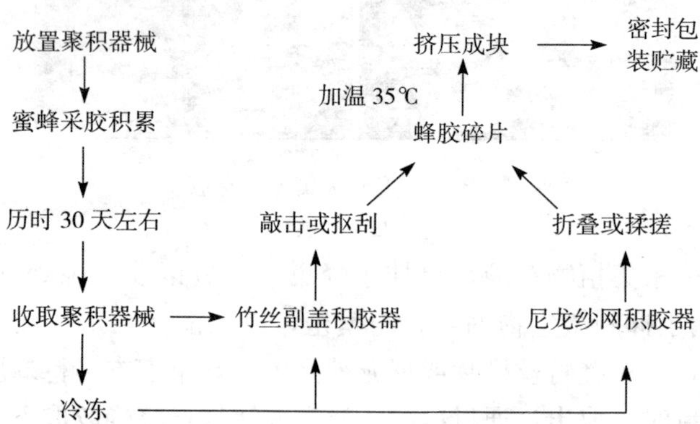


图 3-42　蜂胶生产工艺流程

## 三、操作规程

**1. 放置聚胶器械**　用尼龙纱网取胶时，在框梁上放 3 毫米厚的竹木条，把 40 目左右的尼龙纱网放在上面，再盖上盖布。检查蜂群时，打开箱盖，揭下覆布，然后盖上，再连同尼龙纱网一起揭掉，蜂群检查完毕再盖上（图 3－43）。

1999 年秋天，河南科技学院试验蜂场，利用 30 目白色尼龙纱网在校本部生产蜂胶，40 群，群势 6～11 框，历时 25 天，每群生产蜂胶平均 67 克，超过 100 克的有 9 群，最高的达到 113 克（图 3－44）。

图 3－43　放置塑料纱网
（张中印　摄）

图 3－44　塑料纱网积累蜂胶情况
（张中印　摄）

用竹丝副盖式取胶时，将其代替副盖使用即可，上盖覆布。在炎热天气，把覆布两头折叠 5～10 厘米，以利通气和积累蜂胶，转地时取下覆布，落场时盖上，并经常从箱口、框耳等积胶多的地方刮取蜂胶黏在集胶栅上（图 3－45）。不颠倒使用副盖集胶器。

**2. 采收蜂胶**　利用聚积蜂胶器械生产蜂胶，待蜂胶积累到一定数量时（一般历时 30 天）即可采收。从蜂箱中取出尼龙纱网或竹丝副盖式集胶器，放冰箱冷冻后，用木棒敲击或挤压或折叠揉搓，使蜂胶与器物脱离。取副盖集胶器上的蜂胶，还可使用不锈钢或竹质取胶叉顺竹丝剔刮，取胶速度快，蜂胶自然分离（图 3-46）。

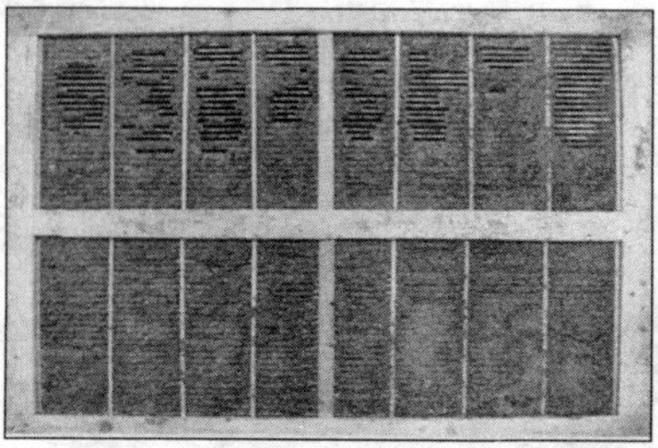

图 3-45　竹丝副盖聚集蜂胶情况
（张中印　摄）

图 3-46　抠刮蜂胶
（张中印　摄）

在日常管理蜂群时，可直接用起刮刀铲下巢、继箱口边缘、隔王板等处的蜂胶。

## 四、质量控制与高产措施

在胶源植物优质丰富或蜜、胶源都丰富的地方放蜂（图 3-47），利用副盖式采胶器和尼龙纱网连续积累。在生产前要对工具清洗消毒，刮除箱内的蜂胶；生产期间，不得用水剂、粉剂和升华硫等药物对蜂群进行杀虫灭菌；缩短生产周期，生产出的蜂胶应当及时清除蜡瘤、木屑、棉纱纤维、死蜂肢体等杂质，不与金属接触。不同时间和方法生产的蜂胶分别包装存

图 3-47　优良的杨树型胶生产场地
（张中印　摄）

放，包装袋要无毒并扎紧密封，标明生产起始日期、地点、胶源植物、蜂种、重量和生产方法等，严禁对蜂胶加热过滤和掺杂使假。

### 五、包装与贮藏

采收的蜂胶及时装入无毒塑料袋中，1 千克为一个包装，于阴凉、干燥、避光和通风处密封保存，并及早交售。一个蜜源花期的蜂胶存放在一起，勿使混杂。袋上应标明胶源植物、时间、地点和采集人。一般是当年的蜂胶质量较好，一年后蜂胶颜色加深、质量下降。

## 第五节　蜂毒的采集

### 一、生产原理

蜂毒是工蜂毒腺及其副腺分泌出的具有芳香气味的一种透明毒液，贮存在毒囊中，蜜蜂受到刺激时由螫针排出（图 3－48）。1 只工蜂 1 次排毒量约含干蜂毒 0.085 毫克，毒液排出后不能再补充。电取蜂毒，每群每次有 2 000～2 500 只蜜蜂排毒，可得到干蜂毒 0.15～0.22 克。雄蜂无螫刺和毒腺，不能产生蜂毒；蜂王的毒液约是工蜂的 3 倍，但只在两王拼斗时蜂王才伸出螫针射毒，又因其量少，而无实际生产价值。

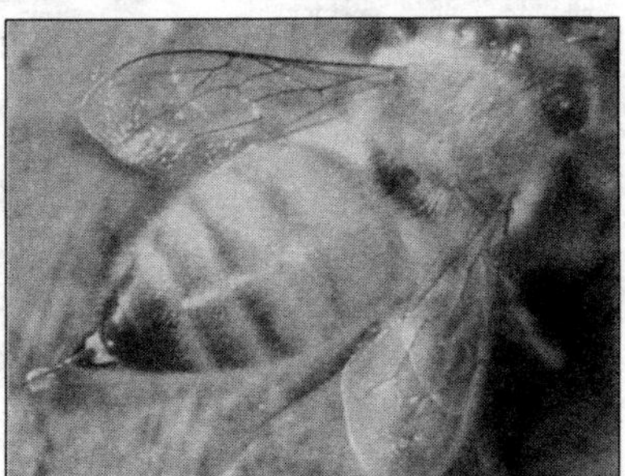

图 3－48　工蜂受到刺激排出的毒液

（张中印　摄）

目前，在生产过程中，采取电取蜂毒有利于保护蜜蜂，液体蜂毒在常温下很快会干燥成骨胶状的透明晶体，干蜂毒只相当于原液体蜂毒重量的30%～40%，其中副腺产生的乙酸乙戊酯等 13 种挥发性物质散失。

电取蜂毒是将具有电栅的采毒器置于副盖位置，或通过巢门插入箱底，接通电源，蜜蜂受到电流刺激，向采毒板攻击，并招引其他伙伴向采毒板排毒。通电 10 分钟后，断开电源，待蜜蜂安静后，取回采毒器，刮下晶体蜂毒。

## 二、工艺流程

蜂毒生产工艺流程见图 3 - 49。

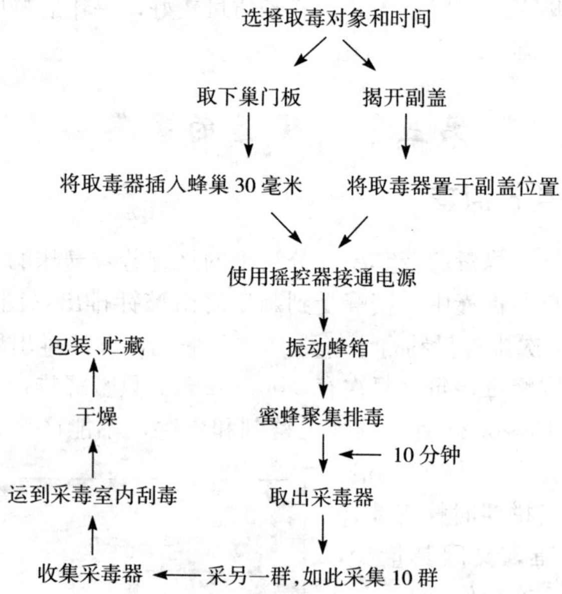


图 3 - 49　电取蜂毒工艺流程

## 三、操作规程

**1. 安置取毒器**　取下巢门板，将取毒器从巢门口插入箱内 30 毫米（图 3 - 50）或安放在副盖（应先揭去副盖、覆布等物）的位置上。

图 3-50　巢门取毒

（缪晓青　摄）

**2. 刺激蜜蜂排毒**　按下遥控器开关，接通电源对电网供电，调节电流大小，给蜜蜂适当的电击强度，并稍震动蜂箱。当蜜蜂触动电网受到电流刺激，其螫刺便刺穿塑料布或尼龙纱布排毒于玻璃上，随着蜜蜂的叫声和刺蜇散发的气味，招引其他蜜蜂向电网聚集排毒。

**3. 停止取毒**　每群蜂取毒 10 分钟，停止对电网供电，待电网上的蜜蜂离散后，把取毒器移至其他蜂群继续取毒，按下取毒复位开关，即可向电网重新供电，如此采集 10 群蜜蜂，关闭电源，抽出集毒板。

**4. 刮集蜂毒**　将抽出的集毒板置阴凉的地方风干，用牛角片或不锈钢刀片刮下玻璃板或薄膜上的蜂毒晶体，即得粗蜂毒。

**5. 注意事项**

（1）基本要求：生产蜂毒，要求有较强的蜂群，青壮年蜂多，蜂巢内食物充足。

（2）取毒时间：电取蜂毒一般在蜜源大流蜜结束时进行，选择温度 15℃以上无风或微风的晴天，傍晚或晚上取毒，每群蜜蜂取毒间隔时间 15 天左右。专门生产蜂毒的蜂场，可 3～5 天取毒 1 次。

（3）预防蜂螫：选择人、畜来往少的蜂场取毒，操作人员应戴好蜂帽、穿好防蜇衣服，不抽烟，不使用喷烟器开箱。隔群分批取毒，一群蜂取完毒，让它安静 10 分钟再取走取毒器。蜂群取毒后应休息几日，使蜜蜂受电击造成的损伤恢复。

（4）预防中毒：蜂毒的气味，对人体呼吸道有强烈刺激性，蜂毒还能作用于皮肤，因此，刮毒人员应戴上口罩和乳胶手套，以防意外。

周冰峰等（2002）报道，在春季，每隔 3 天取毒 1 次，连续取毒 10 次，对蜂蜜和蜂王浆的生产影响都比较大。蜜蜂排毒后，抗逆力下降，寿命缩短。

## 四、质量控制与高产措施

**1.** 定期连续取毒，可提高产量。

**2. 严防污染** 取毒前，工具清洗干净，消毒彻底。工作人员注意个人卫生和劳动防护，生产场地洁净，空气清新；蜂群健康无病。选用不锈钢丝做电极的取毒器生产蜂毒，防止金属污染；傍晚或晚上取毒，不用喷烟的方法防蜂蜇，以防蜜水污染；刮下的蜂毒应干燥以防变质。

## 五、包装与贮藏

图 3-51　蜂毒的包装
（张中印　摄）

取下蜂毒后，使用硅胶将其干燥至恒重后，再放入棕色小玻璃瓶中密封保存，或置于无毒塑料袋中密封，外套牛皮纸袋，置于阴凉干燥处贮藏（图 3-51）。硅胶干燥蜂毒的方法是：在干燥器内放入干燥的硅胶，然后将装有蜂毒的大口容器置于干燥器中，密封干燥器，经过 2～3 天时间，蜂毒就会得到充分干燥。

## 第六节　蜂蜡的榨取

### 一、生产原理

蜂蜡是养蜂生产的副产品，由 8～18 日龄工蜂以蜂蜜为原料，经过腹部的 4 对蜡腺转化而来的，蜜蜂用它筑造蜂巢（图 3－52）。每 2 万只蜜蜂一生中能分泌 1 千克蜂蜡，一个强群在夏秋两季可分泌蜂蜡 5～7.5 千克。蜂群每分泌 1 千克蜂蜡需要消耗 3.5 千克以上的蜂蜜。工蜂分泌蜂蜡时，吸饱蜜糖，经过一昼夜的化学变化，蜡液即由细胞孔渗到蜡镜上，分泌的蜡液在常温下凝固成蜡鳞。

图 3－52　野生西方蜜蜂遗弃的巢穴

（引自 sites. ecosse. net）

把蜜蜂分泌蜡液筑造的巢脾，利用加热的方法使之熔化，再通过压榨、上浮或离心等程序，使蜡液和杂质分离，蜡液冷却凝固后，再重新熔化浇模成型，即成固体蜂蜡。蜜蜂蜡腺分泌的蜡液是白色的，但由于花粉、育虫等原因，蜂蜡的颜色有乳白、鲜黄、黄、棕、褐几种颜色。

### 二、工艺流程

蜂蜡生产工艺流程见图 3－53。

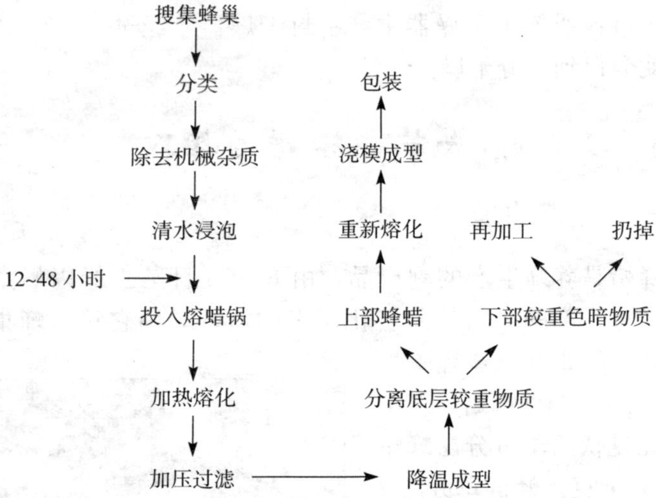


图 3-53　榨取蜂蜡工艺流程

## 三、操作规程

**1. 清水浸泡**　熔化前将蜂蜡原料用清水浸泡 2 天，提取时可除掉部分杂质，并使蜂蜡色泽鲜艳。

**2. 加热熔化**　将蜂蜡原料置于熔蜡锅中（事前向锅中加适量的水），然后供热，使蜡熔化，熔化后保温 10 分钟左右。

**3. 榨蜡**

（1）杠杆热压法：将已熔化的原料蜡连同水一起倒入特制的麻袋或白糖袋中，扎紧袋口，放在压板上，以杠杆的作用加压，使蜡液从袋中通过缝隙流入盛蜡的容器内，稍凉，撇去浮沫。

（2）螺旋杆榨蜡：先把下挤板置于榨蜡桶内，用热水预热桶身然后排出热水，内衬麻袋或尼龙袋，随即将煮烂的含蜡原料趁热倒入榨蜡桶中，再扎紧袋口，盖上上挤板。最后旋转螺杆对上挤板施压，蜡液受挤压溢出，经榨蜡桶底部的出蜡口导至盛蜡容器。榨蜡工作结束时，趁热清理蜡渣和各个部件。

**4. 降温凝固**　待蜡液凝固后即成毛蜡，用刀切削，将上部色浅的蜂蜡和下面色暗的物质分开。

**5. 浇模成型**　将已进行分离、色浅的蜂蜡重新加水熔化，再次过滤和撇开气泡，然后注入光滑而上口稍大的模具，待蜡块完全凝固后反扣，卸下蜡板（图 3-54）。若使用的模具是木制的，浇模前应将其用水浸透。

图 3-54　蜡　板

（张中印　摄）

## 四、质量控制与高产措施

对所获原料进行分类分级，并清除机械杂质。赘脾、野生蜂巢、蜜房盖和加高的王台壁为一类原料，旧脾为二类原料，其他诸如蜡瘤和病脾等为三类原料。分类后，先提取一类蜡，按序提取，不得混杂。

饲养强群，多造新脾，淘汰旧脾；大流蜜期，加宽蜂路，让蜜蜂加高巢房，做到蜜、蜡兼收。平时搜集野生蜂巢、巢穴中的赘脾和加高的王台房壁等。

## 五、包装与贮存

把蜂蜡进行分等分级，以 50 千克或按合同规定的重量为 1

个包装单位，用麻袋包装，标明时间、等级、净重、产地等。按不同品种、等级的蜂蜡，分别堆垛于枕木上，堆垛要整齐，每垛附账卡，注明日期、等级、数量。贮存蜂蜡的仓库要求干燥、卫生、通风好，无农药、化肥、鼠。

## 第七节　蜂崽的获得

蜜蜂是完全变态昆虫，其个体发育经过卵、虫、蛹和成虫4个阶段。蜂崽泛指蜜蜂幼虫和蛹，即我国古代所谓的“蜜蜂子”，主要生产蜂王幼虫和雄蜂的虫、蛹。

### 一、蜂王幼虫的获得

蜂王幼虫是生产蜂王浆的副产品，其采收过程即是取浆工序中的捡虫环节，每生产1千克蜂王浆，可收获0.2～0.3千克蜂王幼虫（图3-24，图3-55），每群意蜂每年生产蜂王幼虫可达到2千克。

图3-55　蜂王幼虫
（张中印　摄）

### 二、生产雄蜂蛹和虫

#### （一）生产原理

雄蜂幼虫是蜂王产下未受精卵算起，生长发育到第10天前后的虫体（图3-56）；雄蜂蛹是蜂王产下未受精卵算起，生长发育在第20～22天的虫体（图3-57）。每群意蜂每次每脾可获取雄蜂蛹0.6千克，全年可生产6千克左右。

生产雄蜂蛹、虫的两个重要环节：一是取得日龄一致的雄蜂卵脾，二是把雄蜂卵培育成雄蜂蛹、虫。

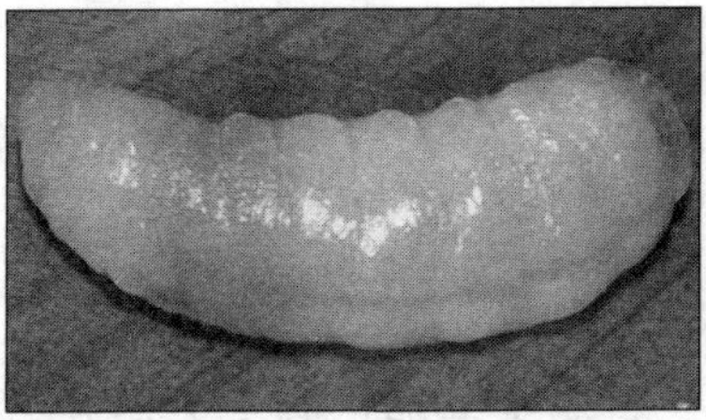

图 3-56　第 10 日龄的雄蜂幼虫
（张中印　摄）

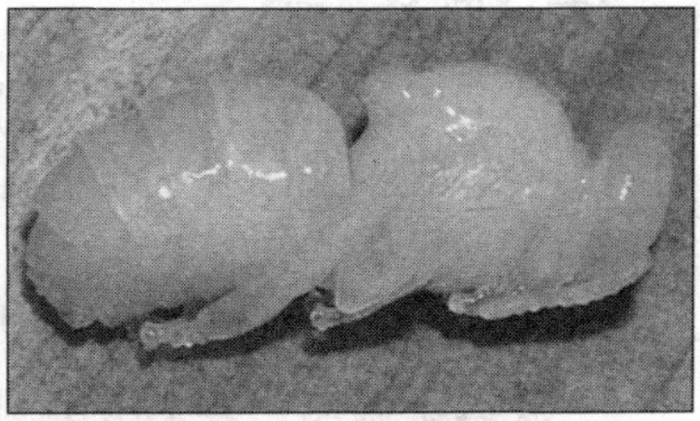

图 3-57　第 21 天的雄蜂蛹
（张中印　摄）

## （二）工艺流程

雄蜂幼虫和蛹生产工艺流程见图 3-58。

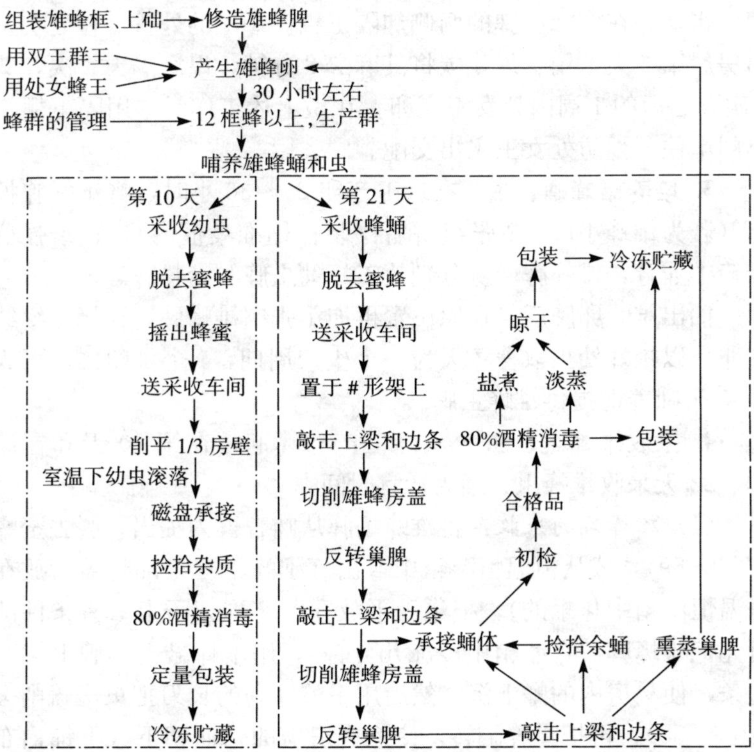


图 3-58　雄蜂幼虫和雄蜂蛹生产工艺流程图

### （三）操作规程

**1. 筑造雄蜂脾** 用标准巢框横向拉线，再在上梁和下梁之间拉两道竖线，然后，将雄蜂巢础镶嵌进去，或用3个小巢框镶装好巢础，组合在标准巢框内，然后将其放入强群中修造，适当奖励饲喂，加快造脾，每个生产群配备3张雄蜂巢脾。

**2. 获得雄蜂卵** 在双王群中，将蜂王产卵控制器安放在巢箱内一侧的幼虫和封盖子脾之间，内置雄蜂脾，次日下午将蜂王捉住放入控制器内，36小时后抽出雄蜂脾，调到继箱或哺育群中孵化、哺育。两王轮换产雄蜂卵。

在处女王群中，抽出群内工蜂脾，加入小巢框修造的雄蜂小脾1张，并在雄蜂小脾的两侧加隔王板。蜂王的处置：在处女王出房后第6天，用二氧化碳将其麻醉8分钟，以后隔天1次，共3次，之后的1周内处女王产卵。在做上述工作时，用隔王栅把巢门堵住，预防处女王飞出交配。

**3. 培养雄蜂蛹、虫** 在蜂王产卵24～36小时，将雄蜂脾抽出（若为雄蜂小脾，3张组拼后镶装在标准巢框内），置于强群继箱中哺育，雄蜂脾两侧分别放工蜂幼虫脾和蜜粉脾。

抽出雄蜂卵脾后，在原位置再加1张空雄蜂脾，让蜂王继续产卵。以雄蜂幼虫取食7天为一个生产周期，1个供卵群，可为2～3个哺养群提供雄蜂虫脾。

**4. 采收雄蜂蛹、虫** 从蜂王产卵算起，在第10天和在第20～22天采收雄蜂虫、蛹为适宜时间。

（1）*雄蜂蛹的采收*：将雄蜂蛹脾从哺育群内提出，脱去蜜蜂（图3-59），或从恒温恒湿箱中取出（雄蜂子脾全部封盖后放在恒温恒湿箱中化蛹的），把巢脾平放在井字形架子上（有条件的可先把雄蜂脾放在冰箱中冷冻几分钟），用木棒敲击巢脾上梁和边条，使巢房内的蛹下沉，然后用平整锋利的长刀把巢房盖削去（图3-60），再把巢脾翻转，使削去房盖的一面朝下（下铺白布或竹筛作接蛹垫），再用木棒或刀把敲击巢脾四周，使巢脾下面的雄蜂蛹震落到垫上，同时上面巢房内的蛹下沉离开房盖，按上法把剩下的一面房盖削去，翻转、敲击，震落蜂蛹（图 3-61）。敲不出的蛹或幼虫用镊子取出。

图 3-59　雄蜂蛹脾
（叶振生　摄）

图 3-60　割除封盖
（叶振生　摄）

图 3-61　雄蜂蛹
（王磊　摄）

（2）*雄蜂幼虫的采收*：将雄蜂虫脾从哺育群中抽出，抖落蜜蜂，摇出蜂蜜，削去 1/3 巢房壁后，放进室内，让雄蜂幼虫向外爬出，落在设置的托盘中。

**5. 雄蜂脾的处置**　取蛹后的巢脾用磷化铝熏蒸后重新插入

供卵群，让蜂王产卵，继续生产。生产期结束后，对雄蜂巢脾消毒和杀虫后，妥善保存。

### （四）蜂群管理

在非流蜜期，对哺育群和供卵群均需进行奖励饲喂。在低温季节，加强保温，高温时期做好遮阳、通风和喂水工作。哺养群要求健康无病，蜂螨寄生率低，群势在12框蜂以上，巢内饲料充足。

定期向处女王群补充蜜蜂，防止群势下降。

### （五）包装与贮存

雄蜂蛹、虫易受内、外环境的影响而变质。新鲜雄蜂蛹中的酪氨酸酶易被氧化，在短时间内可使蛹体变黑，新鲜雄蜂虫和蜂王幼虫胴体逐渐变红至暗，失去商品价值。因此，蜜蜂虫、蛹生产出来后，立即捡去割坏或不合要求的虫体，并用清水漂洗干净后妥善贮存（蜂王幼虫不得冲洗）。

**1. 雄蜂蛹的贮藏**

（1）冷冻法：用80%的食用酒精对雄蜂蛹喷洒消毒，然后用不透气的聚乙烯透明塑料袋分装，每袋0.5千克或1千克，排出袋内空气，密封，并立即放入－18℃的冷柜中冷冻保存（图3-62）。

图3-62 雄蜂蛹的包装和保存
（王磊 摄）

（2）淡干法：把经过漂洗的雄蜂蛹倒入蒸笼内衬纱布上，用旺火蒸10分钟，使蛋白质凝固，然后烘干或晒干，也可以把蒸好的蛹体表水甩掉，然后装入聚乙烯透明塑料袋中冷冻保存。

（3）盐渍法：取蛹前，把含盐10%～15%的盐水煮沸备用。

取出的雄蜂蛹经漂洗后倒入锅内，大火烧沸，煮 15 分钟左右，捞出甩掉盐水，摊平晾干。煮后的盐水如重复利用，每次按加水的重量按比例添加食盐。晾干后的盐渍雄蜂蛹用聚乙烯透明塑料袋包装（1 千克/袋）后在－18℃以下冷冻保存。或者装入纱布袋内挂在通风阴凉处待售。

用盐处理的雄蜂蛹，乳白色，蛹体较硬，盐分难以除去。

**2. 蜂幼虫的贮藏**

（1）低温保存：蜂王和雄蜂幼虫用透明聚乙烯袋包装后，及时存放在－18℃的冷库或冰柜中保存。

（2）白酒浸泡：用 60°白酒或 75％的食用酒精浸泡，液面浸过幼虫，装满后密封保存，及时出售。

（3）冷冻干燥：利用匀浆机把幼虫或蛹粉碎匀浆后过滤，经冷冻干燥后磨成细粉，密封在聚乙烯塑料袋中保存，备用。

### （六）质量控制与高产措施

**1. 提高产量的措施** 利用双王群进行雄蜂虫、蛹的生产，保证食物充足，连续生产，生产雄蜂蛹，从卵算起，20～22 天为一个生产周期，强群 7～8 天可哺养 1 脾，雄蜂房封盖后调到副群或集中到恒温恒湿箱中化蛹，恒温恒湿箱的温度控制在34～35℃，相对湿度控制在 75％～90％。

**2. 提高质量的方法** 所有生产虫、蛹的工具和容器都要清洗消毒，防止污染；保证虫、蛹日龄一致，去除被破坏的和不符合要求的虫、蛹。生产场所要干净，有专门的符合规定的采收车间；工作人员要保持卫生，着工作服、帽和戴口罩；不用有病群生产；生产的虫、蛹要及时进行保鲜处理和冷冻保存。

# 第四章 蜜蜂良种繁育

蜜蜂良种是指抗逆力、生产力强和容易管理的蜂种，具有适应当地气候和蜜源条件的区域性特点。蜜蜂良种繁育是建立在选种基础上进行的。在蜜蜂种群中，不同蜂群表现出抗病与否、产量高低等性状差异，选择具有优良性状的种群，并通过育种方法稳定和保持这些符合人类需要的优良性状。

## 第一节 蜜蜂种类与利用

### 一、蜜蜂的种类

#### （一）蜜蜂种类与特征

蜜蜂在分类学上属于节肢动物门（Arthropoda）、昆虫纲（Insecta）、膜翅目（Hymenoptera）、蜜蜂科（Apidae）、蜜蜂属（*Apis*）。属下有 9 个种（表 4-1），根据进化程度和酶谱分析，以西方蜜蜂最为高级，东方蜜蜂次之，黑小蜜蜂最低（图 4-1）。

表 4-1 蜜蜂属下的 9 个种

| 种名 | 拉丁名 | 命名人 | 命名时间 |
|---|---|---|---|
| 西方蜜蜂 | *Apis mellifera* | Linnaeus | 1758 |
| 小蜜蜂 | *A. florea* | Fabricius | 1787 |
| 大蜜蜂 | *A. dorsata* | Fabricius | 1793 |
| 东方蜜蜂 | *A. cerana* | Fabricius | 1793 |
| 黑小蜜蜂 | *A. andreniformis* | Smith | 1858 |

（续）

| 种名 | 拉丁名 | 命名人 | 命名时间 |
|---|---|---|---|
| 黑大蜜蜂 | *A. laboriosa* | Smith | 1871 |
| 沙巴蜂 | *A. koschevnikovi* | Buttel - Reepeen | 1906 |
| 绿努蜂 | *A. nulunsis* | Tingek，Koeniger's | 1998 |
| 苏拉威西蜂 | *A. nigrocincta* | Smith | 1871 |

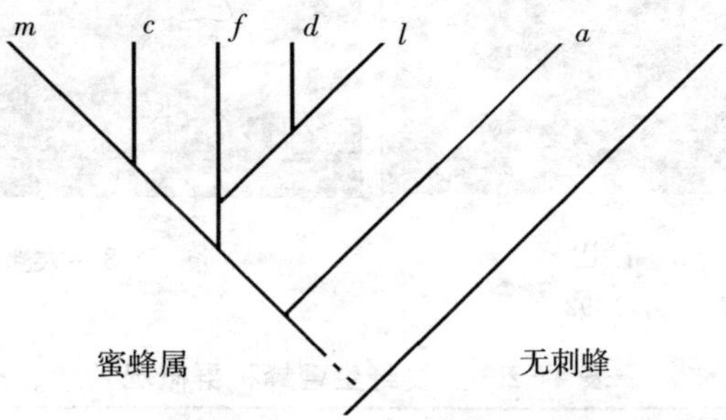


图 4-1　蜜蜂属 6 个种的亲缘关系（酶谱分析）

蜜蜂属 *Apis*　无刺蜂属 *Trigona*

a. 黑小蜜蜂 *andreniformis*　f. 小蜜蜂 *florea*

c. 东方蜜蜂 *cerana*　I. 黑大蜜蜂 *laboriosa*

d. 大蜜蜂 *dorsata*　m. 西方蜜蜂 *mellifera*

（引自蜜蜂分类与进化）

蜜蜂属的特点是：由蜂王、雄蜂和工蜂组成蜂群，社会分工明确。蜂王专司产卵，雄蜂专司交配，工蜂专司劳动。工蜂泌蜡建造六棱柱体巢房构成巢脾，由巢脾组成蜂巢。通过信息物质和舞蹈进行息交流，以花蜜和花粉为食。

### （二）野生蜜蜂的品种

除东方蜜蜂和西方蜜蜂外，其他都是野生种群。

沙巴蜂多数野生（图 4-2），少数用椰筒饲养，小蜜蜂、黑小蜜蜂、大蜜蜂（图 4-3）和黑大蜜蜂都处于野生状态，是宝贵的蜂种资源，除被人类猎取一定数量的蜂蜜和蜂蜡外，对植物授粉、维持生态平衡具有重要贡献。野生蜜蜂的护脾能力强，在蜜源丰富季节，性情温顺，蜜源缺少时期，性凶暴。为适应环境和生存有来回迁移习性，其生存概况见表 4-2。

图 4-2 沙巴蜂
(M Ono，1992)

图 4-3 大蜜蜂

**表 4-2 主要野生蜜蜂种群概况**

| 种名 | 小蜜蜂 | 黑小蜜蜂 | 大蜜蜂 | 黑大蜜蜂 | 沙巴蜂 |
|---|---|---|---|---|---|
| 俗名 | | 小草蜂 | 排蜂 | 雪山蜜蜂及岩蜂 | 红色蜜 |
| 分布 | 云南境内北纬 26°40′以南，广西南部的龙州、上思 | 云南西南部 | 云南南部、金沙江河谷和海南岛、广西南部 | 喜马拉雅山脉、横断山脉地区和怒江、澜沧江流域，包括我国云南西南部和东南部、西藏南部 | 加里曼丹岛和斯里兰卡 |
| 习性 | 栖息在海拔 1 900 米以下的草丛或灌木丛中，露天营单一巢脾的蜂巢，总面积 225～900 厘米$^2$，群势可达万只蜜蜂 | 生活在海拔 1 000 米以下的小乔木上，露天营单一巢脾的蜂巢，总面积 177～334 厘米$^2$ | 露天筑造单一巢脾的蜂巢，在树上或悬崖下常数群或数十群相邻筑巢，形成群落聚居。巢脾长 0.5～1.0 米，宽 0.3～0.7 米 | 在海拔 1 000～3 500 米活动，露天筑造单一巢脾的蜂巢，附于悬岩。巢脾长 0.8～1.5 米、宽 0.5～0.95 米。常多群在一处筑巢，形成群落。攻击性强 | |

（续）

| 种名 | 小蜜蜂 | 黑小蜜蜂 | 大蜜蜂 | 黑大蜜蜂 | 沙巴蜂 |
|---|---|---|---|---|---|
| 俗名 | | 小草蜂 | 排蜂 | 雪山蜜蜂及岩蜂 | 红色蜜 |
| 价值 | 猎取蜂蜜1千克，可用于授粉 | 割脾取蜜，每群每次获蜜0.5千克，每年采收2～3次。是热带经济作物的重要传粉昆虫 | 是砂仁、向日葵、油菜等作物和药材的重要授粉者。每年每群可获取蜂蜜25～40千克和一批蜂蜡 | 每年秋末冬初，每群黑大蜜蜂可猎取蜂蜜20～40千克和大量蜂蜡；同时，大蜜蜂是多种植物的授粉者 | |

## 二、蜜蜂的近亲

### （一）熊蜂

**1. 形态特征**　熊蜂体粗壮，中型到大型，全身密被黑色、黄色、白色等色泽的长体毛。杂食性，喙长，口器发达，中唇舌较长。后足具花粉篮（图4-4）。

**2. 生活习性**　一般在土表筑巢，少数在深层土中筑巢，巢窝零乱。贮蜜粉巢房与育虫巢房分开，蜜粉巢房呈圆钵状，较大；育虫巢房较小，呈葡萄状，密集成堆。寿命和日采集时间较长，采集力旺盛。

图4-4　熊蜂为温室茄子授粉
（安建东　摄）

群势数十只到数百只不等，1年1代，当年蜂王越冬。对低温、低光密度适应性强，趋光性差，信息交流系统不如家养的蜜蜂发达，声震大。

**3. 利用价值** 采蜜量少且蜜质酸劣，其蜜、蜡在当地传统上有药用的习惯。熊蜂是豆科和茄科植物重要且十分有效的授粉者，是温室作物和长花管植物的理想授粉传媒，经熊蜂授粉，温室番茄可增产30%以上。

**4. 饲养概况** 目前，世界各国人工饲养并用于温室授粉的熊蜂有 *Bombus terrestris*、明亮熊蜂（*B. lucorum*）、红光熊蜂（*B. ingnitus*）等。工厂化繁育熊蜂用于出售授粉已成为荷兰、以色列等国的一个新兴产业。

**（二）壁蜂**

**1. 形态特征** 体型中等。

**2. 生活习性** 为独栖蜂。一年1代，成虫越冬，耐低温。喜欢在石缝、土墙孔洞、砖瓦下、芦苇管、纸管内筑巢，可人工收回饲养。成虫工作时间约60天（图4-5）。雌蜂职能是为后代筑巢，采集食料；雄蜂专司交配，雌、雄个体只有性别差异，大小相似。

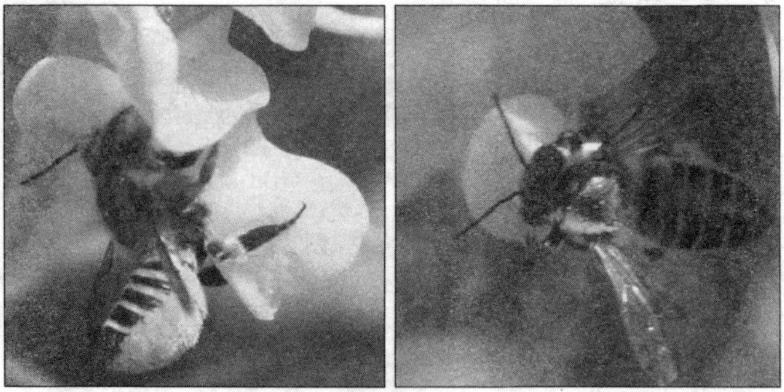

图4-5 壁 蜂

（张中印 摄）

**3. 经济价值** 已被人们开发应用于杏、苹果、桃、樱桃、梨等果树授粉的有凹唇壁蜂（*O. excavata* Alfken）、角额壁蜂（*O. cormfrons* R.）等，其中凹唇壁蜂繁殖快，群势大，授粉效果较为明显，试验表明，杏经该蜂授粉增产69%。

**4. 饲养概况** 订单人工饲养。

## 三、饲养的蜂种

我国主要饲养的蜂种有中华蜜蜂和意大利蜂，其次是卡尼鄂拉蜂和高加索蜂。另外，经过人工选育，还形成了东北黑蜂、新疆黑蜂和浙江浆蜂等地方品种。

### （一）中华蜜蜂

中华蜜蜂原产地中国，简称中蜂，以定地饲养为主，有活框饲养的，也有桶养和窑养的。

**1. 形态特征** 体型中等，工蜂体长9.5～13毫米，在热带、亚热带其腹部以黄色为主，温带或高寒山区的品种多为黑色。蜂王体色有黑色和棕色两种；雄蜂体黑色（图4-6，图4-7）。

图4-6 中蜂蜂王
（张中印 摄）

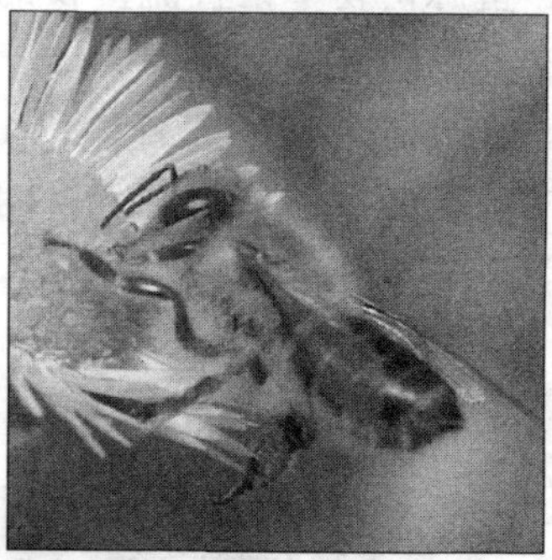

图4-7 中蜂工蜂
（张中印 摄）

**2. 生活习性** 野生状态下，蜂群栖息在岩洞、树洞等隐蔽场所，复脾穴居。雄蜂巢房封盖像斗笠，中央有1个小孔，暴露出茧衣。蜂王每昼夜产卵900粒左右，群势在1.5万～3.5万只，产卵有规律，饲料消耗少。工蜂采集半径1～2千米，飞行敏捷。工蜂在巢穴口扇风头向外，把风鼓进蜂巢。嗅觉灵敏，早出晚归，每天采集时间比意蜂多1～3小时，比较稳产。个体耐寒力强，能采集冬季蜜源，如南方冬季的野桂花、枇杷等。蜜房封盖为干性。

中蜂分蜂性强，多数不易维持大群，常因环境差、缺饲料和被病敌危害而举群迁徙。抗大、小蜂螨、白垩病和美洲幼虫病，易被蜡螟危害，在春秋好感染囊状幼虫病。不采胶。

**3. 分布** 主要生活在山区和中国南方。到2015年，《全国养蜂业“十二五”发展规划》要求饲养中蜂数量达到350万群。

**4. 经济价值** 每群每年可采蜜10～50千克，蜂蜡350克，授粉效果显著。

### (二) 意大利蜂

意大利蜂原产地中海中部意大利的亚平宁半岛，属黄色蜂种，简称意蜂。意蜂适宜生活在冬季短暂、温和、潮湿而夏季炎热、蜜源植物丰富且流蜜长的地区。活框饲养，适于追花夺蜜，突击利用南北四季蜜源。

**1. 形态特征** 工蜂体长12～13毫米，毛色淡黄。蜂王颜色为橘黄至淡棕色（图4-8，图4-9）。雄蜂腹部背板颜色为金黄有黑斑，其毛色淡黄。

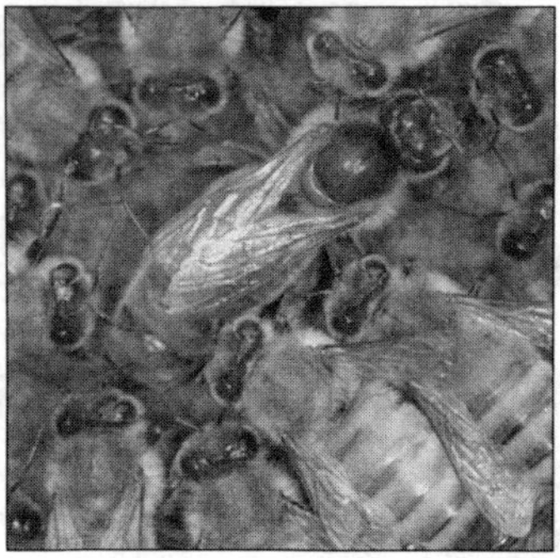

图4-8 意蜂蜂王

图4-9 意蜂工蜂

（张中印 摄）

**2. 生活习性**　意蜂性情温和，不怕光。蜂王每昼夜产卵1 800粒左右，子脾面积大，雄蜂封盖似馒头状；春季育虫早，夏季群势强。善于采集持续时间长的大蜜源，在蜜源条件差时，易出现食物短缺现象。泌蜡力强，造脾快。泌浆能力强，善采集、贮存大量花粉。蜜房封盖为中间型，蜜盖洁白。分蜂性弱，易维持大群。盗力强，卫巢力也强。耐寒性一般，以强群的形式越冬，越冬饲料消耗大。工蜂采集半径2.5千米，在巢穴口扇风头朝内，把蜂巢内的空气抽出来。具采胶性能。在我国意蜂常见的疾病有美洲幼虫腐臭病、欧洲幼虫腐臭病、白垩病、孢子虫病、麻痹病等，抗螨力差。

**3. 分布**　我国广泛饲养，约占西方蜜蜂饲养量的80%。到2015年，《全国养蜂业“十二五”发展规划》要求饲养西（意）蜂数量达到650万群。

**4. 经济价值**　在刺槐、椴树、荆条、油菜、荔枝、枣树、紫云英等主要蜜源花期中，1个生产群日采蜜5千克左右，1个花期采蜜超过50千克，全年生产蜂蜜可达150千克。经过选育的优良品系，一个强群3天（1个产浆周期）生产蜂王浆超过300克，年群产浆量12千克；在优良的粉源场地，一个管理得法的蜂场，群日收集花粉高达2 300克。另外，意蜂还适合生产蜂胶、蜂蛹以及蜂毒等。

意蜂是主要农作物区主要的授粉昆虫。

### （三）欧洲黑蜂

欧洲黑蜂简称黑蜂，原产阿尔卑斯山以西和以北的广大欧洲地区。

**1. 形态特征**　欧洲黑蜂个体大，腹部宽，背板、几丁质呈均一的黑色。工蜂体长12～15毫米，腹部粗壮（图4-10）。

**2. 生活习性**　欧洲黑蜂性情凶暴，怕光，开箱检查时爱蜇人。蜂王产卵力强，蜂群哺育力差，春季发展平缓，夏、秋季群势强。采集勤奋，节约饲料，善于采集流蜜期长的大蜜源，在蜜

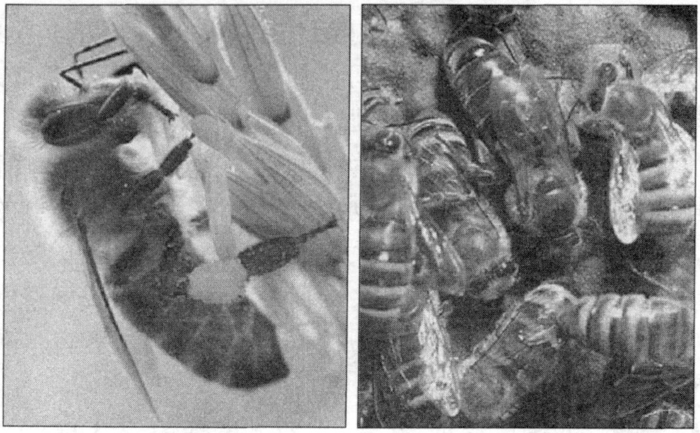

a　　b

图 4-10　欧洲黑蜂

a. 工蜂　b. 蜂王

（引自 Alain Pauly）

源条件差时，较其他蜜蜂勤俭。泌蜡造脾能力较强，蜜房封盖为干型或中间型，采集利用蜂胶较多。定向力强，不易迷巢，卫巢力差。耐寒性强，以强群的形式越冬，越冬饲料消耗少。易感染幼虫病和被巢虫为害，抗孢子虫病和抗甘露蜜中毒的能力强于其他蜂种。

**3. 分布**　我国未引进。

**4. 经济价值**　欧洲黑蜂可用于蜂蜜生产，是较好的育种（杂交）素材。

**（四）卡尼鄂拉蜂**

卡尼鄂拉蜂简称卡蜂，原产于阿尔卑斯山南部和巴尔干半岛北部的多瑙河流域，适宜生活在冬季严寒而漫长、春季短而花期早、夏季不太热的自然环境中。

**1. 形态**　卡蜂腹部细长，几丁质为黑色。工蜂绒毛灰至棕灰色。蜂王腹部背板为棕色，背板后缘有黄色带（图 4-11）。雄蜂为黑色或灰褐色。

**2. 生活习性**　卡蜂性情温和，不怕光，提出巢脾时蜜蜂安静。春季群势发展快，夏季高温繁殖差，秋季繁殖下降快，冬季群势小。善于采集春季和初夏的早期蜜源，能利用零星蜜源，节省饲料。泌蜡能力一般，蜜房封盖为干型，蜜盖白色。分蜂性强，不易维持大群。抗螨力弱，抗病力与意蜂相似。

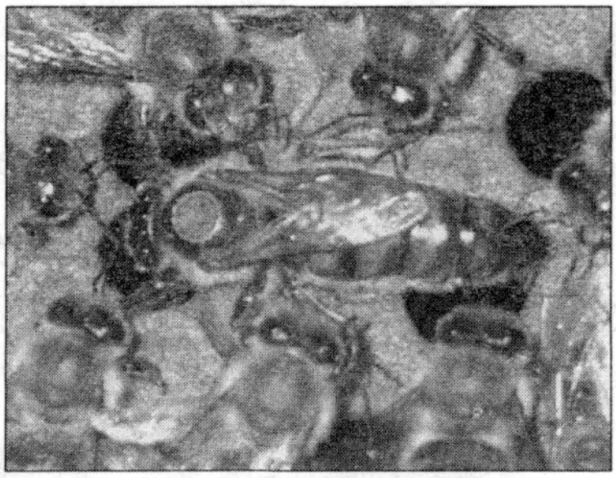

图 4-11　卡尼鄂拉蜂蜂王
（引自吉林蜜蜂研究所）

**3. 分布**　我国约有10%的蜂群为卡蜂，转地饲养。

**4. 经济价值**　卡蜂蜂蜜产量高，但泌浆能力差。

### （五）高加索蜂

高加索蜂简称高蜂，原产于高加索中部的高山谷地，适合生活在冬季不太寒冷、夏季较热、无霜期长、年降水量较多的环境中。

**1. 外部形态**　高蜂几丁质为黑色。灰色高蜂蜂王黑色（图4-12）。雄蜂胸部绒毛为黑色。工蜂体长12～13毫米。

**2. 生活习性**　高蜂性情温驯，不怕光，提出巢脾时蜜蜂安静。蜂王产卵力较弱，工蜂育虫积极，春季群势发展平稳缓慢，夏季群势较大，常出现蜂王自然交替现象。善于利用较小而持续时间较长的蜜源。采集勤

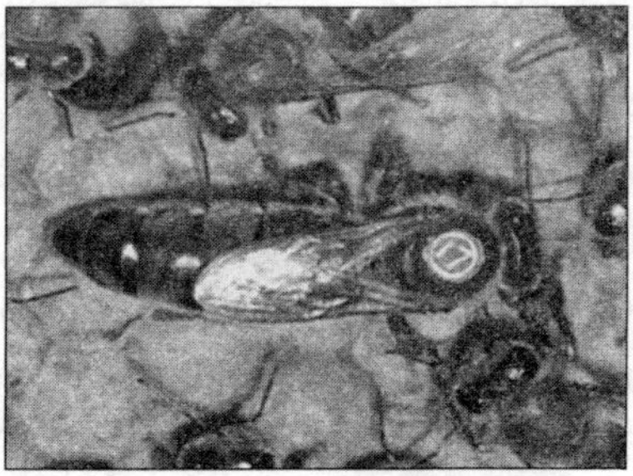

图 4-12　高加索蜂蜂王
（引自吉林蜜蜂研究所）

奋，节省饲料。泌蜡造脾能力一般，爱造赘脾。蜜房封盖为湿型，色暗。采胶性能好，盗性强。易遭受甘露蜜毒害和易感染孢子虫病。

**3. 分布** 我国少量饲养。

**4. 经济价值** 高加索蜂采蜜能力比欧洲黑蜂强，蜂胶产量高。

**（六）东北黑蜂**

东北黑蜂是具有黑蜂、卡蜂血统的杂交蜂种，集中分布在黑龙江省东部的饶河、虎林一带。

**1. 形态** 东北黑蜂的蜂王有两种类型：一是全部为黑色，另一种是腹部第 1 至第 5 节背板有褐色的环纹，两种类型蜂王的绒毛都呈黄褐色。雄蜂体黑色。工蜂几丁质全部为黑色，或第 2 至第 3 腹节背板两侧有较小的黄斑，胸部背板上的绒毛呈黄褐色。工蜂体长 12～13 毫米。

**2. 生活习性** 东北黑蜂不怕光，提出巢脾时蜜蜂安静，蜂王照常产卵，较爱蜇人。蜂王日产卵量 950 粒左右，产卵整齐、集中。春季育虫早，蜂群发展快，分蜂性较弱，夏季群势可达 14 框蜂。采集力强，善于采集流蜜量大的蜜源，能利用早春和晚秋的零星蜜源，对长花管的蜜源利用较差，节省饲料。蜜房封盖为中间型，蜜盖常一边呈深色（褐色），另一边呈黄白色。采胶少或不采胶。耐寒性强，越冬良好。较抗幼虫病，易患麻痹病和孢子虫病。

**3. 分布** 饶河、虎林和宝青三县为东北黑蜂保护区，现有东北黑蜂原种群 3 000 群。

**4. 经济价值** 东北黑蜂在 1977 年椴树流蜜期曾有群产蜂蜜 500 千克的记录。另外，东北黑蜂杂种一代适应性强，增产显著，是一个很好的育种素材。

**（七）伊犁黑蜂**

伊犁黑蜂原称新疆黑蜂，是欧洲黑蜂的一个品系。

**1. 形态**　蜂王有纯黑和棕黑两种，雄蜂黑色。原始群的工蜂，几丁质均为棕黑色，绒毛为棕灰色。

**2. 生活习性**　伊犁黑蜂怕光，提巢脾检查时蜜蜂骚动，性情凶暴，爱蜇人。蜂王每昼夜产卵平均 1 181 粒，最高曾达 2 680粒，产卵集中成片，虫龄整齐。育虫节律波动大，春季育虫早，夏季群势达 13～15 框蜂，6 框子时便开始筑造王台准备分蜂。采集力强，勤奋，早出晚归，善于利用零星蜜源，主要蜜源花期，采集更加积极。泌蜡力强，造脾快，喜造赘脾。泌浆能力一般，蜜房封盖为中间型。采集利用蜂胶比意蜂多。耐寒性强，越冬性好，比卡蜂更耐寒和节省饲料。伊犁黑蜂抗病力和抗大蜂螨能力强，在新疆还未发现有小蜂螨和蜡螟寄生。

**3. 分布**　伊犁、塔城、阿勒泰、新源、特克斯、尼勒克、昭苏、巩留、伊宁和布尔津等地都有黑蜂，全伊犁哈萨克自治州约有黑蜂 18 000 群，全新疆有黑蜂 25 000 群左右。天山南侧西至霍城县玉台、东至和静县巴伦台为伊犁黑蜂保护区。

**4. 经济价值**　在新疆正常年景，每群平均生产蜂蜜 80～100 千克，最高产量超过 250 千克。

### （八）浙江浆蜂

浙江浆蜂为我国定向选育的王浆高产蜂种，主要包括浙农大 1 号意蜂、萧山浆蜂、平湖浆蜂等多个类型，蜂群年产浆量达 12 千克，也用于生产蜂花粉。适合定地长期生产蜂王浆，目前在我国东部地区大量使用。

## 第二节　蜜蜂的育种方法

一个养蜂场，经过对蜂群长期的定向选择，或经过引进优良种蜂王进行杂交，可增强蜂群的生产能力和抗病能力，提高产品质量。

## 一、引种与选种

将国内外的优良蜜蜂品种、品系或类型引入本地，经严格考察后，对适应当地的良种进行推广。如意蜂和卡蜂引入我国后，在很多地区直接用于养蜂生产或作为育种素材，提高了产量。

### （一）引种

可采用引（买）进蜂群、蜂王、卵、虫等方式。蜜蜂引种多以引进蜂王为主，诱入蜂群 50 天后，其子代工蜂基本取代了原群工蜂，就可以对该蜂种进行考察、鉴定，在观察鉴定期间，应对引进的蜂种隔离，预防蜂病的传播和不良基因的扩散，需要的性能须突出。

养蜂场从种王场购买的父母代蜂王有纯种，也有单交种、三交种或双交种，可做种用。繁殖的下一代可直接投入生产，但不宜再做种用。

### （二）选种

在我国养蜂生产中，多采取个体选择和家系内选择的方式，在蜂场中选出种用群生产蜂王。目前，通过蜜蜂卫生行为测试，选择卫生行为强的蜂群培育蜂王，进行抗螨饲养。

例如，在图 4－13 中，5 个家系的 a、b、c…x、y 25 群蜂中，选出 10 群作为种用群，用家系内选择是 *a*、*b*、*f*、*g*、*k*、*l*、*p*、*q*、*u*、*v*，用个体选择是 *f*、*u*、*v*、*g*、*a*、*h*、*w*、*x*、*b*、*i*，用家系选择是 *f*、*g*、*h*、*i*、*j*、*u*、*v*、*w*、*x*、*y*。

**1. 个体间选择**　在一定数量的蜂群中，将某一性状表现最好的蜂群保留下来，作为种群培育处女王和种用雄蜂。在子代蜂群中继续选择，使这一性状不断加强，就可能选育出该性状突出的良种。个体选择适用于遗传力高的性状选择。将具有某些优良性状的蜂群作为种群，通过人工育王的方法保留和强化这些性状。采用这种方法，在我国浙江省选育了目前生产上使用的蜂王浆高产蜂种。

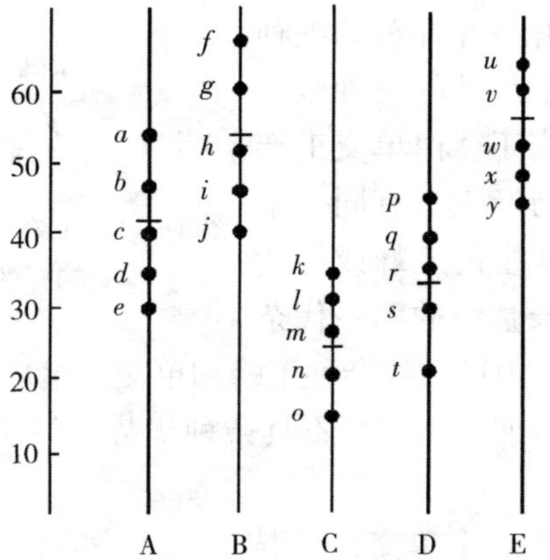


图 4-13　5 个家系蜂群的性状分布

●：个体性状值　一：家系性状平均值

（引自邵瑞宜，1995）

**2. 家系内选择**　从每个家系中选出超过该家系性状表型平均值的蜂群作为种用群，适用于家系间表型相关较大、而性状遗传力很低的情况。这种选择方法可以减少近交的机会。

选种育王的蜂场应有 60 群以上的规模，防止过分近亲交配。

## 二、蜂种的杂交

蜜蜂杂交后子代的生活力、生产性能等方面往往超过双亲，是迅速提高产量和改良种性的捷径。获得蜜蜂杂交优势，首先要对杂交亲本进行选优提纯和选择合适的杂交组合，以及遴选杂交优势表现的环境。蜜蜂杂交组合通常有单交、双交、三交、回交和混交等几种形式。以 E 表示意蜂，K 表示卡蜂，G 表示高蜂，O 表示欧洲黑蜂，♀表示蜂王，♂表示雄蜂，×表示杂交，☿表示工蜂。组织 2 个或 2 个以上的蜜蜂品种（或品系、亚种）进行交配，扩大蜜蜂的遗传变异，并对具有优良性状的杂种进行选择和繁殖，使后代有益的杂种基因得到纯合和遗传。

## （一）杂交组合方式

**1. 单交** 用一个品种的纯种处女王与另一个品种的纯种雄蜂交配，产生单交王。由单交王产生的雄蜂，是与蜂王具有同一个品种的纯种，产生的工蜂或子代蜂王是具有双亲基因的第一代杂种（图 4－14）。由第一代杂种工蜂和单交王组成单交种蜂群，因蜂王和雄蜂均为纯种，它们不具杂种优势，但工蜂是杂种一代，具有杂种优势。

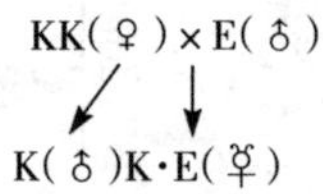

图 4－14 工蜂含卡蜂和意蜂基因各 50%的单交种群

**2. 三交** 用一个单交种蜂群培育的处女王与 1 个不含单交种血缘的纯种雄蜂交配，产生三交王，但其蜂王本身仍是单交种，后代雄蜂与母亲蜂王一样，也为单交种，而工蜂和子代蜂王为含有三个蜂种血统的三交种（图 4－15）。三交种蜂群中的蜂王和工蜂均为杂种，均能表现杂种优势，所以三交后代所表现的总体优势比单交种好。

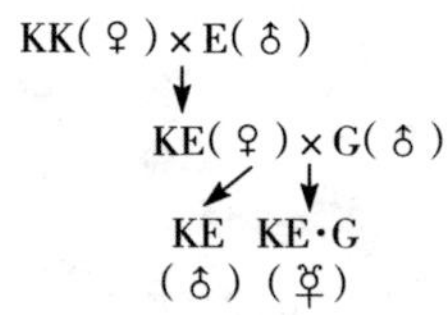

图 4－15 卡、意杂种蜂王与高蜂雄蜂交配形成三交种群

**3. 双交** 一个单交种培育的处女王与另一个单交种培育的雄蜂交配称为双交。双交后的蜂王所组成的蜂群，蜂王仍为单交种，含有两个种的基因，产生的雄蜂与蜂王一样也是单交种；工蜂和子代蜂王含有 4 个蜂种的基因（图 4－16），为双交种。由双交种工蜂组成的蜂群为双交群，能产生较大的杂种优势。

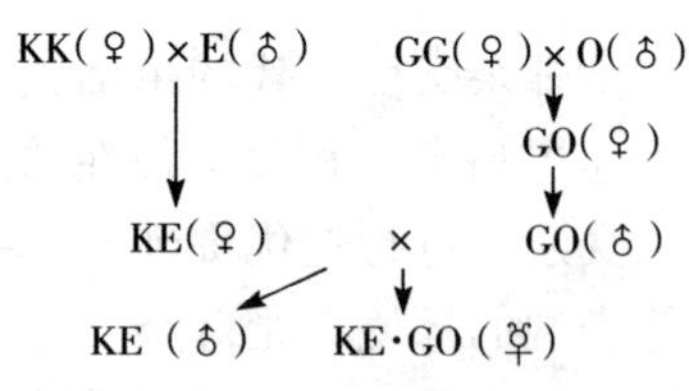

图 4－16 含有 4 个蜂种基因的双交种群

**4. 回交**　采用单交种的处女王与父代雄蜂杂交，或单交种雄蜂与母代处女王杂交称回交，其子代称回交种。回交育种的目的是增加杂种中某一亲本的遗传成分，改善后代蜂群性状（图4－17）。

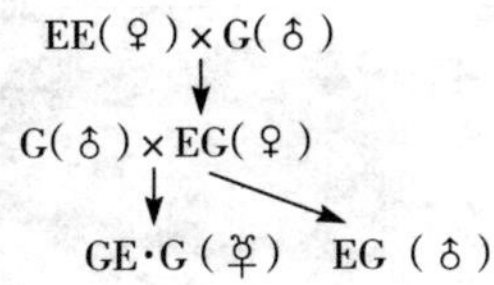


图 4－17　具有 2/3 父系基因的回交种群

### （二）蜜蜂杂种特点

杂交种群的经济性状主要通过蜂王和工蜂共同表现。在单交种群中，仅工蜂体现出杂种优势；三交和双交种群，其亲本蜂王和子代工蜂均能表现杂种优势。而种性过于混杂会产生杂种性状的分离和退化，多从第二代开始。

选择保留杂种后代，须建立在对杂种蜂群的经济性能考察、鉴定和评价的基础上，包括亲本、组合、形态学指标和生物学指标、生产性能指标。在杂种的性状基本稳定后，再增加其种群数量，通过良种推广，扩大饲养范围。

## 三、选育抗螨蜂

### （一）抗螨育王基础

蜜蜂对蜂螨具有抗性，不同种群或同一种群不同蜂群间对蜂螨的抗性不同，实践证明，抗螨蜜蜂都有较强的卫生行为。因此，选择抗病（如美洲幼虫腐臭病和白垩病）、强群、高产蜂群进行卫生能力测定，利用卫生行为好的蜂群进行育王，经过不断选育，即可能培育出抗病、抗螨蜂王。

### （二）蜜蜂卫生能力测定

从蜂群中挑选封盖子脾，子脾连片整齐，尽量没有空房，蜂子日龄以复眼白色或粉红色为准。将所选子脾切成 5 厘米×5 厘米，然后置于冰箱中 24 小时。再将冻死的小块子脾镶嵌在相同日龄的子脾中间，返还蜂群。注意，蜂子上下顺序不得颠倒（图 4－18，图 4－19）。

图 4-18　蜜蜂卫生行为测定 1
——切割子脾
（张中印　摄）

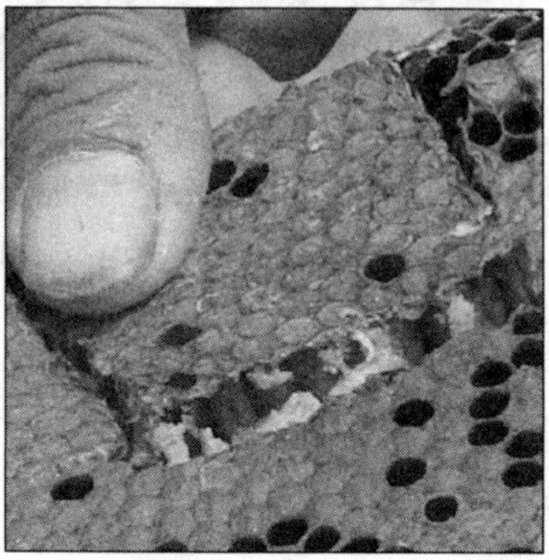

图 4-19　蜜蜂卫生行为测定 2
——将冻死蜂蛹返还蜂群
（张中印　摄）

24 小时、48 小时观测死蛹清除率，以清除率高者定为卫生行为好。

**（三）选育抗螨蜂王**

选取全场 1/3 卫生行为好的蜂群，培育雄蜂和处女蜂王，更换所有蜂王。每年进行一次。

当蜂螨寄生率在 5%以下停止治满。在一个区域，抗螨育王须全面进行，或者利用早春养王，避开其他蜂场无抗螨雄蜂的干扰。

## 第三节　育王与蜂种改良

人工育王是在长期生产实践中，考察并选择生产性能优良的蜂群为种群，培养雄蜂和处女蜂王，给育种群创造优良的环境与营养条件，培育优质蜂王。蜂种改良主要是针对本蜂场的具体情况，采取引进、选择、杂交等育种手段，通过培育蜂王，更新原有蜂王，以达到提高产量、改善低劣品质和增强抗病能力的目的。实际上，我们养蜂人每年的育王和换王都是在做这项工作，通过育王分蜂扩大经营。例如，由于王浆高产蜂种的培育，使我国王浆单产提高 5～10 倍，全国王浆产量由 20 世纪 70 年代的 500 吨迅速提高到目前的 3 200 吨。另外，部分养蜂场已进行蜜蜂卫生行为测定，进行抗螨育王工作。因此，学一点育王知识，掌握育王技术，提高育王质量，对养好蜜蜂很有必要。

## 一、选择种群

蜜蜂的性状受父本和母本的影响，育王之前选择父群培育雄蜂，选择母群培育幼虫，挑拣正常的强群（育王群）哺育蜂王幼虫，三者同等重要。种群可以在蜂场中挑选，也可以引进。具体方法如下：

### （一）种用父群的选择和雄蜂的培育

**1. 父群的选择**　将繁殖快、分蜂性弱、抗逆力强、蜂盗性小、温驯、采集力强和其他生产性能突出的蜂群，挑选出来培育种用雄蜂，一般需要考察 1 年以上。父群数量一般以购进的种王群或蜂群数量的 10%为宜，培养出 80 倍以上于处女王数量的健康适龄雄蜂。选择方法见上述“选种”。种用父群的群势，意蜂不低于 13 框足蜂。

另外，父群的选择还要考虑卫生行为好、抗螨能力强的蜂群作种群。

**2. 雄蜂的培育**　首先采用工蜂和雄蜂组合巢础（图 4－20）镶装在巢框上，筑造新的专用育王雄蜂脾，或割除旧脾的上部，让蜜蜂筑造雄蜂房，然后利用隔王栅或蜂王产卵控制器引导蜂王于计划的时间内在雄蜂房中产卵。

图 4－20　工蜂和雄蜂组合巢础
（引自 Browm，1985）

**3. 父群的管理** 蜂巢内蜜蜂稠密，蜂脾比不低于1.2∶1，适当放宽雄蜂脾两侧的蜂路。保持蜂群饲料充足，在蜂王产雄蜂卵时开始奖励饲喂，直到育王工作结束。

### （二）种用母群的选择和幼虫的获得

**1. 母群的选择** 通过全年的生产实践，全面考察母群种性和生产性能，侧重于繁殖力强、分蜂性弱、能维持强群以及具有稳定特征和最突出的生产性能。

**2. 母群的组织** 蜂群应有充足的蜜粉饲料和良好的保暖措施。在移虫前1周，将蜂王限制在巢箱中部充满蜂儿和蜜粉的3张巢脾的空间，在移虫前4天，用1张适合产卵和移虫的黄褐色带蜜粉的巢脾将其中1张巢脾置换出来，供蜂王产卵。

### （三）育王蜂群的选择、组织和管理

**1. 选择育王群** 挑选有13框蜂以上的高产、健康强群，各型和各龄蜜蜂比例合理，巢内蜜粉充足。父群和母群均可作为育王蜂群利用。

**2. 组织育王群** 在移虫前1～2天，先用隔王板将蜂巢隔成2区，一区为供蜂王产卵的繁殖区，另一区为幼王哺养区，养王框置于哺养区中间，两侧置放小幼虫脾和蜜粉脾。在做此工作的同时，须除去自然王台。

**3. 管理育王群** 哺育群以适当蜂多于脾，在组织后的第7天检查，除去所有自然王台。每天傍晚喂0.5千克的糖浆，直喂到王台全部封盖。在低温季节育王，应做好保暖工作，高温季节育王则需遮阳降温。

## 二、人工育王

为获得个体较大的蜂王，采取三次移虫养王法培育新王。本法是通过三次移虫来培养处女蜂王，第一次移虫为当天早上，第二次移虫在第二天下午，第三次移虫在第三天早上进行。第一次移1日龄幼虫，第二、第三次移虫移刚孵化（卵由直立到躺倒

时）的幼虫。

### （一）育王准备

**1. 育王时间**　一年中第一次大批育王时间应与所在地第一个主要蜜源泌蜜期相吻合，例如，在河南省养蜂（或放蜂），采取油菜花盛期育王，末期把蜂王更换，蜂群在刺槐开花时新王产子。而最后一次集中育王应与防治蜂螨和培养越冬蜂相结合，可选在最后一个主要蜜源前期，泌蜜盛期组织交尾蜂群，花期结束，新王产卵，防治蜂螨后开始繁殖越冬蜂。其他时间保持蜂场总群数5%的养王（交尾）群，坚持不间断地育王，及时更换劣质蜂王或分蜂。

**2. 工作程序**　在确定了每年的用王时间后，依据蜂王生长发育历期和交配产卵时间，安排育王工作，见表4-3。

**表4-3　人工育王工作程序**

| 工作程序 | 时间安排 | 备注 |
| --- | --- | --- |
| 确定父群 | 培育雄蜂前1～3天 | |
| 培育雄蜂 | 复移虫前15～30天 | |
| 确定、管理母群 | 三次移虫前7天 | |
| 培育养王幼虫 | 三次移虫前3.5～4天 | |
| 初次移虫 | 二次移虫前30小时 | 移其他健康蜂群的1日龄幼虫（数量为200%） |
| 二次移虫 | 初次移虫后30小时 | 移其他健康蜂群的刚孵化（由竖立的卵刚躺倒的）小幼虫（数量为200%） |
| 三次移虫 | 二次移虫12小时后 | 移种用母群的刚孵化（由竖立的卵刚躺倒的）小幼虫（数量为200%） |
| 组织交尾蜂群 | 三次移虫后9天 | 亦可分蜂（数量为200%） |
| 分配王台 | 三次移虫后10天 | |
| 蜂王羽化 | 三次移虫后12天 | |
| 蜂王交尾 | 羽化后8～9天 | |
| 新王产卵 | 交尾后2～3天 | |
| 提交蜂王 | 产卵后2～7天 | |

**3. 育王记录**　人工育王是一项很重要的工作，应将育王过

程和采取的措施详细记录存档（表 4 - 4），以提高育王质量和备查。

**表 4 - 4　人工育王记录表**

| 父系 | | | 母系 | | 育王群 | | | 移虫 | | | | | | 交尾群 | | | | 完成日期 |
|---|---|---|---|---|---|---|---|---|---|---|---|---|---|---|---|---|---|---|
| 品种 | 蜂王编号 | 育雄日期 | 品种 | 蜂王编号 | 品种 | 群号 | 组织日期 | 移虫方式 | 日期 | 时刻 | 移虫数量 | 接受数量 | 封盖日期 | 组织日期 | 分配台数 | 羽化数量 | 新王数量 | |
| | | | | | | | | | | | | | | | | | | |
| | | | | | | | | | | | | | | | | | | |

**（二）操作规程**

**1. 制造蜡质台基**　人工育王使用塑料或蜡质台基。蜡质台基的制作方法：先将蜡棒置于冷水中浸泡半小时，选用蜜盖蜡放入熔蜡罐内（罐中可事先加少量水）加热，待蜂蜡完全熔化后，把熔蜡罐置于约 75℃的热水中保温，除去浮沫。然后，将蜡棒甩掉水珠并垂直浸入蜡液 7 毫米处，立即提出，稍停片刻再浸入蜡液中，如此 2～3 次，浸入的深度一次比一次浅。最后把蜡棒插入冷水中，提起，用左手食、拇二指压、旋，将蜡台基卸下备用（图 4 - 21）。

图 4 - 21　制造蜡质台基
（张中印　摄）

**2. 黏装蜂蜡台基**　取 1 根筷子，端部与右手食指挟持蜂蜡台基，并使蜡台基端部蘸少量蜡液，垂直地黏在台基条上，每条 10 个为宜（图 4 - 22）。

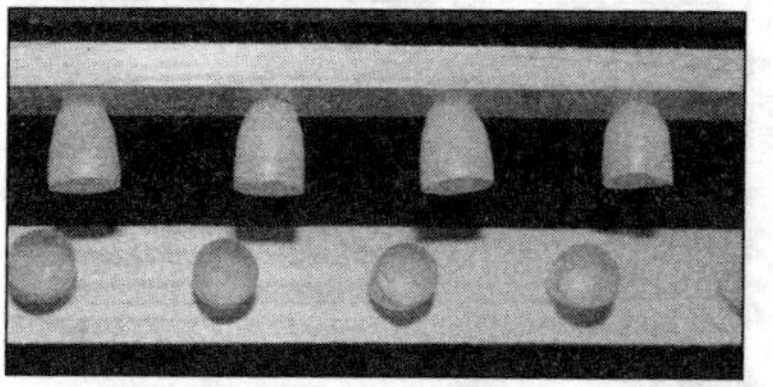

图 4-22　粘装蜂蜡台基

（张中印　摄）

**3. 修补蜂蜡台基**　将黏装好的蜂蜡台基条装进育王框中，再置于哺育群中 3～4 小时，让工蜂修正蜂蜡台基近似自然台基，即可提出备用。利用塑料台基育王，须在蜂群修正 12 个小时左右。

**4. 移虫**　从种用母群中提出 1 日龄内的虫脾，左手握住框耳，轻轻抖动，使蜜蜂跌落箱中，再用蜂扫扫落余蜂于巢门前。虫脾平放在木盒中或隔板上，使光线照到脾面上，再将育王框置其上，转动待移虫的台基条，使其台基口向上斜外，其他台基条的蜡台基口朝向里。

采用三次移虫的方法，移取种用幼虫前 42 小时，需从其他健康蜂群中移 1 日龄幼虫，并放到养王群中哺育，第二天下午取出，用消毒和清洗过的镊子夹出王台中的幼虫，操作时不得损坏王浆状态，随即将其他健康蜂群中刚孵化幼虫移入，第三天早上，取出小幼虫，将种群刚孵化的小幼虫移到王台中原来幼虫的位置。

第一次移虫选择巢房底部王浆充足、有光泽、孵化约 24 小时的工蜂幼虫房，将移虫针的舌端沿巢房壁插入房底，从王浆底部越过幼虫，顺房口提出移虫针，带回幼虫，将移虫针端部送至蜡台基底部，推动推杆，移虫舌将幼虫推向台基的底部，退出移虫针。

移虫结束，立即将育王框（图 4-23）放进哺育群中。

## （三）大群交尾管理措施

交尾场地须开阔，蜂箱置于地形地物明显处（图 4-24）。在蜂箱前壁贴上黄、绿、

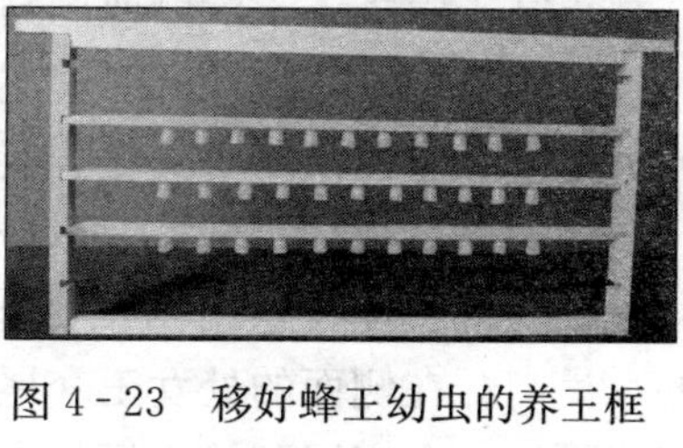

图 4-23　移好蜂王幼虫的养王框

（张中印　摄）

蓝、紫等颜色，帮助蜜蜂和处女王辨认巢穴，而附近的单株小灌木和单株大草等，都能作为交尾箱的自然标记。

图 4-24 育王场
（薛运波 摄）

**1. 组织交尾群** 利用原蜂群（生产群）作交尾群，多数与防治蜂螨或生产蜂蜜时的断子措施相结合，须在介绍王台前的 1 天下午提出原群蜂王，第 2 天介绍王台，上下继箱各介绍 1 个王台，分别从下巢门和上巢门（继箱下沿隔王板上的巢门）介绍。

大群作交尾群，蜂王交配时间会延迟 2～3 天。

**2. 分配王台** 移虫后第 10 或第 11 天为介绍王台时间，两人配合，从哺育群提出育王框，不抖蜂，必要时用蜂刷扫落框上的蜜蜂。一人用薄刀片紧靠王台条面割下王台，一人将王台镶嵌在蜂巢中间巢脾下角空隙处。在操作过程中，防止王台冻伤、震动、倒置或侧放。

**3. 检查管理** 介绍王台前开箱检查交尾群中有无王台、蜂王，3 天后检查处女蜂王羽化和质量；处女蜂王羽化后 6～10 天，在上午 10 时前或下午 17 时后检查处女王交尾或丢失与否，羽化后 12～13 天检查新王产卵情况，若气候、蜜源、雄蜂等条件都正常，应将还未产卵或产卵不正常的蜂王淘汰。

严防盗蜂，气温较低对交尾群进行保暖处置，高温季节做好通风遮阳工作，傍晚对交尾群奖励饲喂促进处女蜂王提早交尾。

### （四）小群交尾管理措施

在分区管理中，用闸板把巢箱分隔为较大的繁殖区和较小的、巢门开在侧面的处女王交尾区，并用覆布盖在框梁上，与繁殖区隔绝。在交尾区放 1 框粉蜜脾和 1 框老子脾，蜂数 2 脾，第

2 天介绍王台。

用一只标准郎氏巢箱 1 分 4 组织交尾群，在介绍王台前 1 天的午后进行，蜂巢用闸板隔成 4 区，覆布置于副盖下方使之相互隔断，每区放 2 张标准巢脾，东西南北分别方向开巢门。从强群中提取所需要的子、粉、蜜脾和工蜂，以 5 000 只蜜蜂为宜。除去自然王台后分配到各专门的交尾区中，并多分配一些幼蜂，使蜂多于脾。

## 三、提交蜂王

利用大群交尾管理法，一次育王交尾成功率一般在原有蜂群数量的 125%以上。蜂王育成后及时淘汰劣质蜂王，蜂群进入正常的繁殖状态。

如果是专用交尾箱新王已产卵，对质量合格的蜂王及时交付生产蜂群或繁殖蜂群。及时淘汰劣质蜂王。

### （一）优选蜂王

优质蜂王产卵量大、控制分蜂的能力强，从外观判断，蜂王体大匀称、颜色鲜亮、行动稳健。除遗传因素外，在气候适宜和蜜源丰富的季节，采取种王限产，使用大卵养虫，三次移虫养王，强群限量哺养，保证种王群、哺育群食物优质充足，可培育出优良的蜂王。

### （二）装笼邮寄

通过购买和交换引进蜂王，推广良种，需要把蜂王装入邮寄王笼里邮寄，用炼糖作为饲料，正常情况下，路程时间在 1 周左右是安全的。

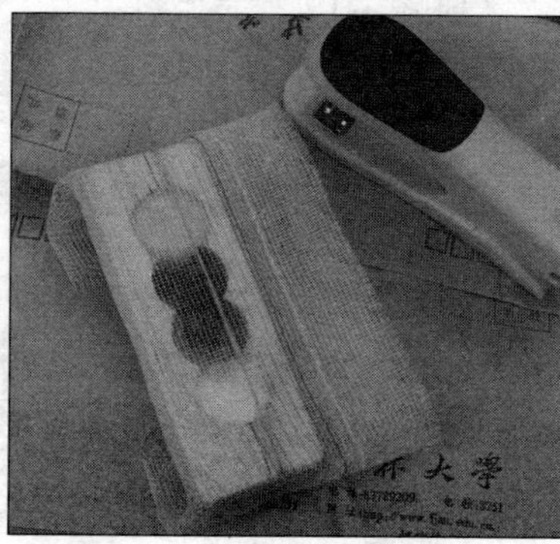

图 4-25 喂水蜂王邮寄法

（张中印 摄）

**1. 喂水邮寄** 王笼一端装炼糖，炼糖上面盖 1 片塑料，另一端塞上脱脂棉，向脱脂棉注水半饮料瓶盖。将蜂王和7只年青工蜂装在中间两室，然后套上纱袋，再用橡皮筋固定，最后装进牛皮纸信封中，用快递（集中）投寄（图4-25）。

图4-26　无水蜂王邮寄法
（张中印　摄）

**2. 无水邮寄**　王笼两侧凿开2毫米宽的缝隙，深与蜜蜂活动室相通，一端装炼糖，炼糖上部覆盖一片塑料，中间和另一端装蜂王和6～7只年青工蜂，然后用铁纱网和订书针封闭，再数个并列，用胶带捆绑四面，留侧面透气，最后固定在有穿孔的快递盒中邮寄（图4-26）。

## 四、更换蜂王

接到蜂王后，首先打开笼门，将王笼中的工蜂放出，然后关闭笼门，再将王笼贮备炼糖的一端朝上，最后把邮寄王笼置于无王群相邻两巢脾框耳中间（图4-27），3天后无工蜂围困王笼时，再放出蜂王。

图4-27　导入蜂王
（张中印　摄）

也可将蜂王装进竹丝王笼中，用报纸裹上2～3层，在笼门一侧用针刺出多个小孔，然后抽出笼门的竹丝，并在王笼上下孔注入几滴蜂蜜，最后将王笼挂在无王群的框耳上，3 天后取出王笼。

在导入蜂王之前，须检查蜂群，提出原有蜂王，并将王台清除干净。

对于贵重蜂王导入蜂群，可在正常蜂群的铁纱副盖上加继箱，从他群抽出正出房的子脾 2 张，清除蜜蜂后放进继箱中央，随即将蜂王放在巢脾上，盖上副盖、箱盖，另开异向巢门供出入，注意保温。

放出蜂王后，如果发现工蜂围王，应将围王蜂团置于温水中，待蜜蜂散开，找出蜂王。如果蜂王没有死亡或受伤，就采取更加安全的方法再次导入蜂群。

# 第五章 蜜蜂授粉技术

经过长期的进化及现代农业的发展，蜜蜂已成为最主要的授粉昆虫，在农作物授粉中起主导作用，是现代农业不可或缺的一部分。此外，熊蜂、壁蜂、切叶蜂也是重要的授粉昆虫。

## 第一节 蜜蜂授粉概况

### 一、蜜蜂授粉优势地位

现代研究表明，在荔枝、柑橘、苹果、樱桃、桃、梅、梨等大面积果树栽培区，蜜蜂担负了75%～80%的授粉工作，1981年Ganive报道，为苏联新西伯利亚黄香草木樨授粉的昆虫中，蜜蜂占90%以上。在以风、水为动力授粉的植物中，多数也被蜜蜂光顾，如杨树、柳树、水稻、板栗、玉米、栎树、栲树等。

蜜蜂具有个体小、数量多、善运动和专门从植物花朵中寻觅食物等特点，授粉效率远远高于其他动物媒介，而植物只需分泌一定数量的花蜜、散发有限的花粉作为蜜蜂的报酬，就可以诱导它不停地访问，并保证授粉充分。

目前，在我国为植物授粉的还有野生的大蜜蜂、黑大蜜蜂、小蜜蜂、黑小蜜蜂，它们是植物的自由授粉者。用于商业授粉的昆虫还有熊蜂和壁蜂等，它们是蜜蜂的近亲，是授粉昆虫的重要成员，对某些植物（如茄子、番茄等）在特定环境条件下（如活动受到限制的温室、低温等），它们的参与将使授粉更加完美。

### (一) 植物的进化

蜜蜂与植物的合作，蜜蜂得到了食粮，植物得到了授粉，而人类得到了甜蜜和果实。有花植物通过付给报酬——花蜜和花粉招引蜜蜂，并根据付出报酬的多少、花朵的结构等来选择授粉者。

**1. 香气与颜色**　不同植物花朵散发出特殊的气味，分别吸引喜芳香气味的或喜恶臭气味的昆虫为之授粉。在白天开放的花色彩鲜艳，多为黄、蓝、紫、白（能反射紫外线）等颜色，吸引蜂类和蝶类；夜间开放的多是纯白色，只被在夜间活动的蛾类识别。

**2. 花蜜与花粉**　有花植物的蜜腺分布在花的各个部位，它们分泌的花蜜是蜜蜂必不可少的能量报酬，而花药散出的花粉则是蜜蜂生长必不可少的蛋白质来源。

有花植物总是尽量付出较少的营养和能量，一方面保证授粉者的生活，另一方面促使其不停地来访，以获得充分的授粉效果。虫媒植物和授粉昆虫在长期的协同进化过程中，最终达到了授粉和取食的平衡。虫媒植物的分布、开花季节、开花时间等也跟昆虫在自然界中的分布和活动规律有着密切关系，体现了动物和植物之间的相互联系和相互影响。

**3. 结构的演变**　虫媒植物花的大小、结构和蜜腺位置等，都与授粉昆虫的大小、体形和行为密切相关。蜜蜂对鼠尾草的授粉则是天作之合（图 5-1）。深花冠植物的花蜜，只有被有长吻的蝶类、蛾类或蜂鸟吮吸，蜜蜂的努力则是徒劳的。

总之，经过长期的自然选择，被子植物产生了鲜艳的花色，给光顾者提供醒目的标志，有些花还散发出芳香的气味引导来访者，最主要的是花蕊基部还分泌出香甜而又营养丰富的花蜜以飨授粉者。植物花的进化趋势，总是适应于招徕授粉者对自身的访问，从而带来花粉。

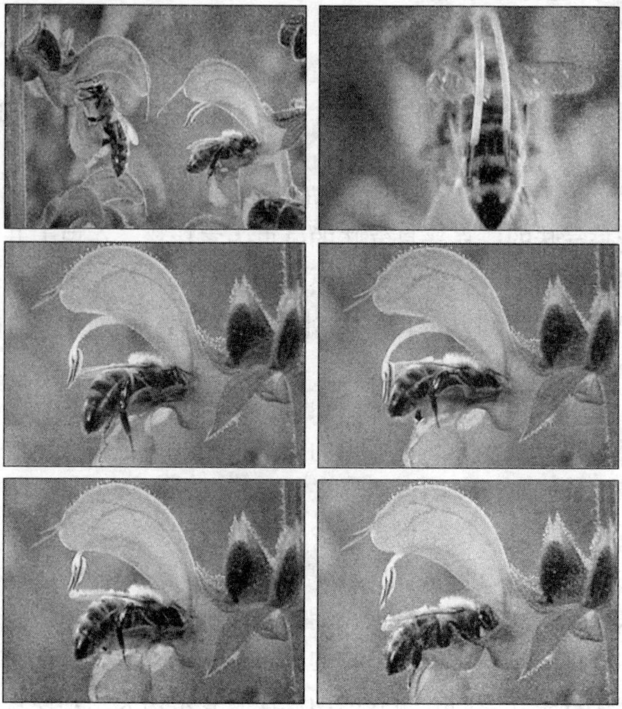

图 5-1　蜜蜂与鼠尾草——采蜜与授粉合作的典范

（引自《微观世界》）

## （二）蜜蜂的适应

蜜蜂在形态结构、行为习性等方面都有利于为植物授粉。

**1. 形态结构**　蜜蜂的口器为嚼吸式，吸食花蜜并暂时贮藏于蜜囊（前胃）中；周身密布分支叉的绒毛，对黏附花粉极为有利；后足特化为花粉篮以存放携带花粉等。据计算，1 只蜜蜂周身所携带的花粉可达 500 万粒，卸下花粉团后仍可达 1 万～2.5 万粒，远远超过其他昆虫。

**2. 行为习性**

（1）运动快速：蜜蜂飞行迅速，意蜂载重飞行的速度为20～

24 千米/小时，在离巢穴 2.5 千米的范围内活动，领地面积近 2 000公顷。

一只蜜蜂在一次采集中可连续访花上百朵乃至数百朵。当蜜蜂从这朵花转到另一朵花上采集时，授粉工作便随之完成。

（2）信息灵通：蜜蜂在访花时会在花上留下特有的气味，并能保持一段时间，告知其他蜜蜂该花近期已被光顾。蜜蜂还能利用舞蹈表达所发现蜜粉源的量、质、距离以及方位等，带领伙伴共同采访，大大提高了群体访花授粉的效率。

（3）专食蜜粉：蜜蜂在长期的进化过程中，形成了专以花粉和花蜜为食的特性，这就使蜜蜂的户外活动都在花上进行。据观察，1 只蜜蜂每次采粉约访梨花 84 朵或蒲公英 100 朵，历时 6～10 分钟，猎取花粉 12～29 毫克，每日采粉 6～8 次。

（4）群居生活：蜜蜂是社会性昆虫，每群蜜蜂可达 5 万～6 万只，尤其是在春天，当油菜、果树等农作物开花时，蜜蜂具有数量上的绝对优势，能有效地进行授粉活动。设施农业的授粉更离不开蜜蜂。

（5）采集专一：蜜蜂在一次采集飞行中，只采集同一种植物的花粉和花蜜，并且持续在整个花期，这种特性，对于保持植物物种的稳定性是非常重要的。同时，在某一时间段内，一群蜜蜂的绝大多数个体具有采访相同植物花的特性，所以蜜蜂的授粉准确、高效，更具有商业价值。

（6）食物贮存：蜜蜂有临时贮藏花蜜用的蜜囊和装载花粉的花粉篮，蜂巢更是贮存蜂蜜、花粉的大仓库，其容量可达 50 千克以上。这些条件，可促使蜜蜂长期不知厌倦地从事采集工作，不停地为植物授粉，给花儿做红娘。据计算，酿造 1 千克蜂蜜，蜜蜂需要访花 500 万朵。而 1 群蜜蜂，每年所生产的蜂蜜（包括蜜蜂本身消耗的）不下 100 千克，可见其访花数目达数亿朵。

**3. 数量多、分布广**　据世界养蜂者联合会统计，全世界人工饲养的蜜蜂约有 5 000 万群，强盛时期约有蜜蜂 $2.5\times10^{12}$只，是一个非常庞大的群体。

蜜蜂的社会性群体生活，具有很强的适应性，从北极到赤道，蜜蜂遍及地球上所有的农业区，由此奠定了蜜蜂是农作物的基本授粉昆虫，尤其是春天，蜜蜂具有其他昆虫不可替代的授粉地位。

**4. 可饲养、易控制**

（1）可饲养：蜜蜂是人类饲养的最小且最多的动物，只要环境适宜，分蜂群能在野外生存，收捕回来的野生蜂群很快适应人工饲养下的生活方式。

（2）可运移：蜜蜂日出而作、日落而息，现代养蜂可以安全地把蜂群运送到5千米以外任何需要的地方去授粉、采蜜，并保证授粉的有效性，蜜蜂也能适应这种追花夺蜜的生产习惯。

（3）可训练：利用蜜蜂的条件反射，将需要授粉植物花朵浸泡的糖浆喂蜂，可以引导其为该种植物授粉。这对泌蜜量小、花色和气味处于劣势的植物非常有利，尤其是在有其他开花植物竞争授粉昆虫时显得更为重要。例如，利用蜜蜂为萝卜制种植株授粉，在附近有油菜或泡桐开花时，就必须对蜜蜂加以训练、诱导，否则，授粉将会失败。

（4）范围广：适于蜜蜂授粉的作物种类多，绝大多数的虫媒作物依赖蜜蜂授粉。蜜蜂属昆虫，可充分为豆科、蔷薇科、十字花科、葫芦科、蓼科、睡莲科、芸香科、无患子科、锦葵科、山茶科、猕猴桃科、桃金娘科、柿树科、鼠李科、旋花科等作物授粉，利用蜜蜂为风媒作物水稻授粉可提高产量。

另外，利用蜜蜂授粉还有不伤花器、高效的优点。

**5. 成本低，效益高**　利用蜜蜂授粉能取得明显的经济效益，而投入成本却相当低廉。我国20世纪末，蜜蜂被租赁用于授粉的报酬，在网棚或温室的约50元左右，大田的更少，蜂农仅从授粉植物上收获蜂产品。蜜蜂对各种作物授粉产生的效益，可采用 Willard S. Robinson 的公式 5-1 计算。

$$V_{hb}=V_x D_x P \quad 而 D_x=(Y_o-Y_c)/Y_o \qquad (5-1)$$

式中：$V_x$——每年蜜蜂为作物授粉而产生的价值；

$D_x$——作物对昆虫授粉者的依赖性；

$P$——作物有效授粉昆虫中蜜蜂所占的比例；

$Y_o$——开放授粉区作物的产量或罩网有蜂区作物的产量；

$Y_c$——无昆虫小区的产量。

## 二、蜜蜂授粉增产效果

经过蜜蜂授粉的作物，由于授精充足，提高了坐果率，调动了营养输送活力，因而增加了产量，改善了品质。

### （一）增加产量

蜜蜂在采蜜时，也给植物传送了花粉，使农作物、油料、果树、蔬菜和牧草等增产。试验表明，蜜蜂授粉可使荔枝增产25%～30%，柑橘增产35%，瓜类增产50%～60%（图5-2），荞麦增产100%，牧草种子增产100%～200%。由蜜蜂授粉所增产的价值要比蜂产品本身收入高100倍，因此，蜜蜂被誉为“农业之翼”。

根据美国农业部的调查报告，1998年美国用于授粉的蜜蜂有250万群，使农作物增产146亿美元。法国利用蜜蜂授粉，每年农作物增产的价值约为5 000万法郎。1976—1978年，大连市利用蜜蜂为苹果授粉，产量提高5万吨，增加收入1 200万元，节省劳力100万人次。1990年，全国油菜经过蜜蜂授粉后，增产菜子5万多吨，产值1亿元；向日葵由蜜蜂授粉后，增产效果相当于扩大种植面积20

图5-2　大田南瓜蜜蜂授粉果实

（引自 Bryan H Smith）

万公顷，按每公顷 1 500 元的最低收入计算，总产值 3 亿多元。据测算，我国每年通过授粉使农作物增产产值达 500 亿元。表 5-1是国内利用蜜蜂授粉增产的结果，表 5-2 是国外利用蜜蜂授粉创造的价值。

**表 5-1　国内蜜蜂授粉结果**

| 作物名称 | 增产效果（%） | 试验单位 |
|---|---|---|
| 苕子 | 700 | 中国蜜蜂研究所 |
| 柑橘 | 30.1～40.9 | 浙江大学 |
| 大豆 | 92 | 黑龙江省拜泉县三道镇 |
| 紫云英 | 62 | 浙江省宁波市鄞州区姜山镇 |
| 棉花 | 38 | 中国蜜蜂研究所 |
| 柳橙 | 35 | 西南大学 |
| 向日葵 | 34 | 中国蜜蜂研究所；黑龙江省牡丹江农科所 |
| 荞麦 | 25～64 | |
| 香梨 | 32.8 | 新疆巴州种蜂场 |
| 油菜 | 19～37 | 中国蜜蜂研究所；浙江大学 |

**表 5-2　国外蜜蜂授粉结果**

| 作物名称 | 增产（%） | 试验国 | 作物名称 | 增产（%） | 试验国 |
|---|---|---|---|---|---|
| 洋葱 | 800～1 000 | 罗马尼亚 | 律草属苜蓿 | 100 | 捷克、美国 |
| 醋栗 | 700 | 美国 | 黄瓜 | 76 | 美国 |
| 扁桃 | 600 | 美国 | 野豌豆 | 74～229 | 美国 |
| 紫花苜蓿 | 300～400 | 美国 | 红苜蓿 | 52 | 匈牙利 |
| 甜瓜 | 200～500 | 匈牙利/俄罗斯/美国 | 荞麦 | 43～60 | 俄罗斯 |
| | | | 亚麻 | 23 | 俄罗斯 |
| 阿拉斯加苜蓿 | 200～400 | 美国 | 向日葵 | 20～64 | 加拿大 |
| 樱桃 | 200～400 | 德国/美国 | 棉花 | 18～41 | 美国 |
| 苹果 | 209 | 匈牙利 | 野草莓 | 15～20 | 英国 |
| 树莓 | 200 | 瑞典 | 大豆 | 14～15 | 美国 |
| 西瓜 | 170 | 美国 | 油菜 | 12～15 | 德国 |
| 梨 | 107 | 意大利 | 芜菁 | 10～15 | 德国 |

### （二）提高品质

经过蜜蜂授粉的作物，其含糖量、出油率、棉绒长度等品质指标都有不同程度的提高，种子数量增加，果形圆实（图5-3）。

图5-3　蜜蜂授粉结的枇杷和石榴

（引自 www.gg88.net；www.guacai.org.cn）

龚一飞在福州魁岐农场用蜜蜂为胜利油菜（*Brassica napella* Chaix）大田授粉对比试验。试验结果显示，隔绝虫媒区的种子出油率为套笼放蜂区的86.94%。浙江大学的试验表明，蜜蜂授粉区比无蜂授粉区油菜子出油率提高10%。中国蜜蜂研究所试验证明，有蜂区比无蜂区的棉花棉绒长度增加8.6%，而且有蜂区的棉花纤维有光泽、质地好。

## 三、蜜蜂授粉作物种类

大凡异花授粉和部分自花授粉植物，无论大田栽培还是设施种植的作物，经蜜蜂授粉后都可提高产量和品质。适合蜜蜂授粉的植物很多，与人类有密切关系的主要有：

**1. 瓜类**　西瓜、甜瓜、哈密瓜、黄瓜、南瓜、冬瓜、西葫芦、苦瓜、丝瓜等。

**2. 果树**　苹果、梨树、柳橙、杏树、猕猴桃、桃树、油桃、柑橘、金沙李、锦橙、荔枝、龙眼、李（子）、樱桃、柿树、草莓、柠檬、枣树、石榴、芒果、杨桃、木瓜、梅（树）等。

**3. 作物** 油料作物有向日葵、油菜、油茶、油葵、棕榈、芝麻、大豆等；蔬菜类有葱、甘蓝、胡萝卜、芥菜、芜菁、萝卜、白菜、韭菜、番茄、辣椒、茄子等；粮食作物有荞麦、水稻等；经济作物有天麻、棉花、亚麻、咖啡、烟叶、茶叶等。

**4. 药材** 党参、丹参、夏枯草、苦参、桔梗、枸杞、益母草、薄荷、牛膝、黄连等。

**5. 牧草** 苜蓿、三叶草、苕子、紫云英、砂仁、田菁、豆蔻、草木樨、紫穗槐、沙打旺、野豌豆等。

## 第二节 蜜蜂授粉要点

### 一、大田作物蜜蜂授粉技术要点

在开花期，将蜂群运到田间或果园，蜜蜂随机为作物授粉。所需要蜂群数量依作物种类、面积等决定。

大田授粉，除自养蜂群授粉外，一般都和养蜂生产相结合，由养蜂人员根据农作物特点和种植主的需要，提供和管理授粉蜂群，相互之间形成互惠或租赁关系。

#### （一）蜂群配置

**1. 蜂群数量** 为大田作物授粉所需蜂群的数量，取决于蜂群的群势、授粉作物的种类、种植密度、面积及分布、花的数量、花期及长势等。根据实践经验，如果授粉作物是500亩以上连片分布的，那么1个15框蜂的意蜂强群可承担的授粉面积大致如表5-3所列。

**表5-3 15框蜂/群有效授粉面积** 单位：亩

| 作物 | 向日葵 | 棉花 | 紫云英 | 瓜类 | 草木樨 | 苕子 | 牧草 | 荞麦 | 油菜 | 果树 |
|---|---|---|---|---|---|---|---|---|---|---|
| 面积 | 10～15 | 10～15 | 4～5 | 7～10 | 3～4 | 4～5 | 4～5 | 6～9 | 4～6 | 5～6 |

在早春，由于蜂群正处于增殖阶段，群势较弱，所以应适当

减少承担的面积；如果作物分布较零星、分散，也应适当增加蜂群数。

中蜂耐寒力强，在早春和高纬度、深山区为果树授粉，利用中蜂更为适宜。

**2. 授粉时间**　对蜜蜂竞争力强的植物，如荔枝、龙眼、向日葵、荞麦、油菜等泌蜜丰富，可提前2天把蜜蜂运到场地；对蜜蜂竞争力弱的，须待花开一定数量后再进场，如梨树花开25%时把蜂群运到场地；紫花苜蓿花开10%运进一半的授粉蜂群，7天后运进另一半；而甜樱桃、杏等则花开就应把蜂群送到。

**3. 蜂群布局**　蜜蜂飞行范围虽然很大，但距离作物越近，授粉也就越充分，飞行时能量的消耗也越少。因此，如果授粉作物面积不大，蜂群可布置在作物田的任何一边；如果面积在700亩以上，或地块长达2千米以上，则应将蜂群布置在地块的中央和两端，使蜜蜂从蜂箱飞到作物田的任何一部分，距离不超过500米，授粉蜂群以10～20群为1组，分组摆放，并使相邻组的蜜蜂采集范围相互重叠（图5-4）。

图5-4　蜜蜂为大田苹果授粉

（杜开书　摄）

另外，蜂群一般摆放在需要授粉植物的北面，使巢门正对着植物。

## （二）蜂群管理

**1. 繁殖适龄授粉蜜蜂**　蜂群在进入授粉前第45天到结束前30天，视蜜源的丰歉，适当奖励饲喂，繁殖适龄授粉工蜂，条件许可的更新蜂王。

早春为杏、梨、桃、苹果等授粉，应选择5框以上的无病强群，保持蜂多于脾，繁殖和授粉兼顾，做好保温、喂水和奖励饲喂工作。

**2. 脱粉、繁殖促进授粉** 蜂群进入场地后，在采集的花蜜不够消耗时，应奖励饲喂，促进繁殖，花粉富余须及时脱粉（在花粉略有剩余时开始这项工作），蜜足取蜜，预防分蜂热，防止农药毒害。对于枣树等缺粉果树，应补充蛋白质饲料，对水稻等无蜜作物应饲喂糖水，以促进繁殖获得充分授粉。坚持箱内喂水。

**3. 训练蜜蜂积极授粉** 针对蜜蜂不爱采访某种作物的习性，或为了加强蜜蜂对某种授粉作物采集的专一性，在初花期至花末期，每天用浸泡过花瓣的糖浆饲喂蜂群。花香糖浆的制法：先在沸水中溶入相等重量的白糖，待糖浆冷却到 20～25℃时，倒入预先放有花瓣的容器里，密封浸渍 4 小时，然后进行饲喂，每群每次喂 100～150 克。第一次饲喂宜在晚上进行，第二天早晨蜜蜂出巢前，再喂一次。以后每天早晨喂一次。也可以在糖浆中加入香精油喂蜂。

美国梅耶 D. F. 制备的蜜蜂授粉诱引剂，含有信息素等物质，在空中喷洒，可分别提高苹果、樱桃、梨和李的坐果率为 6%、15%、44%和 88%。

### （三）作物管理

**1. 控制药害** 对授粉作物进行全面检查，需要时开花前预防病虫害，但禁止使用氧化乐果、敌敌畏等剧毒、残留期长的农药，施药后须捡拾出所有与农药有关的物品，待药味散尽后再运蜂进场。花期中授粉作物及周边同期开花作物不得施药。

**2. 配套授粉植株** 果树要适时修剪，每一行都应有等距离的授粉树，有些梨树在同一植株上嫁接授粉果枝。

作物制种授粉，与同类作物应相距 2.5 千米以上，或将制种作物网棚与外界隔离，蜜蜂在网棚中为其授粉，防止杂交。

**3. 授粉后的管理** 授粉作物必须水、肥充足，生长良好，铲除杂草；果树授粉后还应根据需要疏花疏果，加施肥料和灌水。

## 二、设施栽培蜜蜂授粉技术要点

据全国农业技术推广中心统计，1997 年我国已成为世界上蔬菜保护地种植面积最大的国家，共有 96 万公顷，园艺设施面积占全国蔬菜播种面积的 7.5%，其中，温室面积达 27 万公顷，塑料大棚有 69.185 万公顷。此外，温室油桃、瓜果的种植面积也在迅速增长，为了育种和商业上的需要，蜜蜂也被广泛地用来为设施栽培（棚室、温室）的作物授粉。经过对比试验，蜜蜂、人工授粉和喷洒激素对设施作物的影响见表 5-4。

**表 5-4 蜜蜂、人工授粉和喷洒激素（赤霉素）对设施作物的影响**

| 试验作物 | 试验处理 | 产量（千克） | 产值（元） | 成本（元） | 效益（元） |
|---|---|---|---|---|---|
| 大棚草莓 | 蜜蜂授粉 | 1 567.5 | 10 436.11 | 3 154 | 7 277.11 |
| | 无蜂授粉 | 1 024.2 | 6 448.48 | 2 959 | 3 489.48 |
| | 结果差别± | +543.3 | +3 987.63 | +195 | +3 787.63 |
| 大棚甜瓜 | 蜜蜂授粉 | 1 912.07 | 4 780.18 | 1 733 | 2 947.18 |
| | 喷洒激素 | 1 603.98 | 4 009.95 | 1 605 | 2 404 |
| | 结果差别± | +308.09 | +770.23 | +128 | +5 42.23 |
| 大棚西瓜 | 蜜蜂授粉 | 2 693.4 | 8 082.20 | 1 788 | 6 304.20 |
| | 喷洒激素 | 2 140.75 | 6 422.25 | 1 650 | 4 772.25 |
| | 结果差别± | +552.65 | +1 659.25 | +128 | +1 531.95 |
| 大棚西瓜 | 蜜蜂授粉 | 2 703.57 | 8 110.71 | 1 778 | 6 332.71 |
| | 人工授粉 | 2 100.10 | 6 300.30 | 1 635 | 4 665.30 |
| | 结果差别± | +603.47 | +1 810.41 | +143 | +1 667.41 |

### （一）组织蜂群

**1. 蜂群的数量** 蜜蜂为设施瓜菜授粉，3～5 脾足蜂/群，可承担 500～700 米$^2$ 的授粉面积，500 米$^2$ 以下的网棚或温室，需要 2 脾足蜂/群。

早春授粉，应在前年繁殖越冬蜂时准备好蜂群，喂足蜂蜜，保留适量花粉。

**2. 蜂群的质量** 在网棚或温室中，专用授粉蜂群群势以 3～4 脾足蜂为宜，与养蜂生产相结合或自养蜂群授粉，群势要达到 5～9 脾蜂，有大量幼蜂和封盖子。提前预防病虫害，大群应更新蜂王。蜂巢内始终保持充足的蜂蜜和适量的花粉，促进蜂群繁殖。

**3. 隔离老龄蜂** 在蜂群进入网棚或温室之前，选择晴天 10 点左右，将授粉蜂群搬移 3～10 米，飞出的外勤蜂飞往相邻箱中，傍晚调整授粉蜂群，使每箱有蜂 3～4 脾，蜂脾相称或蜂多于脾，以此措施减少蜜蜂撞击棚子死亡数量，提高授粉效果。

**4. 防止杂交** 对于制种作物，在蜂群进入温室或网棚授粉之前，应先把它们隔离 2～3 天，让蜜蜂清除体上的外来花粉，避免引起杂交。

### （二）配置蜂群

**1. 授粉时间** 对开花时间 10 天以上的果树或蔬菜，于开花时或有 10%花开后在傍晚将蜂群送入网棚或温室内；对花期短的果树，在开花前 5 天将蜂搬进场地。

**2. 布置蜂群** 在网棚或温室内，蜂群可以放在靠近作物、蜂路开阔、标志物明显又不过热的地方，也可以摆在室外，巢门通向室内。如果用 1 群蜂授粉，方形或长形的南北走向的网棚或温室，就将蜂群安放在作物田中间的位置；东西走向的温室或网棚，就将蜂群置于中间靠北面南的位置。如果用 2 群或 2 群以上蜜蜂，则将蜂群分散置于网棚或温室中。

用木架将蜂箱支高 30～80 厘米，如果蜂箱位置不明显或无标志物，可在箱前挂一块有色纸板，用来引导蜜蜂回巢。

### （三）蜂群管理

主要做好喂水、喂糖、保温、防毒、放风等工作。

**1. 加强繁殖，促进授粉**　进入网棚或温室授粉的蜂群，应加强繁殖，花粉不足则应补充，采进的花蜜不足，则应饲喂浸花糖浆，满足蜂群每天的消耗，糖水比 1∶0.7，并加热消毒。

**2. 坚持喂水**　网棚或温室内以箱内喂水为主，辅以水盆供水。水盆可悬挂在网室或棚室的梁上，并贴上黄色标志加以引导。

**3. 调整蜂脾关系**　授粉蜂群蜂脾比始终保持蜂多于脾，尤其是进室之前就要做好此项工作，授粉期间，若群势下降，及时抽出空脾。

**4. 减少蜜蜂撞伤死亡**　初进入网棚或温室中的蜜蜂，可用草帘、黑色塑料网遮蔽网棚或温室，让蜜蜂逐渐适应特殊的生活环境。

### （四）温室管理

**1. 预防毒害**　检查棚室缓冲间等，取出所有与农药有关的物品，待药味散尽再运蜂进棚（室）。

**2. 放风**　在下午 2 点以后给温室放风，通风口设在中下部。

**3. 控温调湿**　通过放风调节温室温度 15～35℃。

### （五）作物管理

**1. 预防用药**　放蜂前对授粉作物进行全面检查，需要时提前防治病虫害，防治的第二天中午放风，排出有毒气体。

**2. 正常管理**　授粉作物必须营养充足，生长良好，不作去雄处理，铲除杂草。果树要适时修剪，每一行都应有等距离的授粉树，授粉后根据需要疏花疏果，根据情况加施肥料和浇水。

**3. 注意事项**　网棚或温室中的作物，在水分、肥料、光照、通风、温度和湿度等生活条件要求与外界不同，均需要及时采取措施，使符合授粉植物果实的生长发育，否则会造成落果的可能性。

## 三、设施栽培熊蜂授粉技术要点

熊蜂对温室茄子、番茄授粉具有优势，果树管理、温室管理与“二、设施栽培蜜蜂授粉技术要点”一致，熊蜂的管理措施如下。

### （一）繁殖蜂群

首先在29℃上下的高温饲养室繁殖熊蜂蜂群至40只工蜂，并且拥有大量卵、虫、蛹；然后转入20℃左右的中温饲养室饲养；入室前3天，转入15℃左右的低温饲养室饲养，利用脱脂棉或碎纸屑适当保暖，供给花粉和糖水。

### （二）配置熊蜂

**1. 时间** 作物开花前1～2天，在傍晚时分将蜂群移到温室，第二天早晨打开巢门。

**2. 数量** 为设施茄果类、瓜果类、草莓类等开花较少的作物授粉，1群熊蜂（60只工蜂/群）可满足500～700米$^2$的普通日光温室授粉需要；对于大型连栋温室，按照1群熊蜂承担1 000米$^2$的授粉面积配置。

为设施桃、杏、樱桃、梨等开花较多的果树授粉，则按一个标准授粉群承担500平方米的面积配置。

**3. 摆放** 如果一个温室内放置1群蜂，蜂箱应放置在温室中部；如果一个温室内放置2群或2群以上蜜蜂，则将蜂群均匀置于温室中。为设施瓜果类、草莓类授粉，蜂箱放在作物垄间的支架上，支架高度30厘米左右；为设施果树类授粉，常把蜂箱挂在温室后墙上，巢门朝南，蜂箱高度与树冠中心高度基本保持一致。巢前蜂路开阔。

### （三）管理熊蜂

**1. 饲喂** 为桃、杏等花期集中且花粉较多的果树授粉时，熊蜂一般不需要补充饲喂食物。为草莓等花期较长且花粉较少的作物授粉时，需要饲喂花粉和糖水。饲喂花粉的方法与蜜蜂相同。饲喂糖水时，通常在蜂箱前面约1米的地方放置一个碟子，里面放置50%的糖水少许，每隔2天更换1次；同时，在碟子内放置一些秸秆，供熊蜂取食时攀附。

**2. 移箱**　为花期错开的果树授粉时，完成前一批果树授粉任务的熊蜂，可以继续为后一批开花的果树授粉。具体方法为：前一温室授粉结束时，在晚上熊蜂回巢后关闭巢门，然后将蜂箱移至新的温室，第二天早晨打开巢门即可。

**3. 更换蜂群**　一群熊蜂的授粉寿命为45天左右，为长花期的作物如番茄、草莓等授粉时，应及时更换蜂群，保证授粉效果。

**4. 检查蜂群**　蜂群活动正常与否，可以通过观察进出巢门的熊蜂数量来判断。晴天9时至11时，如果在20分钟内有8只以上的熊蜂进出蜂箱，则表明蜂群正常，反之开箱检查，及时处理或更换蜂群。

熊蜂授粉时，温室温度一般控制在15～25℃。

## 第三节　蜜蜂授粉实例

不同的种植条件有不同的授粉方法，不同作物所采取的授粉措施也各异，蜜蜂授粉除采取上述技术措施外，不同植物授粉的特殊性分述如下。

### 一、蔬菜类

#### （一）蔬菜类作物蜜蜂授粉基本措施

利用蜜蜂授粉的蔬菜主要有黄瓜、西葫芦、苦瓜、冬瓜、辣椒、甜椒、甘蓝、大白菜、花椰菜、萝卜、茄子、黄花菜和番茄等，基本授粉措施如表5-5。

**表5-5　蜜蜂为蔬菜授粉特点**

| 名称 | 蜂群授粉特点 | 结果和效益 | 备注 |
| --- | --- | --- | --- |
| 西葫芦 | 雌雄同株异花，蜜粉丰富。每亩放蜂1群，每群4脾蜂，花开进室，防烟防潮 | 平均增产22.1%，畸果少，无污染 | 温室种植 |

（续）

| 名称 | 蜂群授粉特点 | 结果和效益 | 备注 |
|---|---|---|---|
| 苦瓜 | 花期长，保证饲料，促进繁殖。每3亩放蜂1群，每群12脾蜂 | 坐果率达90％ | 温室种植 |
| 辣椒 | 花开进室，每6～7亩放蜂1群，每群12脾蜂 | 提高产量150％ | |
| 冬瓜 | 每30～40亩放蜂1群，每群12脾蜂，半径400～500米内设置一个放蜂点，初花期进场，花终退场 | 亩产量达万斤[①]，最大瓜重30千克。每群蜂生产冬瓜花蜜3～5千克和花粉2～3千克 | 大田授粉 |
| 大白菜 | 自交不育系，花开进棚，每棚放蜂1群，每群3脾蜂。箱中喂水，对花朵喷3％的盐水可提高产量 | 比人工授粉结荚率提高62.4％，单株产籽量提高9倍 | 网棚制种 |
| 花椰菜 | 每亩放蜂1群，每群3～4脾蜂，箱中喂水，遮阳，选幼蜂多的群提前进场 | 提高产量60％～112％ | |
| 萝卜 | 每2～3亩放蜂1群，每群12脾蜂，留种地远离泡桐和油菜地，开花时进场，用萝卜花糖浆喂蜂 | 蜜蜂与人工相比，每亩增加效益10 000余元 | 制种 |
| 甘蓝 | 异花授粉，对花朵喷3％的盐水可提高产量，防农药中毒。每亩放蜂1群，每群3～4脾蜂 | 成熟早，满荚率提高6.9％ | |
| 黄花菜 | 花开进场，每4～5亩放蜂1群，每群12脾蜂 | 提高结实率10倍左右 | |
| 黄瓜 | 雌、雄花同株，每亩放蜂1群，每群4脾蜂，喂糖、喂粉，防潮、防毒，开花时进场 | 产量增加20％以上，标准瓜率70％以上 | 温室 |

注：1脾蜂约有意蜂2 500只，中蜂3 000只，无特别注明，均指意蜂。

## （二）蜜蜂为温室黄瓜授粉增产效果

**1. 授粉时间与地点**　1997年1月，蜜蜂授粉在山西省交城县洪相乡的3栋温室进行，3栋温室分别记号为A、B、C。温室结构为钢、竹混合支架，拱圆形，塑料棚顶日光节能温室，跨度

注：[①]斤为非法定计量单位。1斤＝500克。

6 米，脊高 3 米。

**2. 授粉对象和蜂群**　意大利（越冬）蜂群，巢内有饲料，蜂王未产卵。黄瓜品种为山东新泰密刺，用黑子南瓜嫁接的冬春茬黄瓜。

**3. 方法与评判标准**　用尼龙纱网将每栋温室从中部隔开，分为蜜蜂授粉区和无蜂对照区，两区在土壤、温度、湿度、放风、水肥和瓜苗管理一致。蜜蜂授粉区放风口用纱网罩住，防止蜜蜂飞离温室，蜂群于 1 月 12 日搬进温室，1 月 20 日蜜蜂活动基本正常，开始访花授粉。

在 3 栋温室的蜜蜂授粉区和无蜂对照区中部，分别选苗期长势比较一致的 10 行黄瓜作为比照，2 月 8 日～24 日，记录每次采摘的黄瓜重量和黄瓜个数，并对其进行优劣分类。劣质瓜定义为弯曲的、大头的或其他畸形瓜、病瓜；标准瓜定义为直形瓜，瓜长 20 厘米以上，瓜重 75 克以上的无病害瓜；盛花标准为花冠全部展开，颜色鲜艳，花萼和花冠尚未完全分开。

1 月 28 日在 A 温室随机选择当天盛花 98 朵，蜜蜂授粉区和无蜂对照区各 49 朵，用白布条标记。2 月 9 日统一采摘。

在 3 栋温室中，1 月 28 日随机选择当日盛花 100 朵，蜜蜂授粉区和无蜂对照区各 50 朵，用白布条做标记，当天测量每一朵花的子房长度，2 月 9 日统一测量每一个瓜的长度。单瓜平均日增长长度用两次测量差除以生长天数来表示。

在 C 温室中，1 月 28 日随机在蜜蜂授粉区和无蜂对照区各选 50 朵当日盛花，用白布条标记。菜农根据市场需求决定采摘时间，逐日记录采摘瓜数和每个瓜重（日增瓜重除以总生长天数）。

**4. 授粉结果与分析**　记录数据和统计表明，利用蜜蜂给日光温室中的黄瓜授粉：①劣质瓜率降低 9.87%，标准瓜率提高 51.02%；②坐瓜数提高 20.21%，采收瓜数提高 27.65%；③单瓜日增长长度提高 19.07%，单瓜日增长瓜重提高 26.94%；

④黄瓜前期产量提高35.20%。

## 二、瓜果类

### （一）瓜果类作物蜜蜂授粉基本措施

蜜蜂为西瓜、甜瓜等授粉，可提高产量和品质，减少畸形果率，提早上市，综合效益显著。蜜蜂授粉特点如表5-6。

**表5-6　蜜蜂为瓜类授粉特点**

| 瓜名 | 蜜蜂授粉特点 | 结果和效益 | 备注 |
| --- | --- | --- | --- |
| 西瓜 | 雌、雄花同株。每5～10亩放蜂1群，每群12脾蜂，蜂群摆放在瓜园250米以内，10～20群一组，每组相距500米，在第三朵雌花开前2天搬进一半，一周后搬进另一半 | 产量提高10%以上，甜度增加，提前1周成熟。每群蜂可采西瓜蜜15千克、花粉2千克 | 露地 |
|  | 每棚放蜂1群，每群3～4脾蜂 | 提高产量170% | 温室 |
| 甜瓜 | 雌、雄花同株。露地栽培每5～6亩放蜂1群，每群12脾蜂；设施栽培每棚放蜂1群，每群3～4脾蜂，开花时进场 | 提高品质和产量200%～500%，提早上市 | 温室或露地 |
| 草莓 | 自花结实，每亩放蜂1群，每群4脾蜂，设施栽培的在开花前3～5天进场，第二次开花在第一次花结束后20天，期间搬出蜂群 | 增产35%以上，畸形果率降低，每亩增收2 000元 | 温室 |
| 无籽西瓜 | 花粉无生育力，提前3～5天间种10%二倍体西瓜，做好追肥、定植、保温、浇水工作。早春在棚内放蜂，每棚放蜂1群，每群3～4脾蜂，花开放时进场 | 提高产量和早熟 | 温室 |

### （二）蜜蜂为大田西瓜授粉增产实践

**1. 时间和地点**　授粉时间为2000—2004年，连续五年。地点在河南省内乡县赤眉镇庙沟村薄营三个组和赵店乡孙岗村柴河三个组的西瓜田。

**2. 西瓜田概况**　两地相距10千米，西瓜田各1 000亩，两地土质（沙土地）、地貌（小盆地）、气温、雨量基本相同。瓜田从整地、施肥到常规管理一致。

**3. 瓜田管理**　两处瓜田各1 000亩，按常规、相同方法整好地、施好肥，到次年春按常规方法下种、管理、统一种上“西农八号”西瓜。下种日为2000年3月25～28日。

**4. 蜂群概况**　90～150群王浆高产继箱蜂群，蜂脾相称，继箱7脾、巢箱6脾，共13脾蜂，巢箱有4张小虫脾，其余为空脾；单王，蜂王为上年芝麻花期所培育。撤出巢内所有粉脾，巢箱有底窗通风。蜂群整理好后，于5月15日西瓜始花时运往西瓜地。

**5. 蜂群管理**　按常规方法处理，及时取蜜、采浆、脱粉。7月上旬后西瓜花进入末期，大部分瓜秧已枯，于7月8日撤离蜂群。

**6. 统计记录**　对采摘的西瓜记录，统计平均亩产西瓜量，并取20～30个样瓜，检测其折光糖含量。同时记录蜂场的王浆、蜂蜜和花粉产量。

**7. 试验结果**

（1）养蜂的效益：统计结果表明，1 000亩西瓜用100群（每群13框蜂）蜂授粉为宜，每群蜂可获得蜂蜜约33千克，蜂王浆约1千克，蜂花粉5.5千克，授粉结束，群势有所增长。

（2）西瓜的产值：与无蜂授粉区（自由授粉区）相比，瓜花100%地坐果，提高坐果率15%，无落瓜现象；平均单瓜重9千克，增加重量50%，没有2千克以下的畸形瓜；经蜜蜂授粉的西瓜，平均亩产6 506千克，提高产量66.3%；其折光糖含量达18.6%，提高了8.1%。

### （三）蜜蜂为大棚西瓜授粉增产试验

**1. 瓜田概况**　吉林市二道乡张家村大棚西瓜地，瓜棚为东西走向弓形棚，面积667米$^2$，棚高2.8米。瓜种是聚宝王。

3 月在温室内育种，4 月上旬移入大棚栽培，共栽培 254 株，行距 1 米，株距 0.8 米。大棚内土壤、水、肥、光照、通风、温度、湿度、西瓜苗长势等条件基本一致。

**2. 瓜田管理** 分蜜蜂授粉、人工授粉、控制授粉 3 个小区，采用相同管理方法，根据西瓜不同生长发育阶段适时进行灌水、锄草、通风、剪蔓、定瓜等管理。在大棚初苗期均覆盖以地膜，提高地温促进西瓜苗生长。高温天气将大棚两侧塑料薄膜卷起通风，用纱网隔离，防止大棚内授粉蜜蜂飞出。

在授粉期间，大棚温度保持在 18～30℃范围，以适应西瓜生长、蜂群繁殖、蜜蜂授粉活动的需要。

**3. 蜂群配置** 大棚西瓜授粉，面积 200 米$^2$ 的放蜂 2～3 框，在 200 米$^2$ 以上的放蜂 3～4 框。

**4. 蜂群管理** 在西瓜开花前选用意喀杂交种蜜蜂 1 群，3 框蜂，2 张蛹虫脾，1 张蜜粉脾。在西瓜开花前 3～4 天将授粉蜂群分离老龄蜂后搬入大棚，靠棚北侧放置在 50 厘米高的架上（图 5-5）。进行巢门喂水，并在棚内设置喂水器饲喂清洁水。不久幼蜂出巢试飞，逐渐适应新环境，飞向西瓜花采访。授粉蜂群每 3～5 天检查一次，及时补充蜜糖、花粉饲料，保持饲料充足。

图 5-5 国家现代农业北京西瓜蜜蜂授粉现场会（2010）
（张中印 摄）

采摘刚开放的西瓜花 30～60 朵，置于 30℃以下的糖浆（含水 50%～70%）中浸泡 4 小时，在蜜蜂出巢以前饲喂，每群 20～100 克，每日多次。

**5. 授粉结果** 通过蜜蜂为大棚西瓜授粉试验和利用蜜蜂为

田间西瓜授粉试验表明，蜜蜂授粉比人工授粉西瓜增产29.3%～32.8%（表5-7）。蜜蜂授粉多次采访，雌花获得的花粉粒较多，胚珠授精率较高，发育种子较多，西瓜个头大，畸形瓜少，含糖量较高，产瓜量产籽量提高。

**表5-7　蜜蜂为大棚和大田西瓜授粉结果**

| 产量（%） | | | 平均瓜重（千克） | | 含糖量（%） | |
|---|---|---|---|---|---|---|
| 不授粉 | 人工授粉 | 蜜蜂授粉 | 人工授粉 | 蜜蜂授粉 | 人工授粉 | 蜜蜂授粉 |
| 0 | 100 | 132.8 | 5.96 | 8.04 | 11.3 | 12.9 |

### （四）蜜蜂为温室草莓授粉增产技术

**1. 试验材料和地点**　山东省汶上县南站镇日光温室蔬菜示范基地，土地性质为潮褐土，土质肥沃，富含有机质，地力均匀一致。供试草莓品种为新星2号、3号，明宝，丰香。人工授粉采用毛笔或小排笔，蜜蜂授粉采用意大利蜂。

**2. 试验设计和方法**　采用简单对比法顺序排列，分别设蜜蜂和人工授粉、大垄和小垄4个处理，重复3次，共12个小区，每个小区为1栋温室，面积666米$^2$（74米×9米）。大垄和小垄种植的试验全部在蜜蜂授粉温室中进行。

人工授粉的温室，于上午10时～12时在花药裂开高峰期进行，用毛笔蘸花或抖动花枝来完成授粉；放蜂授粉的温室，在草莓开花前3～4天，于早晨或黄昏将蜂箱放入温室中后部、离地面15厘米高处，蜂箱巢门朝阳。放蜂后温室保持20～25℃，在盛花期上午10～12时，蜜蜂出巢采集并进行授粉。遇连阴雨天及时通风、换气、降温。一般每个温室放1箱3 000～5 000只蜂。

种植规格为将小垄种植（行、株距100厘米×20厘米、垄高20厘米）改为起大垄种植（行、株距120厘米×25厘米、垄高30厘米）。

**3. 授粉结果与推广**

（1）授粉结果：根据记录和统计，蜜蜂授粉的草莓比人工授粉的草莓增产 97.4%，产值提高 1 倍以上，畸形果降低 90.6%。经蜜蜂授粉的草莓，大垄的比小垄的增产 20.8%，产值提高 40.9%；大垄的大果比小垄的大果多了 109.5%（图 5-6）。

图 5-6　中蜂为棚室草莓授粉

（引自北京市蚕蜂管理站）

（2）示范推广：蜜蜂为日光温室草莓授粉技术于 1999 年在汶上县大面积推广以来，产量、产值均有显著提高，截至 2003 年全县推广面积达到 8 公顷，平均每 666.7 平方米产量达 2 450 千克，产值达 4 700 元。

**4. 注意事项**

（1）保护授粉蜜蜂：在为日光温室草莓授粉放蜂 10 天前，对草莓防治 1 次病虫害。此后，直到蜂群从温室搬走止，禁止在温室中喷洒杀虫剂，防止药害发生，同时也避免了农药对花器的损伤，对授粉结果更加有利。如果必须在放蜂授粉期施用农药防治病虫害，就先将蜂群搬走，然后施药，并尽量使用对蜜蜂低毒、残效期短的药物，用药后及时放风，在确保蜜蜂安全后再将蜂群搬进棚内继续授粉。

在长期阴雨天气时棚内湿度大，棚膜上聚集的水滴多，天晴后蜜蜂外出活动时飞行困难容易被水打落死亡。因此，阴天骤晴要加大通风散湿，蜂箱内可放置石灰袋等干燥剂。

大棚采取多种覆盖时，揭中、小棚膜要放到两边底下，不能揭一半留一半，否则，蜜蜂在到处飞行时钻到薄膜夹缝中被夹死。

（2）加强田间管理：在草莓栽培管理过程中，适当加大行、株距，提高垄脊，有利于温室草莓个体生长发育，增温、降湿快，透光率高，花少、果大，同时便于人工作业。另外，在温室内安装日光灯，同时采取轮流放蜂授粉、疏花疏果、摘除匍匐茎等措施，草莓可增产1～3倍，或由两茬变为三茬，产量和效益更加可观。

蜜蜂在气温15～35℃出巢活动，生活最适温度为15～25℃，蜜蜂活动的温度与草莓花药开放的温度相一致。但气温超过30℃时，应及时放风。

有计划地放风，尽量做到棚内空气流通，调整棚内二氧化碳浓度、温度、湿度，为蜂群和草莓植株创造适宜的生长环境。放风时为防止蜂群从放风口流失，应在放风口加一层防逃网，或在下午3时以后放风。

（3）准备授粉蜜蜂：根据授粉面积和用户要求，在当地最后的蜜源花期后期培育授粉蜂，结束后及时囚禁蜂王（一般在9月上、中旬），出房幼蜂在授粉期正值青春期，可延长蜜蜂授粉时间，使授粉工作更加有效。

（4）喂足授粉饲料：蜜蜂为温室大棚内的作物授粉多在冬季和早春，且面积一般在0.5～1.0亩，作物所产生的花蜜和花粉多数满足不了蜂群的生活需求，因此必须提前喂足饲料（应在喂越冬饲料时喂足），冬季在大棚内尽量不喂蜂。

如果饲料不足，以1∶0.7的糖水喂蜂，前期将糖浆倒入饲养盒，一次性饲喂1千克左右，开花盛期蜜蜂繁殖时，饲喂量以够当天消耗为准，花粉不足还须饲喂花粉。

（5）加强繁殖管理：草莓花开，前期花少，蜂群在花开时进场，应适当控制蜂群繁殖（如在蜂群进棚时用王笼囚禁蜂王产卵），在有限的花朵得到充分授粉的同时，可减少蜜蜂的活动，在草莓开花盛期，放王产卵，适当奖励饲喂养，促进蜂群繁殖，提高授粉效果。

（6）蜜蜂进棚时间：在草莓开花前1周，在傍晚或早晨将蜂箱移入棚室内，一般按1个棚室1箱蜂、1株草莓1只蜜蜂的比例放养。蜂箱放在棚室中间部位光照好的地方，离地面15厘米，蜂箱出口应避开光线直射，以免蜜蜂飞出时逆光造成撞棚而死亡。

## 三、果树类

### （一）果树类作物蜜蜂授粉基本措施

无论是露地栽培，还是棚室种植，蜜蜂都能为所有的果树忠实地授粉，授粉特点见表5-8。

**表5-8　蜜蜂为果树授粉特点**

| 名称 | 蜜蜂授粉特点 | 结果和效益 | 备注 |
|---|---|---|---|
| 苹果 | （红富士、华冠、红星）杂交结实，有蜜有粉。随机间植授粉树，间作油菜可提高授粉效果。每5～6亩放蜂1群，每群12脾蜂，巢向南，箱内喂水，6～8群为1组，间隔200米放置 | 蜜蜂、壁蜂授粉增产相似，都在30%以上。每群蜂可生产苹果蜜5千克 | 露地栽培，自由授粉 |
| 柑橘 | 单性结实，有蜜有粉，锦橙每50株放蜂1群，每群12脾蜂，或每公顷放蜂1～2群，每群15脾蜂，花前3天进场。防止农药中毒和泌蜜不好蜜蜂饥饿 | 平均果重可达蜜橘64.5克、锦橙107.7克。提高产量1～3倍，每群蜂采蜜中蜂10千克，意蜂20千克 | |
| 梨树 | 多数自花不育，有蜜有粉。高接梨同时嫁接2个以上品种，每8～10亩放蜂1群，每群8～9脾蜂，梨树花开20%进场，相距750米分组放置。每天喂500克浸花糖浆可促进授粉 | 砀山梨株产量提高15%，含糖量提高1%；香梨提高37.7%，90克果占90%。每群生产梨花蜜5～10千克，可脱粉 | |
| 猕猴桃 | 雌雄异株，有粉无蜜，开花15～40天，每亩放蜂1群，每群8～9脾蜂，用浸花糖浆每天饲喂蜂群，果园栽种刺槐、桉树可提高授粉效果，花开进场 | 可生产花粉。比人工授粉产量提高3.37%～64.97%，一级果产量提高10%以上 | |
| 柿树 | 自花不亲。蜜蜂访柿花是其他昆虫的9倍。50株放蜂1群，1群12脾蜂，花开放10%进场 | 产量提高40%，甜味增加。每群蜂产柿花蜜12千克 | |

（续）

| 名称 | 蜜蜂授粉特点 | 结果和效益 | 备注 |
|---|---|---|---|
| 樱桃 | 花开进场，每 5 亩放蜂 1 群，每群 4 脾蜂，防农药中毒。授粉后加强管理，补施水肥，保持温度、湿度适宜，注意通风 | 增产 200%～400% | 温室 |
| 杏 | 每亩放蜂 1 群，每群 8 脾蜂，花开时运到，棚中温度 6～18℃ | 坐果率达 36.3%。可生产杏花粉 | |
| 枇杷 | 宜选中蜂授粉，防止箱内潮湿。每 50 株放蜂 1 群，每群 6 脾蜂 | 群采蜜 5～10 千克 | 露地栽培，自由授粉 |
| 李 | 间种授粉树，每公顷放蜂 2～4 群，每群 12 脾蜂 | | |
| 龙眼 | 粉少蜜多。每 100 株放中蜂 1 群，每群 6 脾蜂，花前介绍王台；或放意蜂 1 群，每群 14 脾蜂，花开放进场 | 坐果率提高 549.1%，采蜜 15～25 千克/群 | |
| 荔枝 | 粉少蜜多。开花期及前 10 天不喷洒农药，50 株放蜂 1 群，1 群 12 脾群，花开进场 | 坐果率提高 290%，群取蜜 30～50 千克 | |
| 枣 | 粉少蜜多，间种西瓜可提高授粉效果。防农药和激素中毒，喂粉、加强繁殖，每公顷放蜂 2～4 群，每群 12 脾蜂，花开 10%进场 | 群取蜜 25 千克左右 | |
| 石榴 | 花期长，花朵少，有蜜粉。混栽不同石榴品种，每公顷放蜂 2 群，每群 8～12 脾蜂 | | |

### （二）温室油桃蜜蜂授粉技术实例

**1. 时间、地点和授粉对象** 2003 年 1～2 月，卫辉市上焦村 2 个温室大棚，东西走向，每棚面积均为 667 米$^2$，棚高 3.15 米，棚内曙光、华光 2 个品种的油桃混栽，树龄 3 年。另有露地栽培的相同品种油桃 1 801 米$^2$，树龄 4 年。

**2. 授粉蜜蜂** 河南科技学院试验蜂场提供意大利蜂 2 群，每群 4 脾蜂（10 000 只蜜蜂，蜂王开始产卵时），蜜蜂健康无病，蜂王是前一年的新王，标准十框蜂箱。

**3. 田间管理** 一个667平方米的温室由2群刚越过冬的蜜蜂完成授粉，2月1日进棚，2月11日出棚；另一个温室由人工进行授粉。2个温室除授粉、放风不同外，其他管理相同。在授粉期间，通过炕道加温、放风，利用阳光辐射等措施，把温室内的温度控制在12～24℃，相对湿度为60%～70%。

露地油桃由人工授粉和其他授粉类昆虫自然授粉。

在授粉期间，改温室顶部开缝放风为温室下部南北交错开缝放风，放风时间推迟到下午2时以后；大棚没有药害。

**4. 蜂群管理**

（1）调整蜂群：蜜蜂进棚前7天调整蜂群，每群保留3张脾，蜂脾比为2∶1，不足的从别群调入，多余巢脾抽出另存。蜜蜂密集后巢温升高，放出蜂王开始产卵，蜂群繁殖开始。

（2）防治蜂螨：在蜂王产卵3天后进棚前，选择晴天午后，用杀螨剂治螨2次，治螨前一天用糖水喂蜂。

（3）饲喂蜂群：防治蜂螨后，每天给蜂群喂100克1∶0.7的糖水，并喂粉。

（4）放蜂时间：在温室油桃花开10%后，于傍晚把蜂群运进。若入室后有1～2天的阴雨天气，或用草帘适当遮蔽温室，可减少蜜蜂撞棚。

（5）安置蜂群：蜂群放置在东西两头的1/4处靠近北墙的位置，蜂箱距火道1米以外，箱前相对开阔，在12平方米内没有树枝隔挡，并尽可能靠近标志物明显处（或在蜂箱上空悬挂1个有色纸盒）放置，蜂箱用支架架高1.5～2.0米，巢向南，便于蜜蜂寻找（图5-7）。不为蜂群进行任何保温处置，同

图5-7 蜜蜂为棚室油桃授粉
（张中印 摄）

时还要把蜂巢小巢门调到最大（小巢门全部放开，每一个小巢门总宽6～8厘米），掀起覆布一角透气。

（6）给蜂喂水：蜂箱放好20分钟后打开巢门，揭开箱盖，靠隔板外侧放蜜、水饲喂盒一个，加入干净的凉开水，用脱脂棉条一头浸入水中，一头搭挂在蜂巢中间的框梁上，每天给蜂群在箱内喂水50克左右。

（7）训练蜜蜂，促进繁殖：进棚后的次日，在8时以前卷起温室草帘，给蜂群喂浸花糖水，并在中午12时前后，在巢门前抖出部分蜜蜂，让其认巢。糖水配制：白糖与水1∶0.7配比，搅拌熔化（不需煮化），并取适量的油桃花浸泡12小时。以后每天按原来时间卷放草帘，傍晚喂蜂100～200克糖水，直到授粉结束为止。

**5. 授粉结果**

（1）授粉结束，检查蜂群，蜂脾比基本相当（3脾，约7 000只蜂），蜜蜂损失率约30%（从蜂王产卵到授粉结束），工蜂色泽正常，蜂王产卵整齐，幼虫光泽晶亮，发育良好，封盖子成片饱满，花粉充足，巢脾边角有封盖蜜。

（2）油桃产量比温室人工授粉的提高66.7%，比大田人工授粉的提高45.5%，而效益分别提高68.1%和238.3%。达到既繁殖蜂群，又提高产量和效益的目的。

**6. 注意事项**

（1）油桃花粉充足，花蜜也丰富，但蜜蜂采集花蜜困难。因此，蜂群进入场地后，需要喂浸花糖浆，一方面促进繁殖，另一方面提高授粉效果。

（2）油桃花期不施药，防治病虫害就在开花前进行，授粉结束后补治。

## 四、作物类

### （一）粮油类作物蜜蜂授粉基本措施

蜜蜂为作物授粉的种类较多，包括粮食作物、经济作物、油料作物等，这些作物都是大面积栽培，蜜蜂自由授粉，作物与蜜蜂是互惠关系，见表5-9。

**表5-9　蜜蜂为作物授粉特点**

| 名称 | 蜜蜂授粉特点 | 结果和效益 | 备注 |
|---|---|---|---|
| 水稻 | 风媒植物，粉多无蜜，花开放进场。每10亩放蜂1群，每群12脾蜂 | 提高产量6%左右 | 大田作物，蜜蜂自由授粉 |
| 棉花 | 自花授粉，蜂群放置在距棉田250米左右的通风阴凉处，喂水，维持强群，防止农药中毒和防暑。每10～15亩放蜂1群，每群15脾蜂 | 棉花增产38%，意蜂群生产蜂蜜40～60千克 | |
| 荞麦 | 花期长，蜜粉丰富。4～6亩放蜂1群，每群15脾蜂，防水淹蜂箱，脱粉，花开进场 | 增产14%～25%，群取蜜20～40千克，花粉数千克 | |
| 芝麻 | 花期长，施足磷肥、钾肥。每3～6亩放蜂1群，每群12脾蜂，为蜂群遮阳，注意喂水。花开进场 | 意蜂群采蜂蜜25千克，花粉2～3千克，王浆1千克 | 大田作物，蜜蜂自由授粉 |
| 向日葵 | 异花异株授粉，蜜粉丰富。每10～15亩放蜂1群，每群15脾蜂，蜂脾相称，养王、治螨、防盗蜂，脱粉。花开进场 | 提高产量34%～46%，含油量提高6%，群产蜂蜜30～50千克，花粉5千克 | |
| 油葵 | 异花异株授粉。每4～5亩放蜂1群，每群12脾蜂，15%～20%的植株开花进场，摆放在田埂等高处，喂水，防暑 | 结实率达85% | |
| 油菜 | 异花授粉，蜜粉丰富，花期长，蜜蜂占授粉昆虫的50%。每2～3亩放蜂1群，每群7～14脾蜂，结合放蜂自由授粉，油菜花前期可脱粉，防农药中毒，箱内喂水 | 增产1.5倍，成熟早、含油量高。每群蜂生产蜂蜜20千克，花粉2千克，蜂王浆1～2千克 | |
| 油茶 | 自花不孕，花期天冷，中蜂授粉优于意蜂，使用意蜂授粉，须每天饲喂1∶1的糖浆500克 | 出油率高，产量提高5～7倍 | |

## （二）蜜蜂为大田油菜授粉增产实例

**1. 试验时间**　1990年2月下旬至5月中旬。

**2. 试验单位**　湖南省畜牧局。

**3. 试验地点**　在茶陵、衡阳、溆浦、澧县、临湘、南县 6 个县进行蜜蜂为油菜授粉试验。6 县试验点的地形、气候、土壤、油菜的品种、管理、长势等条件都有所差别。

**4. 试验方法**

（1）选择油菜田：各试验县对每个试验点随机选择 500 亩以上连片分布的油菜（图 5－8）作为测产区域，并在品种、育苗、移栽、长势、土质、排灌管理等基本一致的条件下，设置蜜蜂授粉区和无蜂对照区（以下简称“有蜂区”和“无蜂区”），两区距离 5 000 米以上。

图 5－8　国家科技支撑计划油菜蜜蜂授粉甘肃基地
（安建东　摄）

（2）授粉的方式：蜜蜂授粉采取田间自由放蜂，油菜开花即将蜂群运到，要求放置蜂群离作物的半径 50～200 米，4～6 亩油菜配置 1 群。

（3）测试的项目：到场过秤，由专人负责记录菜子的总产量、平均产量、千粒重、出油率，分有蜂区和无蜂区进行。

**5. 试验结果**

（1）产量提高：对 6 个县 20 个乡（镇）23 个村（其中有蜂区 11 个乡 11 个村）抽样。有蜂区油菜测产面积 2 302.14 亩，菜子总产 205 552.8 千克，平均亩产 89.3 千克；无蜂区测产面积 2 373.69 亩，菜子总产 166 538.2 千克，平均亩产 70.2 千克；有蜂授粉区比无蜂对照区总产净增 39 014.6 千克，平均亩产高出 19.1 千克，增产 27.2%。

（2）品质改善：千粒重，有蜂区平均 3.85 克，无蜂区平均 3.42 克，增重 12.5%。出油率，有蜂区每 100 千克菜子榨油

43.74 千克，无蜂区是 31.38 千克，提高 10.7%。

## 五、牧草类

我国种植的牧草有苜蓿、三叶草、紫云英等，均为露地栽培，结合放蜂生产，让蜜蜂自由授粉，见表 5-10。

**表 5-10　蜜蜂为牧草类授粉特点**

| 名称 | 蜜蜂授粉特点 | 结果和效益 | 备注 |
|---|---|---|---|
| 苜蓿 | 异花授粉，蜜粉丰富。每 3～5 亩放蜂 1 群，每群 12 脾蜂，结合放蜂生产，蜂脾相称，喂水，防水、防烂子病，花开放时进场 | 提高种子产量 1～2 倍。意蜂群采蜜达 80 千克 | 露地栽培，自由授粉 |
| 三叶草 | 蜜、粉都有。每亩放蜂 1～1.5 群，每群 5～6 脾蜂，花开放时进场 | 花期缩短，结籽率提高 70%。群产蜂蜜 5～20 千克 | |
| 紫云英 | 花期长，蜜粉丰富，每 3～5 亩放蜂 1 群，每群 12 脾蜂，遇黄沙或白雾天气，有爬蜂，花开放时进场 | 提高产量 62%。每群蜂采蜜 25 千克，蜂王浆 1 千克 | |
| 草木樨 | 花期长，蜜多粉多，中蜂、意蜂都可授粉，每 3～5 亩放蜂 1 群，每群 12 脾蜂，花开放时进场 | 群生产蜂蜜 20～40 千克 | |
| 光叶苕子 | 结合放蜂生产授粉，每 3～5 亩放蜂 1 群，每群 12 脾蜂，花开放时进场 | 提高产量 1～3 倍，采蜜 30～40 千克 | |

## 六、药材类

枸杞、党参、丹参、桔梗、薄荷、牛膝等药材都适合蜜蜂授粉，并提高产量改善品质，授粉特点见表 5-11。

**表 5-11　蜜蜂为药材类授粉特点**

| 名称 | 蜜蜂授粉特点 | 结果和效益 | 备注 |
|---|---|---|---|
| 枸杞 | 蜜粉丰富，每 5 亩放蜂 1 群，每群 15 脾蜂，强群生产，弱群繁殖，花开放时进场 | 群采蜜 10 千克左右，枸杞产量达 100 千克/亩 | 结合放蜂，自由授粉 |

（续）

| 名称 | 蜜蜂授粉特点 | 结果和效益 | 备注 |
|---|---|---|---|
| 党参 | 花多蜜多，每 3～4 亩放蜂 1 群，每群 12 脾蜂，花开放时进场 | 提高结实率，群采蜜 30～40 千克 | 结合放蜂，自由授粉 |
| 桔梗 | 花蜜多，每 4～5 亩放蜂 1 群，每群 12 脾蜂，花开放时进场 | 蜜蜂授粉结实率高，群采蜜 20 千克左右 | |
| 丹参 | 花蜜多，每 4～5 亩放蜂 1 群，每群 12 脾蜂，花开放时进场 | 群采蜜 20 千克 | |

## 第四节 熊蜂壁蜂授粉

目前，我国为植物授粉的蜜蜂还有大蜜蜂、黑大蜜蜂、小蜜蜂、黑小蜜蜂，这些蜜蜂都是野生为植物自由授粉者，用于商业授粉的昆虫还有熊蜂和壁蜂等，它们是蜜蜂的近亲，作为蜜蜂授粉的重要补充，对某些植物在特定环境条件下（如活动受到限制的温室、低温等），这些昆虫的授粉效果显著，授粉潜力巨大。

### 一、温室番茄熊蜂授粉增产技术

#### （一）方法

**1. 时间和地点** 2000 年 11 月 15 日至 2001 年 2 月 10 日，北京市巨山绿色食品中心第 4 号温室。

**2. 温室的结构** 温室类型为 PC 板节能日光温室，温室顶部加盖一层由自动卷铺系统控制的复合保温被。

**3. 授粉的对象** 番茄（中杂 12 号），定植日期为 2000 年 10 月 20 日，定植密度为 100 厘米×50 厘米×50 厘米，采摘时间为 2001 年 2 月 19 日至 2001 年 4 月 13 日。

**4. 熊蜂的处理** 授粉熊蜂种为 *B. terrestris*，由中国农业科学院蜜蜂研究所提供。

**5. 仪器和试剂** 仪器主要有游标卡尺、托盘天平、电子天平、手持折射仪。试剂为激素——保果宁2号。

**6. 授粉的方法**

（1）试验设计：整个温室依次分为熊蜂授粉区、喷施激素区和空白对照区，以完全随机试验的方式，比较其物理性状和化学品质。

（2）检测方法：物理性状由平均值和标准差显示；化学品质由农业部蔬菜品质检测中心检测；差异性用 $t$ 检验法进行检验。

## （二）结果

熊蜂授粉在产量上比激素保果和对照组分别增加了59.26%和142.15%，单果重分别提高了90.83%和21.95%，畸形果率

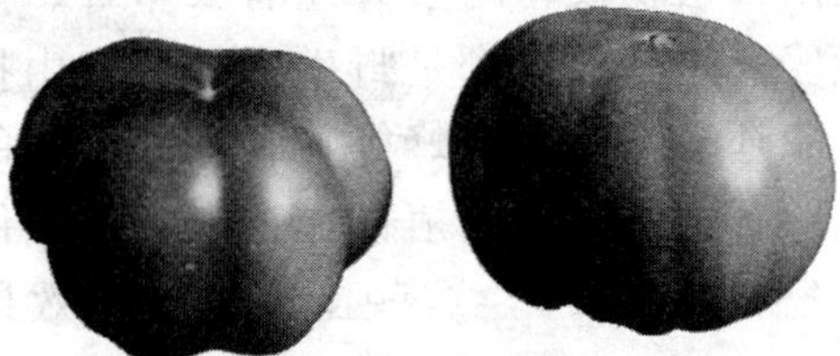

a　　b

图5-9　不同处理的果实外观比较

a. 激素处理　b. 熊蜂授粉

（安建东　摄）

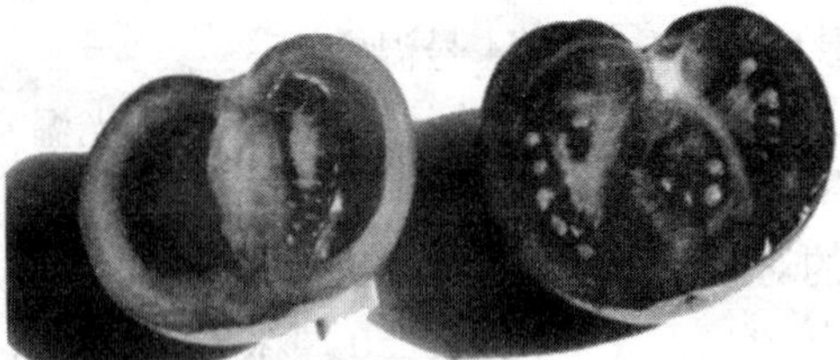

a　　b

图5-10　不同处理的果实种子比较

a. 激素处理　b. 熊蜂授粉

（安建东　摄）

分别下降了67.41%和83.68%，糖酸比分别增加了55.30%和118.42%，维生素C含量分别高49.09%和35.53%，总糖含量分别高13.98%和64.02%，而且应用熊蜂授粉还可以缩短果实成熟期（图5-8，图5-9）。

## 二、果树利用壁蜂授粉增产技术

在山东省富士苹果利用壁蜂授粉，比自然授粉产量提高1.4～5.6倍；西北农林科技大学富士苹果利用壁蜂授粉，一级以上果品由人工授粉的49.1%提高到83.3%。

**1. 准备**　在苹果园放蜂开始前15天和放蜂期间须停止使用杀虫剂农药，防止角额壁蜂中毒死亡。

**2. 做巢**　用芦苇或草纸作管，管的大小：凹唇壁蜂为内径7～9毫米、管长160～180毫米，角额壁蜂为内径6毫米、壁厚0.9毫米、管长160毫米。一端封闭，一端开口，管口平整，没有毛刺或伤口，管口染成红、绿、黄、白四种颜色，比例20∶15∶10∶5，巢管50支捆成1捆。底部平，上部高低不齐。

巢箱可用纸箱改制或木板制造，也可用砖块砌成，凹唇壁蜂巢箱的大小约为20厘米×26厘米×20厘米，角额壁蜂巢箱的大小为15～25厘米×15厘米×25厘米。巢箱5面封闭，一面开口。

每个巢箱装入4～6捆，共200～300根巢管，在放蜂前2～3天，每根巢管装入1个成蜂或蜂茧。

**3. 放蜂时间**　果树单一的果园，在花前7～8天放茧，存放于4℃的茧应在开花前15天置于7～8℃环境中，使在果树开花时有大量的蜂授粉。苹果园在中心花开放40%左右时放蜂，一般放蜂时间为12～15天。多种果树混栽的果园，花期长，可分两次放蜂，如第一次在杏花露红时，第二次在梨树初花期。

**4. 放蜂数量**　青壮年果树2～3亩放角额壁蜂1箱，或每667平方米放凹唇壁蜂1箱，初结果果树4～5亩放蜂1箱，每箱蜂有200～300根巢管并且100～150个成蜂或蜂茧。

**5. 蜂箱安置** 平地果园，蜂箱应放置在缺株或行间等宽敞明亮的地方；山地果园宜放在向阳、避风处。蜂箱敞口面朝阳，以东南或正南较好。蜂箱用支架支离地面40厘米左右，支架腿涂抹废机油，预防蛙、蚁等的侵犯。箱顶盖上遮阳、防雨的木板，在离箱1米地面上挖一个长40厘米、宽30厘米、深60厘米的土坑，每晚加水一次，以便壁蜂繁殖产卵衔泥筑巢。蜂箱安置好后，不再移动位置。

**6. 运输壁蜂** 壁蜂为大田果树授粉，如果在一个果园放蜂时间较短，可将蜂箱密闭，在夜晚运到2千米以外的大田果园，或搬进附近的温室果园，继续授粉繁殖。如果壁蜂为温室中的果树授粉，可从一个温室搬到另一个温室，或从温室搬到附近的大田果园继续授粉工作，使整个活动时间达到35天左右。

**7. 回收壁蜂** 授粉结束后（果树落花1周后，放蜂约1个月）收回蜂箱，从蜂箱中取出巢管，将巢管平放吊挂在通风阴凉的房间里保存。翌年2月份，拆开巢管剥出蜂茧装入罐头瓶内用纱布封口，置于冰箱内，在0～5℃下保存到放蜂前1周。

在回收壁蜂的过程中，必须轻拿轻放，防止震动碰撞，巢管平放，勿直立。存放期间，防止虫害和鼠害。

# 第六章 蜜蜂病害防治

蜜蜂受微生物、毒物或天敌的危害，以及食物或天气的影响，加上育种缺陷基因漂移，造成个体死亡群势下降，丧失生产能力，导致群体消失。微生物和寄生性天敌引起的蜂病会传染，营养、天气、毒物、育种缺陷和捕食性天敌所造成的危害不散播。

蜂群生病，常见蜜蜂个体行为异常，器官畸形，颜色灰暗，体质衰弱，寿命缩短，直至死亡。例如蜜蜂在地上爬行、腹部膨胀、追击人畜、幼虫腐烂、翅膀残废、散发臭气、露头蜂蛹、子脾出现“花子”和“穿孔”等现象。

在一群蜂中，病原微生物通过蜜蜂取食、喂养和接触感染，还通过蜂王传递给子代。在蜂群之间，蜜蜂迷巢、偷盗或管理（人）传播，转地放蜂和交换蜂王，是远距离大面积传播疾病的途径。

## 第一节 蜜蜂的健康管理

### 一、蜜蜂保健

#### （一）食物充足

全年保持蜂群食物充足，是培养健康蜜蜂的基础。生产蜂蜜，留有食物，所有食物必须无害（无污染、无虫害）、优质。

**1. 蜂蜜** 蜂蜜用于蜂群能量消耗、造脾、繁殖、生产王浆和脱粉等。

(1) 蜂群缺少蜂蜜的后果：蜂蜜不足，蜂儿得不到足够的营养，发育不良（图 6-1），是蜂爬病蜂等的病因之一；成年蜜蜂易得病，寿命短；王浆和花粉不能正常生产。

图 6-1 幼虫营养比较

（引自张中印；Zachary Huang）

蜂蜜不足繁殖差，蜜源来了没有蜂，蜜源花期蜂繁殖，蜜源结束群长大，消耗增大，没有效益。

没有蜂蜜，蜂群产生拖子（图 6-2）、饿死、逃跑现象。

图 6-2 在没有蜂蜜的日子里

（引自 David L. Green，2002）

(2) 解决蜂群缺蜜的方法：一是生产季节留足饲料，二是缺蜜季节及时喂蜂。譬如，在河南省喂蜂时间有早春、刺槐花期结束后酸枣或枣花泌蜜前、8 月下旬及 9 月上中旬。

**2. 蜂粮** 蜂粮是幼虫和幼蜂的食物（蛋白质），由蜜蜂采集植物花粉，并混入蜜蜂唾液、蜂蜜加工形成，生产蜂王浆、造脾需要花粉。

（1）蜂群缺少花粉的后果：蜂群繁殖受到影响，王浆无法生产。

（2）解决蜂群缺粉的方法：补充饲喂花粉。喂粉时间在早春繁殖时期、有蜜无粉季节生产王浆，枣花场地、某些荆花场地喂蜂方法有加入粉脾、做花粉脾、喂花粉饼。

**3. 蜂王浆**　又称蜂乳，为幼虫和蜂王必备的食物。

（1）蜂群缺少王浆的后果：蜂王产卵减少，幼虫发育不良，工作蜂不健康。例如，早春和夏季哺育王浆不足、人工饲料营养缺陷直接导致培养的蜜蜂不健康，工蜂过度泌浆造成早衰。

（2）解决蜂群缺浆的方法：早春1只蜜蜂能养活1.2只新蜂，新蜂1只能养活3.8只蜜蜂，所以早春要求蜂脾比2～3：1，保持蜂多于脾，不对强群保温处置；平时保持蜂多于脾或蜂脾相称；高温季节注意降温，预防工蜂离脾。

根据蜂数，适当限制繁殖速度。

**4. 饮水**　繁殖季节坚持箱中喂水，能够提高产量，预防疾病。

### （二）管理得当

**1. 蜂群卫生**　及时更新巢脾，意蜂两年轮换一遍，中蜂年年更新。尽量减少蜂群之间的蜂、子调整。

遴选干燥通风、冬春温暖、夏季遮阳的地方作为放蜂场所，经常打扫，清除蜂场杂草和周边胡蜂巢穴等。远离污染企业、砖厂等。

**2. 放好蜂箱**　摆放蜂箱要求前低后高，左右平衡，巢门低矮宽广。

**3. 饲养强群**　强群繁殖力、生产力和抗病力强，蜜蜂健康寿命长。例如早春意蜂5脾足蜂（12 500只）开始繁殖，生产季节保持14框足蜂的群势。

**4. 预防蜂螨**　秋初、秋末防治大蜂螨，6月防治小蜂螨。

**5. 管好蜂王** 年年更新蜂王，防止过度近亲繁殖。

**6. 合理生产** 根据蜜源、蜂群状态，合理安排生产，杜绝累死蜜蜂。

**7. 给蜂自由** 繁殖季节开门运蜂，生产花粉期间要求蜜蜂进出脱粉孔圈顺利。

**8. 春季炼蜂** 春季繁殖食物充足，保持蜂巢上下通气，降低巢温，第一代子繁殖速度要慢。

**9. 预防中毒** 见本章第四节。

## 二、蜂病预防

### （一）抗病育种

一个60群以上的蜂场，在生产过程中，坚持长期选择抗病力强、繁殖力高和生产力好的蜂群来培育雄蜂和蜂王，通过不断地选育，就可能获得抗囊状幼虫病的中蜂和抗大蜂螨的意蜂。

### （二）重视消毒

利用清扫、洗刷和刮除等减少病源物在蜂箱、蜂具和蜂场的存在，通过暴晒或火焰烧烤消灭蜂具上的微生物。化学消毒是使用最广的消毒方法，常用于场地、蜂箱和巢脾等。在生产实践中，人们交换蜂胶，用75%的酒精浸泡后喷洒蜂巢、蜂具，对蜂爬病、白垩病有一定的消杀作用。常用消毒剂及使用方法见表6-1。

**表6-1 常用消毒剂使用浓度和特点**

| 消毒剂 | 使用浓度 | 消杀对象及特点 |
|---|---|---|
| 乙醇（$C_2H_5OH$） | 70%～75% | 花粉、工具。喷雾或擦拭，喷洒后密闭12小时 |
| 生石灰（CaO） | 10%～20% | 病毒、真菌、细菌、芽孢。蜂具浸泡消毒。悬浮液须现配，用于洒、刷地面、墙壁；石灰粉撒场地 |

（续）

| 消毒剂 | 使用浓度 | 消杀对象及特点 |
| --- | --- | --- |
| 喷雾灵（2.5%聚维酮碘溶液） | 500 倍液 | 杀灭病毒、支原体、真菌、衣原体、细菌及其芽孢。喷雾、冲洗、擦拭、浸泡，作用时间≥10 分钟；5 000 倍作饮水消毒 |
| 过氧乙酸 | 0.05%～0.5% | 蜂具消毒，1 分钟可杀死芽孢 |
| 冰乙酸（$CH_3COOH$） | 80%～98% | 蜂螨、孢子虫、阿米巴、蜡螟的幼虫和卵。每箱体用 10～20 毫升。以布条为载体，挂于每个继箱，密闭 24 小时，气温≤18℃，熏蒸 3～5 天 |
| 硫黄（燃烧产 $SO_2$） | 3～5 克/箱 | 蜂螨、蜡螟、真菌。用于花粉、巢脾的熏蒸消毒 |

注：除硫黄外，其他均为水溶液。针对疫情使用消毒剂，浸泡和洗涤的物品用清水冲洗后再用；熏蒸的物品，须置空气中 72 小时后才可使用。

## 三、药物治疗

### （一）治疗原则

把发病群和可疑群送到不易传播病原体、处理方便的地方隔离治疗。

对被隔离的蜂群，经过治疗且经过该传染病 2 个潜伏期后，没有再发现病蜂症状，才可解除隔离，所属蜂具和产品经消毒无害后再使用。

如果是恶性或国内首次发现的传染病，或已失去经济价值的带菌（毒）群，都应进行就地焚烧处理。

### （二）对症下药

先作出诊断确定病原，再选取高效低毒药物。对细菌病，能选用少量盐酸土霉素可溶性粉或四环素（如每 10 框蜂用药 0.125 克，拌入花粉中饲喂蜜蜂，防治细菌性幼虫病。生产季节休药期为 1 个月）等药物；对真菌病则选用食醋等药物；对病毒病可选用抗毒类中草药糖浆；对螨类敌害，选用乙酸、氟氯苯氰菊酯条、甲酸乙醇溶液、氟胺氰菊酯条等。

### （三）注意事项

**1. 防止抗性** 准确配制、交替使用药物，不得随意使用无关药物或扩大用量。

**2. 抓住时机** 根据病害特点用药，省工省力，疗效卓著。例如，在蜂群断子期治螨，只需连续用药 2～3 次，即可全年免生螨害。

**3. 防止污染产品** 在生产季节对生产蜂群不施药，不对健康蜂群用药。

**4. 防止药害** 确诊病原对症下药，按照说明配制。先行试验再大面积防治。对蜂群的每一次施药都是一次伤害，严重者施药 2 小时后即引起爬蜂后果，过量用药得不偿失。

## 第二节　蜜蜂病害的治疗

### 一、幼虫腐臭病

蜜蜂腐烂病有美洲幼虫腐臭病和欧洲幼虫腐臭病两种，都由细菌感染，使幼虫死亡腐烂并散发异味。

### （一）感官诊断

**1. 美洲幼虫腐臭病**（American foulbrood disease，AFB）多感染意蜂，烂虫有腥臭味，有黏性，可拉出长丝。死蛹吻前伸，如舌状。封盖子色暗，房盖下陷或有穿孔（图 6 - 3）。

**2. 欧洲幼虫腐臭病**（European foulbrood disease，EFB）多感染中华蜜蜂，脾面“花子”，幼虫移位、扭曲或腐烂于巢房底，体色由珍珠白变为淡黄色、黄色、浅褐色，直至黑褐色。当工蜂不及时清理时，幼虫腐烂，并有酸臭味，稍具黏性，但拉不成丝，易清除（图 6 - 4）。

### （二）防治措施

**1. 预防** 抗病育种，更换蜂王；禁止患病蜂群移动，焚烧

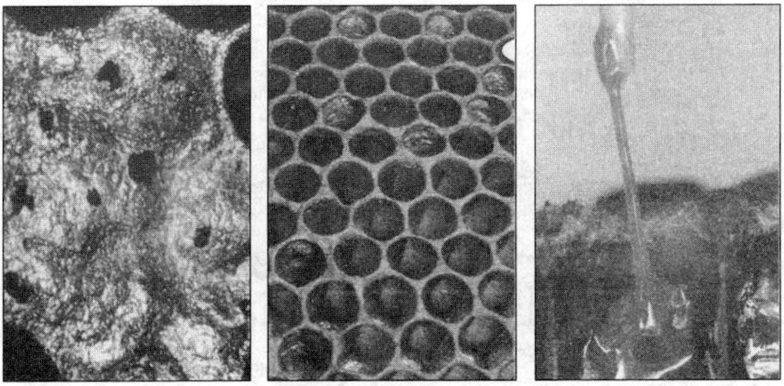

a　　b　　c

图 6-3　美洲幼虫腐臭病

a. 病脾　b. 虫尸干枯在房壁上　c. 拉丝

（引自 Zachary Huang）

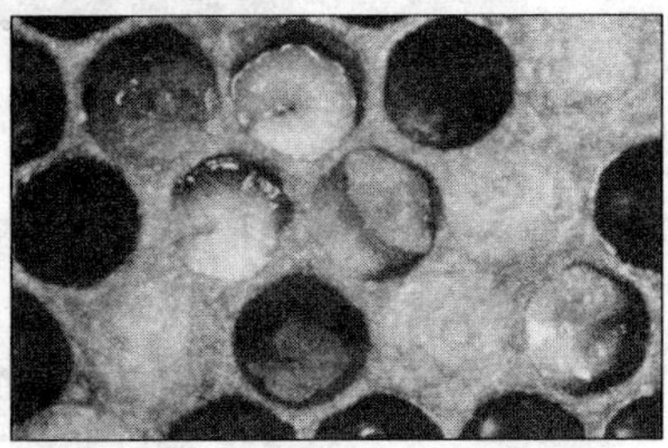

图 6-4　欧洲幼虫腐臭病

（引自 Zachary Huang）

患病蜂群，彻底消毒；选择蜜源丰富的地方放蜂，保持蜂多于脾。

**2. 管理**　将病群搬走，原位置换成干净蜂箱，箱内放置无害蜜粉巢脾，巢脾多少以蜂多于脾为准。然后将被移动的病群蜂王捉住，置于箱中，轻轻抖动巢脾（避免腐烂蜂尸沾染蜜蜂），驱赶蜜蜂爬进新箱。病脾焚毁。

**3. 防治**　盐酸土霉素可溶性粉 200 毫克（按有效成分计），加 1∶1 的糖水 250 毫升喂蜂，每 4～5 天喂 1 次，连喂 3 次，采蜜之前 6 周停止给药。

## 二、幼虫囊状病

囊状幼虫病（sacbrood disease）是一种常见的蜜蜂幼虫病毒

病，中蜂、意蜂都有发生，中蜂成年蜜蜂被病毒感染后，寿命缩短。

### （一）感官诊断

蜂群发病初期，子脾呈“花子”症状。当病害严重时，患病的大幼虫或蛹死亡，巢房被咬开，呈“尖头”状；幼虫的头部有大量的透明液体聚积，用镊子夹住头部将其提出则呈囊袋状。

死虫逐渐由乳白变至褐色，当虫体水分蒸发，会干成一黑褐色的鳞片，头尾部略上翘，形如“龙船状”；死虫不具黏性，无臭味，易清除（图6-5）。

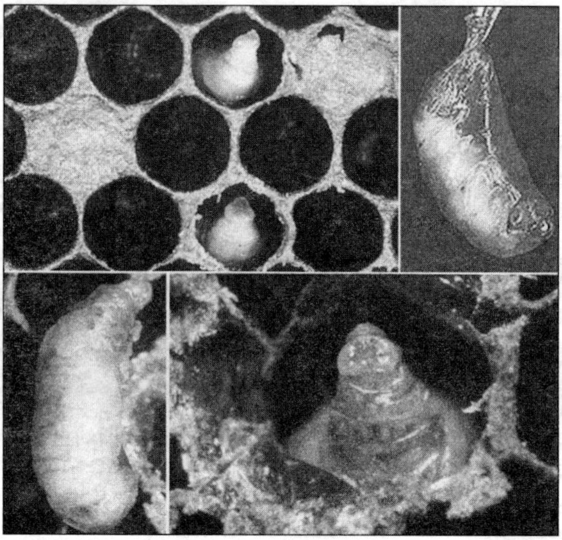

图6-5　囊状幼虫病

（引自 Zachary Huang）

### （二）防治措施

**1. 预防**　抗病育种，选抗病群（如无病群）作父、母群，经过连续选育，可获得抗囊状幼虫病的蜂群。

**2. 管理**　补足饲料，保持蜂多于脾；将蜂群置于环境干燥、通风、向阳和僻静处饲养，少惊扰可减少蜂群得病。

早养王，早换王。

**3. 防治** 半枝莲（或海南金不换的根，河南叫牛舌头蒿）榨汁，配成浓糖浆后，灌脾饲喂，饲喂量以当天吃完为度，连续多次，用量为 4 群蜂同一个人的用量。

## 三、幼虫白垩病

白垩病（chalk brood）是西方蜜蜂的一种幼虫病，广泛分布于各养蜂地区。病原是大孢球囊霉（*Ascosphaera major*）和蜜蜂球囊霉（*Ascosphaera apis*）。

### （一）感官诊断

在箱底或巢脾上见到长有白色菌丝或黑白两色的幼虫尸，箱外观察可见巢门前堆积像石灰子样的或白或黑的虫尸，确诊。雄蜂幼虫比工蜂幼虫更易受到感染（图 6-6，图 6-7）。

### （二）防治措施

**1. 预防** 抗病育种，春季在向阳温暖和干燥的地方摆放蜂群，保持蜂箱内干燥透气。防治蜂螨，不饲喂带菌的花粉，外来花粉应消毒后再用。

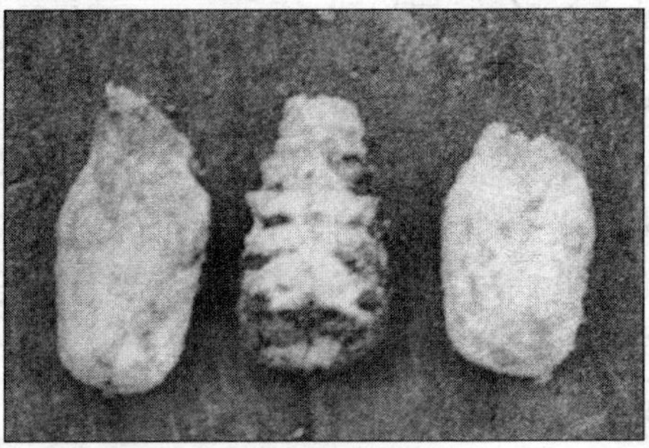

图 6-6 白垩病蜂尸
（张中印 摄）

**2. 管理** 转移蜂场，把蜂群安置在干燥、通风的地方，经常清扫场地；蜂群前低后高，开大巢门，覆布折叠一角，使蜂巢上下通气。

病虫多的巢脾抽出焚烧，防止传播，保持蜂多于脾。

**3. 防治** 将喷雾灵（25%聚维酮碘）稀释 500 倍液，喷洒病脾和蜂巢，每 2 天喷 1 次，连喷 3 次。空脾用该溶液浸泡 0.5 小时。

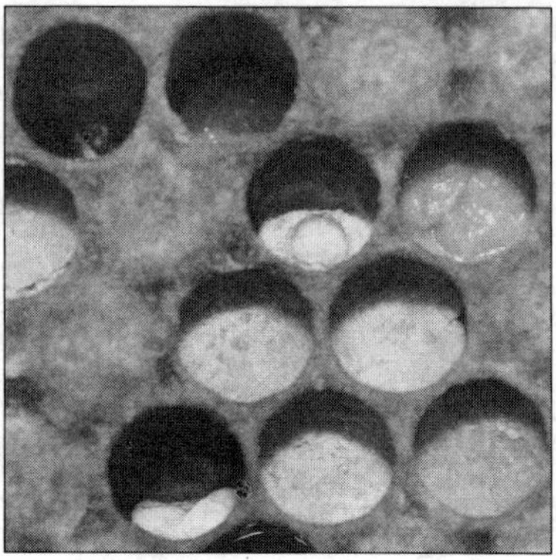

图 6－7　白垩病烂虫
（张中印　摄）

## 四、蜜蜂螺原体病

蜜蜂螺原体病（honeybee spiroplasmosis）是西方蜜蜂的一种成年蜂病害。病原为蜜蜂螺原体（*Spiroplasma melliferum*），是一种螺旋形、能扭曲和旋转运动、无细胞壁的原核生物。南方在 4～5 月为发病高峰期，东北一带 6～7 月为高峰期。

### （一）感官诊断

病蜂腹部膨大，行动迟缓，不能飞翔，在蜂箱周围爬行。病蜂中肠变白肿胀，环纹消失，后肠积满绿色水样粪便。在 1 500 倍显微镜暗视野下检查，可见到晃动的小亮点，并拖有 1 条丝状体，做原地旋转或摇动，即可确诊。

此病与孢子虫、麻痹病病毒等混合感染蜜蜂时，病情严重，蜂爬、蜂死遍地，群势锐减。

### （二）防治措施

**1. 预防**　培育健康的越冬蜂，留足优质饲料，给蜂群选择干燥向阳的场所越冬。

对撤换下来的箱、脾等蜂具及时消毒。

**2. 防治**　每 10 框蜂用红霉素 0.05 克，加入 250 毫升 50％的糖水中喂蜂，或 25％的糖水喷脾，每 2 天喂（喷）1 次，5～7 次为 1 疗程。生产期间，严格执行休药期 1 个月的规定。

## 五、蜜蜂微孢子虫病

蜜蜂微孢子虫病（*Nosema* disease）是西方蜜蜂成年蜂病，冬、春发病率较高，造成成年蜂寿命缩短，春繁和越冬能力降低。病原为蜜蜂微孢子虫（*Nosema apis*）。

### （一）感官诊断

病蜂行动迟缓，腹部末端呈暗黑色。当外界连续阴雨潮湿时，有下痢症状。用拇指和食指捏住成年蜂腹部末端，拉出中肠，患病蜜蜂的中肠环纹消失，无弹性、易破裂。

### （二）防治措施

**1. 预防**　用冰醋酸、福尔马林加高锰酸钾熏蒸消毒蜂箱、巢脾等蜂具。用山楂水化糖喂蜂。

**2. 防治**　喂酸饲料。在每升糖浆或蜂蜜中加入 1 克柠檬酸或 4 毫升食醋，每 10 框蜂每次喂 250 毫升，2～3 天喂 1 次，连喂 4～5 次，可抑制孢子虫的侵入与增殖。

## 六、爬蜂综合征

爬蜂病（crawling - bee disease）感染西方蜜蜂，4 月为发病高峰期，病原有蜜蜂细菌、真菌、病毒、微孢子虫、蜜蜂马氏管变形虫、蜜蜂螺原体、奇异变形杆菌（*Proteus mirabilis*）等。另外，不良饲料造成蜜蜂消化障碍、蜂螨危害使蜜蜂不能飞翔，环境（大气）污染等，也引起蜂爬病。发病与环境条件密切相关，当温度低、湿度大时病害重。

### （一）感官诊断

患病蜜蜂多在凌晨（4 时左右）爬出箱外，行动迟缓，腹部拉长，有时下痢，翅微上翘。病害前期，可见病蜂在巢箱周围蹦跳，无力飞行，后期在地上爬行，于沟、坑处聚集，最后抽搐死亡。死蜂伸吻、张翅。病蜂中肠变色，后肠膨大，积满黄或绿色粪便，时有恶臭。还有些病蜂腹部膨胀、体色湿润，挤在一堆。

由环境污染造成的爬蜂病，在短期内造成蜜蜂大量死亡，蜜蜂跌落箱底浸漫巢脾，提出巢脾，蜜蜂无力攀附，跌落地面向外跳跃转圈爬死（图 6-8、图 6-9）。

图 6-8　环境污染造成蜜蜂死亡情况
（张中印　摄）

图 6-9　环境污染造成群势下降
（张中印　摄）

### （二）防治措施

蜜蜂爬病，重在预防，除饲养强群、保持饲料（蜂蜜、蜂粮、蜂乳）优质充足外，还须注意以下几点：

**1. 选择环境**　选择干燥、避风和向阳的越冬及春繁场地，任何时候都不将蜂场放在粉尘污染的地方（如砖瓦窑、水泥厂多的地方和产生烟雾多的铝厂等附近、下风向）。保持蜂巢干燥、透气和蜂多于脾。利用气温 10℃以上的中午，促进蜜蜂排泄，翻晒覆布，慎用塑料薄膜封盖蜂箱。

**2. 早春炼蜂**　蜂巢上下透气，降低温度，放慢繁殖速度。

**3. 转移蜂场**　春天遭遇黄沙天气、黄雨天气、阴霾天气时，应及时转移场地。

**4. 以蜂养蜂**　适时停产王浆，密集蜜蜂，供给蜂群充足优良饲料，培育健康蜜蜂。加喂酒石酸、食醋等酸味剂，抑制孢子虫、变形虫等病原物的繁殖，不用果葡糖浆或代用花粉喂蜂，春季不过早繁殖。

**5. 消毒**　每年秋季对蜂具消毒。

## 七、蜜蜂麻痹病

蜜蜂麻痹病有急性麻痹病（acute paralysis disease）和慢性麻痹病（chronic paralysis disease）两种，多发生在春秋两季，是西方蜜蜂成年蜂病害。病原为蜜蜂急性麻痹病病毒（acute paralysis virus，APV）和慢性麻痹病病毒（chronic paralysis virus，CPV）。

### （一）感官诊断

患急性麻痹病的蜜蜂死前颤抖，并伴有腹部膨大症状。

图 6-10　健康蜂驱逐病蜂

（引自 M. V. Smith，University of Guelph.）

患慢性麻痹病的蜜蜂，一种为大肚型，病蜂双翅颤抖，腹部因蜜囊充满液体而肿胀，翅展开，不飞翔，在蜂箱周围爬行，有时病蜂在箱内或箱外聚集；另一种为黑蜂型，病蜂体表绒毛脱落，腹部末节油黑发亮，个体略小于健康蜂，颤抖，不能飞翔，常被健康蜜蜂攻击和驱逐（图 6-10）。

### （二）防治措施

**1. 预防**　防治蜂螨，选育抗病品种，更换蜂王。

**2. 管理**　春季选择向阳高燥地方、夏季选择半阴凉通风场所放蜂群。

**3. 防治**　用升华硫 4～5 克/群，撒在蜂路、巢框上梁、箱底，每周 1～2 次，用来驱杀病蜂。

中草药防治和囊状幼虫病相同。

## 八、蜜蜂营养病

在蜜蜂饲料中，糖类、脂类、蛋白质、维生素、微量元素等缺乏或过多，都会引起蜜蜂营养代谢紊乱而发病。

营养不良的原因很多，早春繁殖缺乏花粉、蜂蜜、饮水，蜜蜂不足，蜂儿缺乳；夏秋天热工蜂离脾，蜂儿相对饥饿，生产王浆、劳役过重，工蜂营养不足，代用食物营养不良、平日蜂群饥饿。

### （一）感官诊断

幼虫干瘪，被工蜂抛弃；幼龄蜂体质差、个小、寿命短，并伴随卷翅等畸形，爬死；成年蜂早衰、寿命短，产量低。在没有饲料的情况下会饿死（图6-11），因饲料不良还会导致拉稀病，蜜蜂体色深暗，腹部臌大，行动迟缓，飞行困难，并在蜂场及其周围排泄黄褐色、有恶臭气味的稀薄粪便，为了排泄，常在寒冷天气爬出箱外，冻死在巢门前。

图6-11 分享最后1滴甜蜜

（引自 Zachary Huang）

### （二）防治措施

把蜂群及时运到蜜源丰富的地方放养或补充饲料，在恶劣条件下，应暂停蜂王浆、蜂蛹等消耗营养大的生产活动；在蜜蜂活动季节，要根据蜂数、饲料等具体情况来繁殖蜂群，并努力保持巢温的稳定。蜂群越冬，提前喂足，不用玉米糖喂蜂。

## 第三节　蜜蜂天敌的控制

蜜蜂敌害包括取食蜜蜂和吮吸蜜蜂体液的所有可见动物。

### 一、蜂螨

蜂螨主要有大蜂螨（*Varroa jacobsoni* Oud.）和小蜂螨（*Tropilaelaps* clareae），是西方蜜蜂的主要寄生性敌害。

### （一）大蜂螨

**1. 生活习性** 大蜂螨一生经过卵、若螨和成螨三个阶段，在8～9月为害最严重。成螨（图6-12）寄生在成年蜜蜂体上，靠吸食蜜蜂的血淋巴生活；卵和若螨寄生在蜂儿房中，以蜜蜂虫和蛹的体液为营养生长发育。

图6-12 大蜂螨腹面
（张中印 摄）

**2. 感官诊断** 被寄生的成年蜂烦躁不安，体质衰弱，寿命缩短。幼虫受害后，有些在蛹期死亡，而羽化出房的蜜蜂畸形、翅残，失去飞翔能力，四处乱爬。受害蜂群，繁殖和生产能力下降，群势迅速衰弱，直至全群灭亡（图6-13）。

### （二）小蜂螨

**1. 生活习性** 小蜂螨一生也经过卵、若螨和成螨（图6-14）三个阶段，主要生活在大幼虫房和蛹房中，很少在蜂体上寄生，在蜂体上只能存活2天。小蜂螨在巢脾上爬行迅速，在河南省5～9月份都能为害蜂群，8月底9月初最为严重，生产上，6月份就需要对小蜂螨进行防治。

**2. 感官诊断** 小蜂螨靠吸食幼虫和蛹的淋巴生活，造成幼虫和蛹大批死亡和腐烂，封盖子房有时还会出现小孔，个别出房的幼蜂，翅残缺不全，体弱无力。小蜂螨的危害比较隐蔽，往往造成见子不见蜂的现象。

### （三）防治措施

**1. 抗螨育种** 见第四章。

**2. 药物防治大蜂螨**

（1）断子期药物防治大蜂螨：原理是切断大蜂螨在巢房寄生

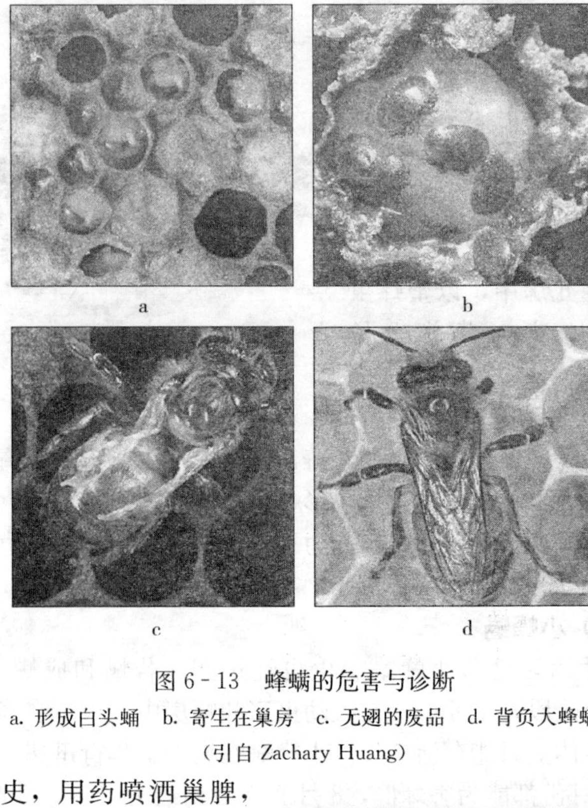

图 6-13　蜂螨的危害与诊断

a. 形成白头蛹　b. 寄生在巢房　c. 无翅的废品　d. 背负大蜂螨

（引自 Zachary Huang）

的生活史，用药喷洒巢脾，消灭成年大蜂螨。时间选择早春无子前、秋末断子后，或结合育王断子和秋季繁殖初期断子。常用药剂有杀螨剂 1 号、绝螨精等水剂，按说明加溶剂稀释，置于手动喷雾器中或两罐雾化器中喷雾防治。

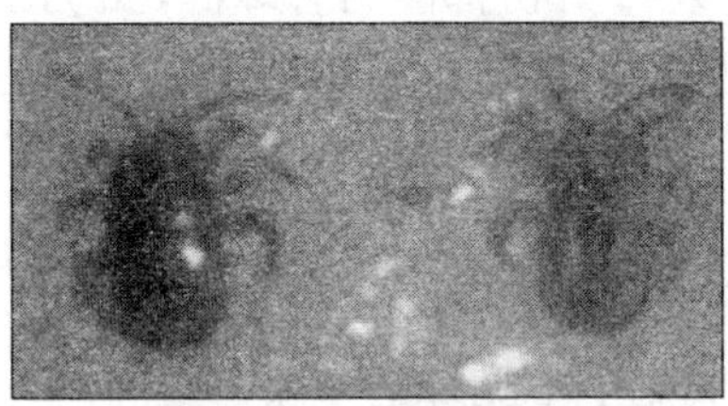

图 6-14　成年小蜂螨

（张中印　摄）

①手动喷雾器喷药：将巢脾提出置于继箱后，先对巢箱底进

行喷雾，使蜂体上布满水滴，再取一张报纸，铺垫在箱底，左手提出巢脾（抓中间），右手持手动喷雾器，距脾面25厘米左右，斜向蜜蜂喷射3下，喷过一面，再喷另一面，然后放入蜂巢，再喷下一脾，最后盖上副盖、覆布、大盖。第二天早晨打开蜂箱，卷出报纸，检查治螨效果。

②两罐喷雾器喷药：药物为杀螨剂，载体为煤油，比例为1∶6。先按比例配好药液，装进药液罐。在燃烧罐中加入适量酒精，点燃，使螺旋加热管温度升高。然后，手持雾化器，将喷头通过巢门或钉孔插入箱中，对着箱内空处，压下动力系统的手柄3下即可（图6-15）。

隔天一次，连治3次。

（2）繁殖期药物防治大蜂螨：蜂群繁殖期，卵、幼虫、蛹、成蜂四虫态俱全，即有寄生在成年蜜蜂体上的成螨，也有寄生在巢房内的螨卵、若螨和成螨，应设法造成巢房内的螨与蜂体上的螨分离，分别防治；或者选择既能杀死巢房内的螨又能杀死蜂体上螨的药物，采用特殊的施药方法进行防治。常用螨扑（如氟胺氰菊酯条、氟氯苯氰菊酯条）（图6-16）等长效药物。使用前，都需要做药效试验，预防药害。

图6-15 两罐雾化器防治大蜂螨
（张中印 摄）

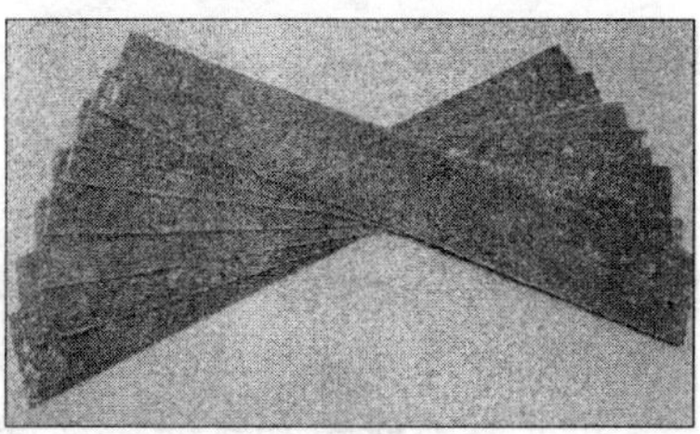

图6-16 螨 扑
（张中印 摄）

①施用螨扑：强群用药2片，弱群1片，将药片固定在第二个蜂路巢脾框梁上，对角悬挂，1周后再加1片。使用的螨扑一

定要有效，有些螨扑对幼蜂毒害大。

②分巢轮治（蜂群轮流治螨）：将蜂群的蛹脾和幼虫脾带蜂提出，组成新蜂群，导入王台；蜂王和卵脾留在原箱，用杀螨水剂或油剂喷雾治疗。新分蜂群先治 1 次，待群内无子后再治 2 次。

**3. 升华硫防治小蜂螨**

（1）脾面敷药粉：将杀螨剂和升华硫混合（升华硫 500 克＋20 支杀螨剂，可治疗 600～800 框蜂），用纱布包裹，抖落封盖子上的蜜蜂，使脾面斜向下，然后涂药于封盖子的表面。

不向幼虫脾涂药，并防止药粉掉入幼虫房中，涂抹尽可能均匀、薄少，防止引起爬蜂等药害。在河南省和山西省，6 月份防治小蜂螨。

（2）脾面抹药水：升华硫 500 克＋20 支杀螨剂＋4.5 千克水，充分搅拌，然后澄清，再搅匀。提出巢脾，抖落蜜蜂，用羊毛刷浸入上述药液，提出，刷抹脾面。脾面斜向下，先刷向下的一面，避免药液漏入巢房内，刷完一面，反转后再刷另一面。

## 二、蜡螟

蜡螟又称巢虫，有大蜡螟（*Galleria mellonella* L.）和小蜡螟（*Achroia grisella* Fabricius）两种。

### （一）感官诊断

大蜡螟以其幼虫蛀食巢脾、钻蛀隧道，为害蜜蜂的幼虫和蛹，成行的蛹封盖被工蜂啃去，造成“白头蛹”，影响蜂群的繁殖，严重者迫使蜂群逃亡。

此外，大蜡螟和小蜡螟还破坏保存的巢脾，并吐丝结茧，在巢房上形成大量丝网，使被害的巢脾失去使用价值（图 6 - 17）。

### （二）防治措施

**1. 预防** 蜂箱严实无缝，不留底窗，摆放蜂箱要前低后高，左右平衡。贮藏巢脾，可用塑料膜袋密封，并用药物有计划地

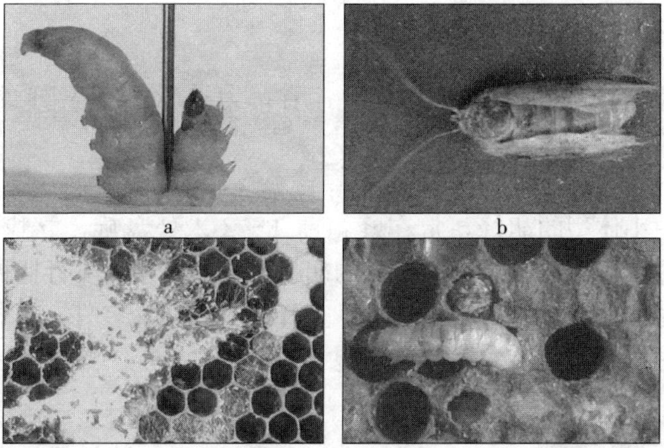

a　b　c　d

图 6-17　大蜡螟

a. 幼虫　b. 成虫　c. 为害巢脾　d. 为害子脾

（张中印　摄）

熏蒸。

饲养强群，保持蜂多于脾或蜂、脾相称。筑造新脾，更换老脾。

图 6-18　磷化铝

（张中印　摄）

**2. 防治**　用磷化铝（AlP）熏蒸消灭蜡螟（图 6-18）。先把巢脾分类、清理后，每个继箱放 10 张，箱体相叠，用塑料膜袋套封，每箱体框梁上放一粒（用纸盛放），密闭即可。磷化铝主要用于熏蒸贮藏室中的巢脾，也用于巢蜜脾上蜡螟等害虫的防除，一次用药即可达到消灭害虫的目的。

磷化钙（散剂）也可用来熏蒸巢虫，用法和效果与磷化铝相似。磷化铝和磷化钙产生的磷化氢对人有毒。

被害巢脾，可化蜡处理。

## 三、胡蜂

胡蜂（wasp）在我国南方各省，为夏秋季节蜜蜂的主要敌害。

### （一）感官诊断

中小体型的胡蜂，常在蜂箱前1～2米处盘旋，寻找机会，抓捕进出飞行的蜜蜂；体型大的胡蜂，除了在箱前飞行捕捉蜜蜂外，还能伺机扑向巢门直接咬杀蜜蜂，若有胡蜂多只，还能攻进蜂巢中捕食，迫使中蜂弃巢逃跑（图6-19）。

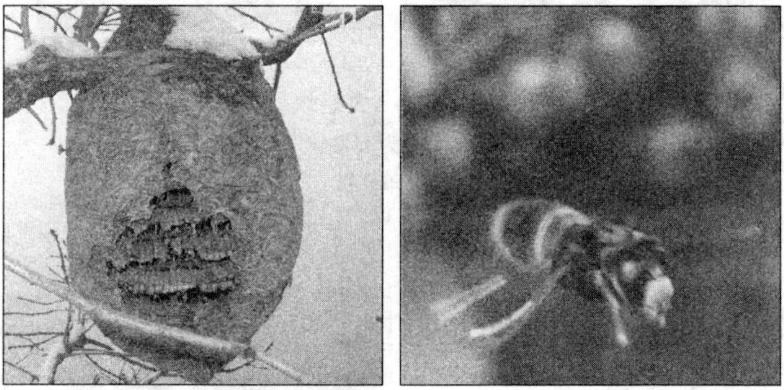

a　　b

图6-19　胡蜂巢穴和胡蜂正在捕捉蜜蜂

（张中印　摄）

a. 胡蜂巢穴　b. 胡蜂正在捕捉蜜蜂

### （二）防治措施

将约1克的“毁巢灵”药粉装入带盖的广口瓶内，在蜂场用捕虫网捉住胡蜂后，将其装进瓶中，立即盖上盖，任其振翅敷药粉于身上，几秒钟后打开盖子，放其飞走，归巢后则起到毒杀其他个体的作用。

发现有胡蜂为害时，可用板扑打，寻找其巢穴并捣毁。

## 四、老鼠

老鼠（mouse）是蜜蜂越冬季节的重要敌害。在冬季，老鼠咬破箱体或从巢门钻入蜂箱中，一方面取食蜂蜜、花粉，啃咬毁坏巢脾，并在箱中筑巢繁殖，使蜂群饲料短缺，同时啃啮蜜蜂头、胸，把蜜蜂腹部遗留箱底。另一方面，鼠的粪便和尿液的浓烈气味，使蜜蜂骚动不安，离开蜂团而死，严重影响蜂群越冬，同时也污染了蜂箱、蜂具。

### （一）感官诊断

在早春或冬季，箱前有头胸不全、足翅分离的碎蜂尸和蜡渣，即可断定是老鼠为害。

### （二）防治措施

把蜂箱巢门高做成7毫米，能有效地防鼠进箱。在鼠经常出没的地方放置鼠夹、鼠笼等器具逮鼠。市售毒鼠药有灭鼠优、杀鼠灵、杀鼠迷、敌鼠等，按说明书使用，注意安全。

## 五、蜘蛛

蜘蛛（spider），又名网虫（图6-20），它不但结网捕捉蜜蜂，而且还在花上狩猎蜜蜂。预防方法是远离老荆条多的地方放蜂。

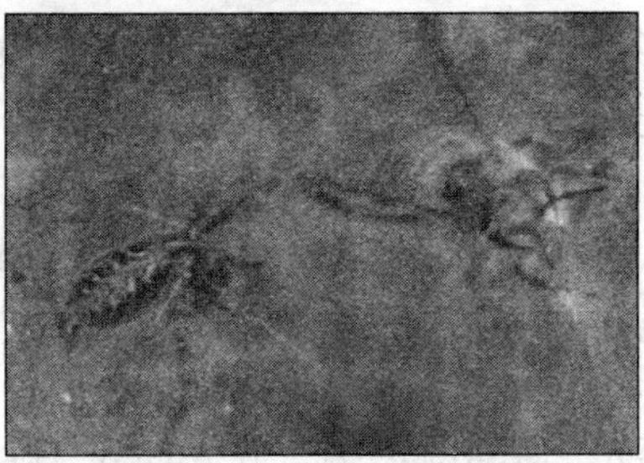

图6-20　蜘蛛织网捕蜂
（张中印　摄）

## 六、其他天敌

蟾蜍（toad）俗称癞蛤蟆，属两栖纲蟾蜍科，是蜜蜂夏季的主要敌害之一。每只蟾蜍一晚上能吃掉数十只到100只以上的蜜蜂。防治方法是铲除蜂场周围的杂草，垫高蜂箱，黄昏或傍晚到箱前查看，尤其是阴雨天气，用捕虫网逮住蟾蜍，放生野外。

狗熊（selenarctos）又名黑瞎子，它能搬走或推翻蜂箱，攫取蜂蜜。预防方法是养狗放哨，放炮撵走。

## 第四节　蜜蜂毒害的预防

蜜蜂毒害有自然和人为因素，可分为植物毒害、农药毒害、兽药毒害、环境毒害和激素毒害5种。

### 一、植物毒害

植物毒害包括有害花蜜、花粉、甘露蜜和转基因植物对蜜蜂取食的影响等。

#### （一）植物花蜜花粉引起蜜蜂消化不良

有油茶（*Camellia oleifra*）、茶（*Camellia sinensis*）、枣（*Ziziphus jujuba*）等。

**1. 茶花期**　茶树是我国南方广泛种植的重要经济作物，开花期9～12月，流蜜量较大，花粉丰富且经济价值高，有利于王浆生产。

（1）感官诊断：幼虫烂子，群势下降。

（2）防治措施：在茶花期，每隔1～2天给蜂群饲喂1∶1糖水。

**2. 油茶花期**　油茶是我国长江中下游地区以及南方各省种植的重要油料作物。开花期9～11月。

（1）感官诊断：成年蜂采集花蜜后腹部膨胀，无法飞行，直至死亡；幼虫取食油茶花蜜后表现为烂子。

（2）防治措施：每天饲喂1∶1糖水，尽早撤离油茶场地。

**3. 枣花期**　枣是我国重要果树之一，也是北方夏季主要蜜源植物。5～6月或6～7月开花。泌蜜量大，花粉少。枣花蜜中的$K^+$、生物碱以及蜂群缺粉、高温和蛋白质食物中含有尘埃，是引起蜜蜂中毒、群势下降的原因。

（1）感官诊断：工蜂腹部膨胀，失去飞翔能力，只能在箱外做跳跃式爬行；死蜂呈伸吻勾腹状，踩上去有轻微的爆炸声。蜂群群势下降。

（2）防治措施：放蜂场地要通风，并有树林遮阳。采蜜期间，一早一晚清扫场地并洒水，扩大巢门，蜂场增设饲水器。保持巢内花粉充足，蜂场周围有粉源植物开花，或喂养花粉，可减轻发病。

**4. 蜜露蜜**　在外界蜜粉源缺乏时，蜜蜂采集某些植物幼叶分泌的甘露或蚜虫、介壳虫分泌的蜜露。

（1）感官诊断：成年蜂腹部膨大，无力飞翔。拉出消化道，可见蜜囊臌胀，中肠环纹消失，后肠有黑色积液。严重时幼蜂、幼虫和蜂王也会死亡（图 6－21）。

图 6－21　蜜露蜜中毒
（牟秀艳　摄）

（2）防治措施：选择蜜源丰富、优良的场地放蜂，保持蜂群食物充足，一旦蜜蜂采集了松柏、黄栌等甘露或蜜露，要及时清理，给蜂群补喂含有复合维生素 B 或酵母的糖浆，并转移蜂场。

秋末蜜蜂采集蜜露（如玉米叶上的蚜虫蜜露）要及时取出，蜜露结束抓紧时间喂越冬饲料。如果蜜露蜜未能及时取出，在蜜露结束后多喂糖浆，翌年及早往南方繁殖，消除蜜露蜜的影响。

越冬蜂群饲料不得保有甘露蜂蜜。

### （二）有毒蜜源花蜜花粉引起蜜蜂中毒死亡

我国常见的有毒蜜源植物有：藜芦、苦皮藤、喜树、博落回、曼陀罗、毛茛、乌头、白头翁、羊踯躅、杜鹃等。这些植物的花粉或花蜜含有对蜜蜂有害的生物碱、糖苷、毒蛋白、多糖、草酸盐等物质，蜜蜂采集后，受这些毒物的作用而生病。

**1. 感官诊断** 因花蜜而中毒的多是采集蜂，中毒初期，蜜蜂兴奋，逐渐进入抑制状态，行动呆滞，身体麻痹，吻伸出；中毒后期，蜜蜂在箱内、场地艰难爬行，直到死亡。因花粉而中毒的多为幼蜂，其腹部膨胀，中、后肠充满黄色花粉糊，失去飞行能力，落在箱底或爬出箱外死亡。花粉中毒严重时，幼虫滚出巢房而毙命，或烂死在巢房内，虫体呈灰白色。

可鉴定花粉判定是哪种有害植物。

**2. 防治措施** 选择没有或少有毒蜜源（2 千米内）的场地放蜂，或根据蜜源特点，采取早退场、晚进场、转移蜂场等办法，避开有毒蜜源的毒害。如在秦岭山区狼牙刺场地放蜂，早退场可有效防止蜜蜂苦皮藤中毒。

发现蜜蜂蜜、粉中毒后，首先须及时从发病群中取出花蜜或花粉脾，并喂给酸饲料（如在糖水中加食醋、柠檬酸，或用生姜 25 克＋水 500 克，煮沸后再加 250 克白糖喂蜂）。若确定花粉中毒，加强脱粉可减轻症状。其次，如中毒严重，或该场地没有太大价值，应权衡利弊，及时转场。

### （三）转基因植物影响蜜蜂的饮食健康

据报道，种植转基因作物的田地里，蝴蝶数量减少了 2/3，蜜蜂数量减少了 1/2。转基因植物通过改变的 Bt 杀虫蛋白基因、蛋白酶抑制剂影响蜜蜂取食，或者对蜜蜂直接起到慢性中毒作用。

近些年来，由于抗虫棉广泛应用于生产，使棉花蜂蜜大幅减产甚至绝产，单纯以蜂产品生产为主的蜂场，可考虑放弃棉花蜜源。

## 二、药物毒害

蜜蜂药物中毒主要是在采集果树和蔬菜等人工种植植物的花蜜花粉时发生。如我国南方的柑橘、荔枝、龙眼，北方的枣树、杏等，每年都造成大量蜜蜂死亡。另外，在油菜、枣树等花期，由于催化剂和除草剂的应用，驱避蜜蜂采集，或蜜蜂采集后，造成蜂群停止繁殖，破坏蜜蜂正常的生理机能而发生毒害作用。

### （一）农药毒害

**1. 感官诊断**　农药中毒的主要是外勤蜂。成年工蜂中毒后，在蜂箱前乱飞，追蜇人畜，蜂群很凶。中毒工蜂正在飞行时旋转落地，肢体麻痹，翻滚抽搐，打转、爬行，无力飞翔。最后，两翅张开，腹部勾曲，吻伸出而死，有些死蜂还携带有花粉团；严重时，短时间内在蜂箱前或蜂箱内可见大量的死蜂，全场蜂群都如此，而且群势越强死亡越多（图 6-22）。

图 6-22　农药中毒
（2008 年 5 月，河南科技学院试验蜂场因花卉喷洒农药蜜蜂死亡情况）
（张中印　摄）

当外勤蜂中毒较轻而将受农药污染的食物带回蜂巢时，造成部分幼虫中毒而剧烈抽搐并滚出巢房。有一些幼虫能生长羽化，但出房后残翅或无翅，体重变轻。当发现上述现象时，根据对花期特点和种植管理方式的了解，即可判定是农药中毒。

**2. 预防措施** 养蜂者和种植者密切合作，尽量做到花期不喷药，或在花前预防、花后补治。必须在花期喷药的，优选施药方式，做好隔离工作。

在习惯施药的蜜源场地放蜂，蜂场以距离蜜源 300 米为宜。若花期大面积喷施对蜜蜂高毒的农药，应及时搬走蜂群。如蜂群一时无法搬走，就必须关上巢门，并进行遮盖，保持蜂群处于环境黑暗，注意通风降温，且最长不超过 2～3 天。对不宜关上巢门的蜂群必须在蜂巢门口连续洒水。

**3. 急救措施** 第一，若只是外勤蜂中毒，及时撤离施药区即可。若有幼虫发生中毒，则须摇出受污染的饲料，清洗受污染的巢脾。第二，给中毒的蜂群饲喂 1∶1 的糖浆或甘草糖浆。对于确知有机磷农药中毒的蜂群，应及时配制 0.1%～0.2%的解磷定溶液，或用 0.05%～0.1%的硫酸阿托品喷脾解毒。对有机磷或有机氯农药中毒，也可在 20%的糖水中加入 0.1%食用碱喂蜂解毒。

### （二）兽药毒害

**1. 感官诊断** 在使用杀螨剂防治大蜂螨时，用药过量，在施药 2 小时后，幼蜂便从箱中爬出，在箱前乱爬，直到死亡为止。有些螨扑，使幼蜂爬时间达 1 周以上（图 6－23）。

在用升华硫抹子脾防治小蜂螨时，若药沫掉进幼虫房内，则引起幼虫中毒死亡。

图 6－23 蜜蜂螨扑中毒箱内死亡蜜蜂，此外，蜜蜂连取食都停止了

（张中印 摄）

**2. 预防措施** 严格按照说明配药，使用定量喷雾器施药（如两罐雾化器）。或先试治几群，按最大的防效、最小的用药量防治蜂病。

### (三) 激素毒害

催化剂（生长激素）、坐果素中毒，造成蜂群停止繁殖。目前，农民对枣树花、油菜花喷洒赤霉素，是对养蜂生产威胁最大的激素。

**1. 感官诊断** 蜜蜂采集后，便引起幼虫死亡，蜂王停产直至死亡，工蜂寿命缩短，并减少甚至停止采集活动。

**2. 预防措施** 更换蜂王，离开喷洒此药的蜜源场地。

### (四) 除草药害

小麦、玉米等农作物喷洒除草剂，蜜蜂采集其上的露水而中毒，开箱检查，蜜蜂无力跌落箱底，或离开蜂巢在地面蹦跳或打滚，然后爬行死亡。

防治措施是及时离开，放蜂场地远离菜地等可能喷洒除草剂的地方。

## 三、环境毒害

在工业区（如化工厂、水泥厂、电厂、铝厂、药厂、冶炼厂、砖瓦厂等）附近，烟囱排出的气体中，有些含有氧化铝、二氧化硫、氟化物、砷化物、臭氧、臭氟等有害物质，随着空气（风）漂散并沉积下来（图6－24）。这些有害物质，一方面直接毒害蜜蜂，使蜜蜂死亡或寿命缩短，另一方面它沉积在花上，被蜜蜂采集后影响蜜蜂健康和幼虫的生长发育，还对植物的生长和蜂产品质量形成威胁。

图 6－24 污浊的空气

（引自 iology-The Unity and Diversity of Life，Eighth Edition）

除工业区排出的有害气

体外，其排出的污水和城市生活污水也时刻威胁着蜜蜂的安全。污水造成的毒害，近些年来的“爬蜂病”，污水是其主要发病原因之一。荆条花期，水泥厂排出的粉尘是附近蜂群群势下降的原因之一。

毒气中毒以工业区及其排烟的顺（下）风向受害最重，污水中毒以城市周边或城中为甚。

**1. 感官诊断** 环境毒害造成蜂巢内有卵无虫、爬蜂，蜜蜂疲惫不堪，群势下降，用药无效。

因污水、毒气造成蜜蜂的中毒现象，雨水多的年份轻，干旱年份重，并受季风的影响，在污染源的下风向受害重，甚至数十千米的地方也难逃其害。只要污染源存在，就会一直对该范围内的蜜蜂造成毒害（图 6－25，图 6－26）。

图 6－25 环境毒害 1
距离郑州万象农化公司 200 米远的一个蜂场，专家正在检查蜜蜂慢性中毒死亡情况
（张中印 摄）

图 6－26 环境毒害 2
距离郑州万象农化公司 200 米远的一个蜂场，受毒气影响，剩余蜜蜂聚集在副盖下，打开副盖，蜜蜂急速跳出蜂箱，在地上快速爬行
（张中印 摄）

**2. 防治措施** 发现蜜蜂因有害气体而中毒，首先清除巢内饲料后喂给糖水，然后转移蜂场。

如果是污水中毒，应及时在箱内喂水或巢门喂水，在落场时，做好蜜蜂饮水工作。

由环境污染对蜜蜂造成毒害有时是隐性的，且是不可救药的。因此，选择具有优良环境的场地放蜂，是避免环境毒害的唯一好办法，同时也是生产无公害蜂产品的首要措施。

# 第七章

# 蜜蜂饲养用具

## 第一节　基本工具

工具是生产力水平的标志，适当的养蜂设备可以提高生产效率，生产高质量的产品。养蜂工具，可以向商店购买，也可以自己制作。

### 一、蜂箱

蜂箱是供蜜蜂繁衍生息和制造产品的基本用具。目前，使用最为广泛的是通过向上叠加继箱扩大蜂巢的叠加式蜂箱，主要有意蜂郎氏十框标准蜂箱和中华蜜蜂蜂箱两类。

蜜蜂的生长发育和蜂产品的形成都是蜂群在蜂箱中完成，蜂箱须符合蜜蜂的生活和人们生产的需要。在我国制造蜂箱的木材以杉木和红松为宜（河南省也用桐木制作），并充分干燥。

#### （一）蜂箱的基本结构

蜂箱由巢框、箱体、箱盖、副盖、巢门板等部件和隔板、闸板等附件构成（图 7-1）。

**1. 箱盖**　在蜂箱的最上层，用于保护蜂巢免遭烈日的暴晒和风雨的侵袭，并有助于箱内维持一定的温度和湿度。

**2. 副盖**　盖在箱体上，使箱体与箱盖之间更加严密，防止蜜蜂出入。铁纱副盖须配备 1 块与其大小相同的布覆盖，木板副盖或盖布起保温、保湿和遮阳作用。

**3. 隔板** 一块木板，形状和大小与巢框基本相同，厚度 10 毫米。每个箱体配置 1 块，使用时悬挂在巢脾的外侧。既可避免巢脾外露，减少蜂巢温湿度的散失，又可防止蜜蜂在箱内多余的空间筑造赘脾。

**4. 闸板** 形似隔板，宽度和高度分别与巢箱的内围长度和高度相同。用于把巢箱纵隔成互不相通的两个或多个区域，以便同箱饲养两个或多个蜂群。

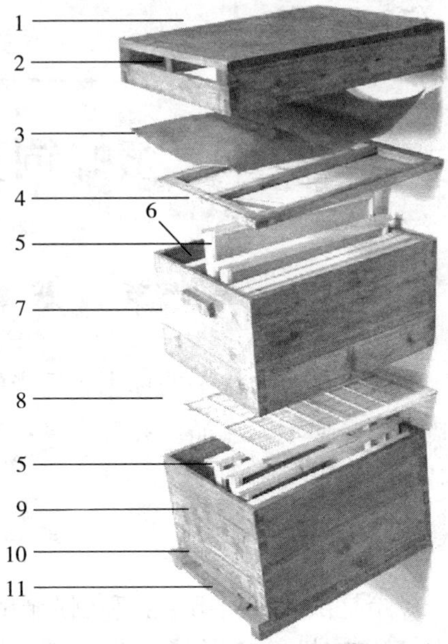

图 7－1 （中国）郎氏十框标准蜂箱结构

1. 箱盖 2. 通风窗 3. 盖布 4. 副盖 5. 巢脾 6. 隔板 7. 贮蜜继箱 8. 隔王板 9. 巢箱 10. 小巢门 11. 起落板

（张中印 摄）

**5. 巢门板** 为巢门堵板，具有可开关和调节巢穴口大小的小木块。

**6. 箱底** 蜂箱的最底层，一般与巢箱联成整体，用于保护蜂巢。

**7. 箱体** 包括巢箱和继箱，都由 4 块木板合围而成的长方体，箱板采用 L 形槽接缝，四角开直榫相接合。箱体上沿开 L 形槽——承受巢框用的槽。

巢箱是最下层箱体，供蜜蜂繁殖（图 7－2）。继箱叠加在巢箱上方，是用于扩大蜂巢的箱体。继箱的长和宽与巢箱的相同，高度与巢箱相同的为深继箱，巢框通用，供蜂群繁殖或贮蜜。高度约为巢箱 1/2 的为浅继箱，其巢框也约为巢箱的 1/2，用于生产分离蜜、巢蜜或作饲料箱。

**8. 巢框**　由上梁、侧条和下梁构成，用于固定和保护巢脾，悬挂在框槽上，可水平调动和从上方提出。意蜂巢框上梁腹面中央开一条深 3 毫米、宽 6 毫米的槽——础沟，为巢框承接巢础处（图 7 - 3，图 7 - 4）。两侧条中线有等距离的 3～4 个孔，供穿线固定巢础用。

图 7 - 2　巢箱与闸板
（张中印，罗术东　摄）

图 7 - 3　巢框结构

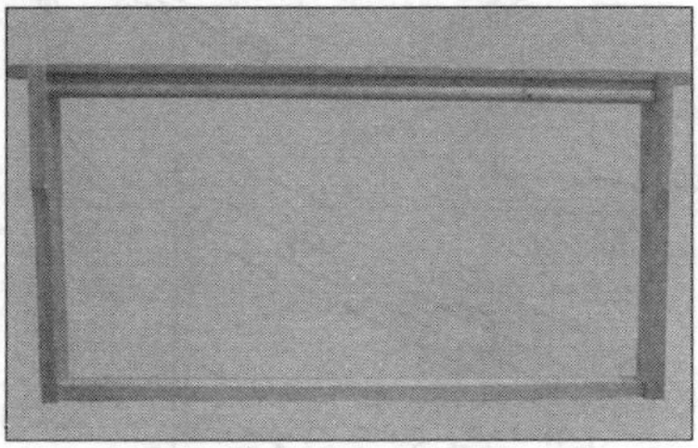

图 7 - 4　标准巢框
（张中印　摄）

### （二）常用蜂箱的种类

我国常用蜂箱有意蜂郎氏十框标准蜂箱、中华蜜蜂蜂箱、授粉专用蜂箱等。

**1. 意蜂郎氏蜂箱**　由巢箱与继箱组成，巢脾通用，适合在中国饲养西方蜜蜂，其制作图解见图 7 - 5。

**2. 国外用的蜂箱**　由 1～2 个繁殖箱体和多个浅继箱组成，活动箱底，带箱架，有些在箱盖下加上 1 个箱顶饲喂器，在箱底设有通风架和脱粉装置。适合饲养意大利蜂。多变的箱底，可用于生产蜂花粉，清扫杂物。箱顶饲喂器采用木板或塑料制成，长

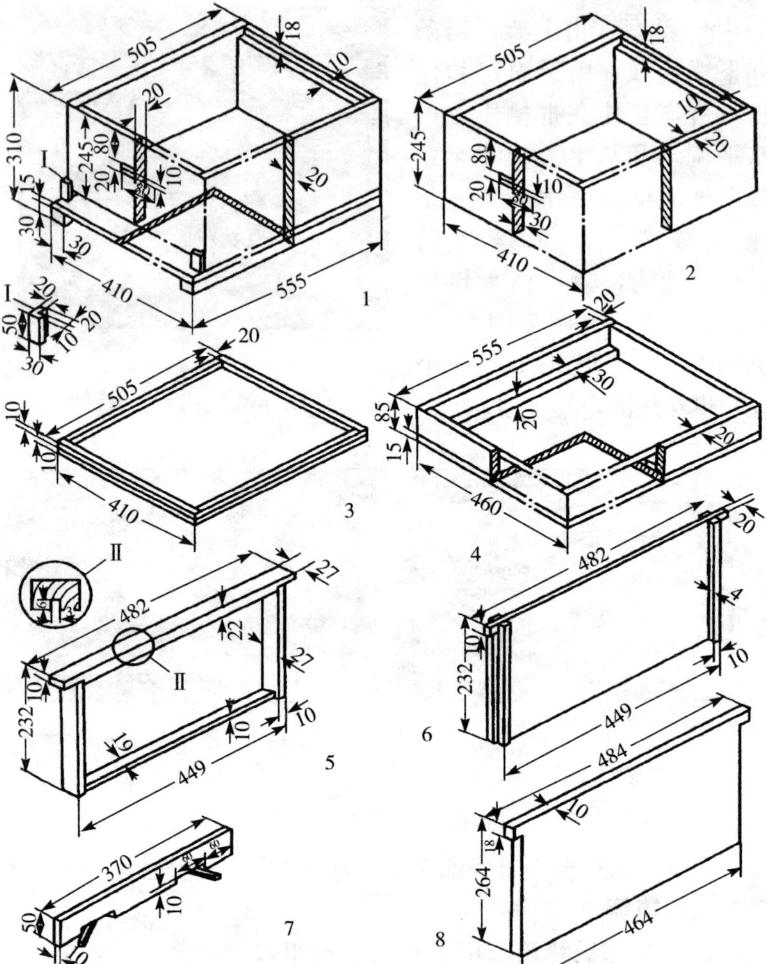


图 7-5　意蜂郎氏蜂箱（单位：毫米）

1. 巢箱　2. 继箱　3. 副盖

4. 箱盖　5. 巢框　6. 隔板　7. 巢门板　8. 闸板

（引自中国实用养蜂学）

度和宽度与蜂箱的相同，但高度仅 60～100 毫米，盛糖浆量约 10 千克，使用时置于箱体与副盖之间。

**3. 中蜂标准蜂箱**　即 GB 3607—83 蜂箱，适合我国中蜂在部分地区饲养（图 7－6）。采用这种蜂箱，早春双群同箱繁殖，

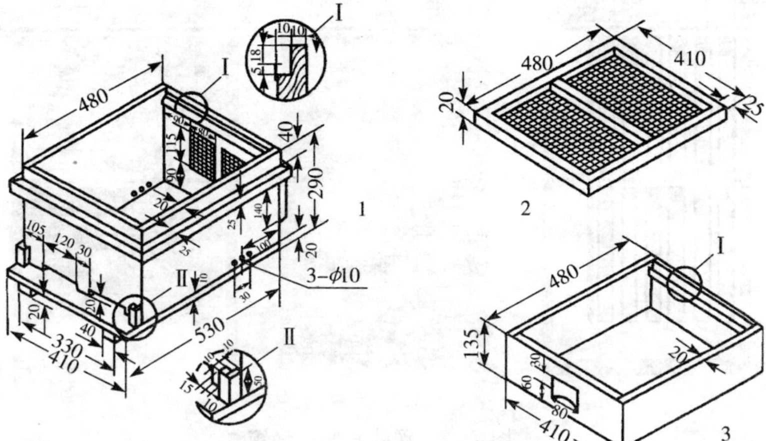


图 7－6　中蜂十框标准蜂箱（单位：毫米）

1. 巢箱　2. 副盖　3. 浅继箱　4. 箱盖　5. 巢箱巢框　6. 浅继箱巢框　7. 巢门板　8. 隔板　9. 闸板

（引自中国实用养蜂学）

采蜜期使单王合用浅继箱。

**4. 豫蜂斜底中蜂箱** 一种增加巢箱下部空间、箱底呈斜面的中蜂箱（图 7-7）。

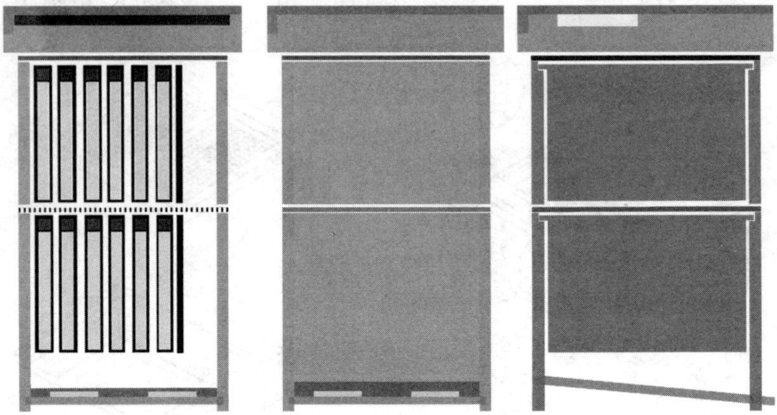

图 7-7 豫蜂斜底中蜂箱

（1）巢箱：高 341 毫米（与箱底连接在一起）、内宽 265 毫米、内长（前后）351 毫米。前后箱壁厚 22 毫米，箱沿内开深 16 毫米、宽 10 毫米的 L 形槽，供承受巢框框耳；左右箱壁厚 20 毫米，其内壁前距下缘 10 毫米往上 25 毫米、后距下缘 45 毫米往上 60 毫米，开深 15 毫米的槽，供插入箱底板用。

（2）继箱：每套蜂箱配备 1～2 个继箱，继箱高 247 毫米，内宽和内长与巢箱相同。前后箱壁厚 22 毫米，箱沿内开深 16 毫米、宽 10 毫米的 L 形槽，供承受巢框框耳；后箱壁距下缘 10 毫米向上、中间向左或向右横开 50 毫米、高 5～7 毫米的巢门一个。左右箱壁厚 20 毫米。

（3）巢框：内高 205 毫米、内宽 315 毫米，高、宽比约 2∶3。框梁长 356 毫米、宽 25 毫米、厚 20 毫米，侧条高 225 毫米、宽 25 毫米、厚 10 毫米，下梁长 315 毫米、宽 12 毫米、厚 10 毫米。

（4）巢门：为巢门堵板，具有可开关和调节巢穴口大小的小木块。

（5）隔板：厚10毫米、比巢框外围尺寸稍大的一块木板。

（6）箱底：箱底厚15毫米，宽285毫米，插入左右箱壁槽中。后达后箱壁外沿，前伸出前箱壁20～25毫米。箱底前后钉长305毫米、25毫米见方的木棍各一个。

（7）箱盖：内围尺寸比箱体大10毫米，板厚15毫米，内部左右边缘衬垫25～30毫米的木棍。

（8）副盖：由四木条组成框架（木条宽25毫米、厚20毫米）和中间横梁组成，外围尺寸与箱身相同，订铁纱。

图7-8　授粉专用蜂箱结构
（引自 www.legaitaly.com）

**5. 授粉专用蜂箱**　放置3～6脾、容纳7 500～12 500只蜜蜂的木质或塑料蜂箱（图7-8）。这种蜂箱还可作育种交配箱使用。

## 二、巢础

采用蜂蜡或无毒塑料制造的蜜蜂巢房房基（图7-9），使用时镶嵌在巢框中，工蜂以其为基础分泌蜡液将房壁加高而形成完整的巢脾。巢础可分为意蜂巢础和中蜂巢础、工蜂巢础和雄蜂巢础、巢蜜巢础等。

现代养蜂生产中，有些用塑料代替蜡质巢础，或直接制成塑料巢脾代替蜜蜂建造的蜡质巢脾（图7-10）。

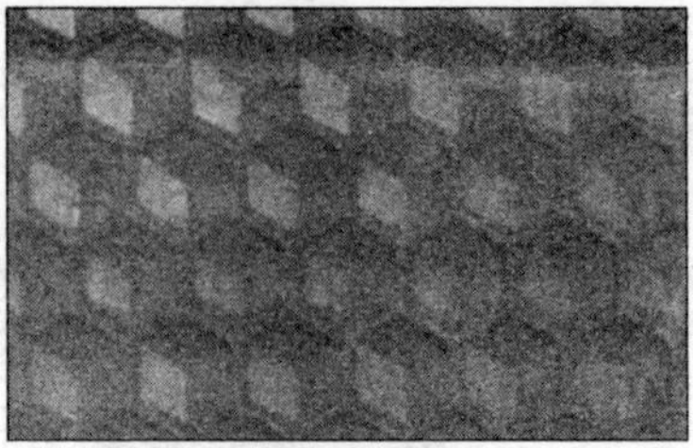

图 7-9 巢 础

（张中印 摄）

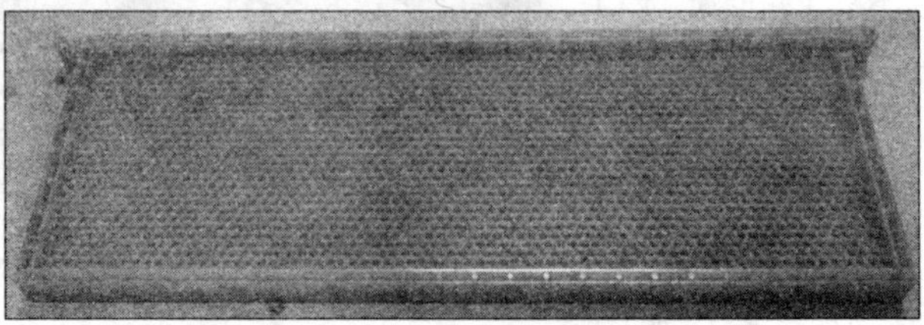

图 7-10 塑料巢础框

（张中印 摄）

# 第二节 生产工具

## 一、取蜜器械

### （一）分蜜机

利用离心力把蜂蜜从巢脾中甩出来的机具。

**1. 弦式分蜜机** 蜜脾在分蜜机中，脾面和上梁均与中轴平行，呈弦式排列的一类分蜜机。目前，我国多数养蜂者使用两框固定弦式分蜜机（图 7-11），特点是结构简单、造价低、体积小、携带方便，但每次仅能放 2 张脾，需换面，效率低。

**2. 辐射式分蜜机** 多用于专业化大型养蜂场。蜜脾在分蜜机中，脾面与中轴在一个平面上，下梁朝向并平行于中轴，呈车

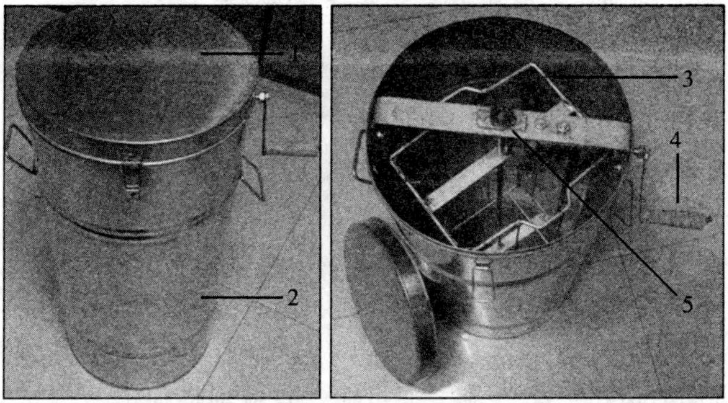


图 7-11　分蜜机 1——两框固定弦式分蜜机

1. 桶盖　2. 桶身　3. 框笼　4. 摇柄　5. 传动机构

（张中印　摄）

轮的辐条状排列，蜜脾两面的蜂蜜能同时分离出来（图 7-12）。另外，割脾收蜜时，常用螺旋榨蜜器榨取。

a　　　b

图 7-12　分蜜机 2——辐射式分蜜机

a. 人力辐射式分蜜机　b. 电力辐射式分蜜机

（引自 www.legaitaly.com）

### （二）脱蜂器

常用清扫或吹拂的方法清除附着在巢脾上的蜜蜂。

**1. 蜂刷**　通常采用白色的马尾毛和马鬃毛制作蜂刷（图 7-

13），刷落蜜脾、产浆框和育王框上的蜜蜂。

图 7-13　蜂　刷
（张中印　摄）

**2. 吹蜂机**　由 1.47～4.41 千瓦（2～6 马力）的汽油机或电动机带动鼓风机产生气流，通过输气管从扁嘴喷出，将支架上继箱里的蜜蜂吹落（图 7-14）。

a　　　　b

图 7-14　吹蜂机
a. 背负式　b. 手推式
（引自 www.legaitaly.com）

## （三）割盖刀

采用不锈钢制造，长约 250 毫米、宽 35～50 毫米、厚 1～2 毫米，用于切除蜜房蜡盖。

电热式割蜜刀刀身长约 250 毫米、宽约 50 毫米，双刃，重壁结构，内置 120～400 瓦的电热丝，用于加热刀身至 70～80℃

（图 7－15）。

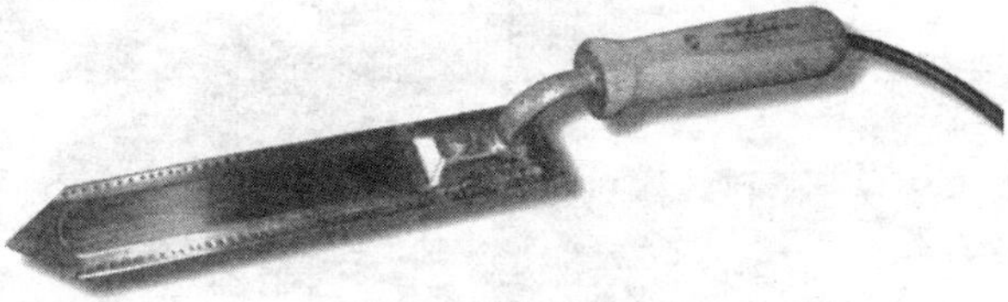

图 7－15　电热式割蜜刀

（引自 wwww. beecare. com）

### （四）过滤器

O. A. C. 连续净化蜂蜜的过滤器，由 1 个外桶、4 个网眼大小不一（20～80 目）的圆柱形过滤网等构成（图 7－16）。

图 7－16　蜂蜜过滤器

（引自 www. legaitaly. com）

### （五）巢蜜盒

有巢蜜盒和巢蜜格 2 种（图 7－17，图 7－18），用时镶嵌在巢框（或支架）中，并与小隔板共同组合在巢蜜继箱中，供蜜蜂贮存蜂蜜。

a　　　　　　　　　　b

图 7-17　巢蜜盒和巢蜜格
a. 巢蜜盒　b. 巢蜜格
（张中印　摄）

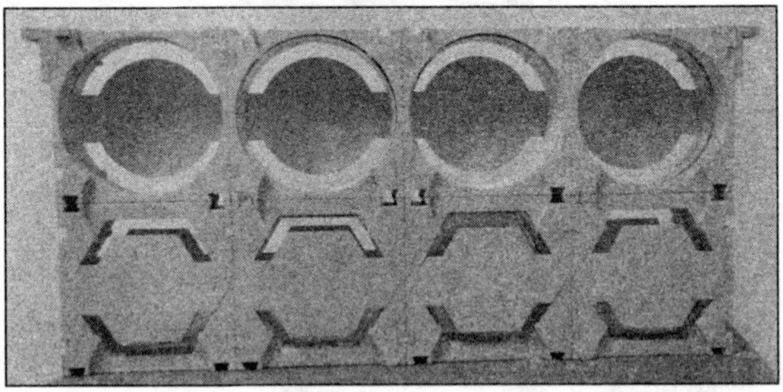

图 7-18　巢蜜格框

（张中印　摄）

## 二、脱粉工具

我国生产上使用巢门蜂花粉截留器，与承接蜂花粉的集粉盒组成脱粉装置（图 7-19），蜜蜂通过花粉截留器的孔进巢时，后足两侧携带的花粉团被截留（刮）下来，落入集粉盒中。截留器的孔径一般在 4.6～4.9 毫米，4.6 毫米孔径的仅适合中蜂脱粉使用，4.7 毫米孔径的只适合干旱、花粉团小的季节意蜂脱粉使用，4.8～4.9 毫米孔径的适合西方蜜蜂脱粉使用。

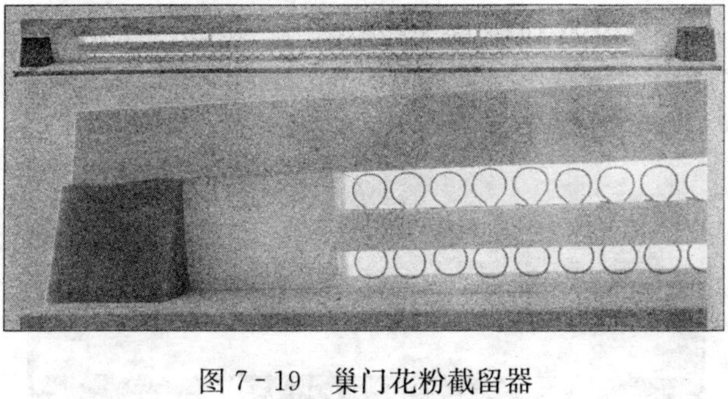

图 7-19　巢门花粉截留器

上：正面　下：正面局部

（张中印　摄）

截留器刮下蜂花粉团率一般要求在75%左右。

## 三、产浆机械

**1. 王台基** 采用无毒塑料制成，多个台基形成台基条（图7-20，图7-21）。目前采用较普遍的台基条有33个台基。

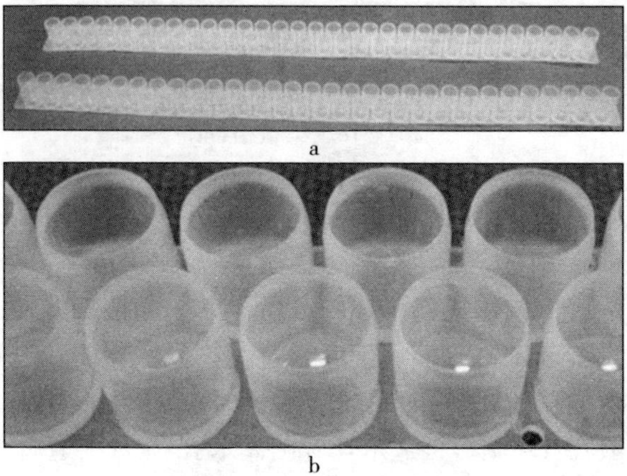

图7-20 塑料台基1

a. 双排浆条 b. 浆条局部

（张中印 摄）

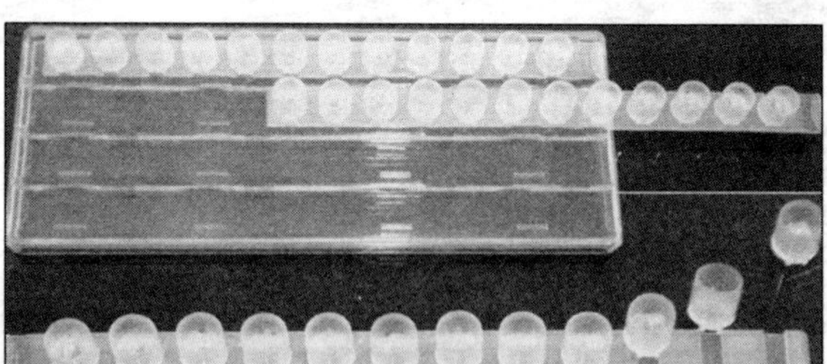

图7-21 塑料台基2——带有底座的王台王浆专用台基

（张中印 摄）

**2. 移虫笔**　把工蜂巢房内的幼虫移入台基育王或产浆的工具。采用牛角舌片、塑料管、幼虫推杆、弹簧等制成（图 7－22）。

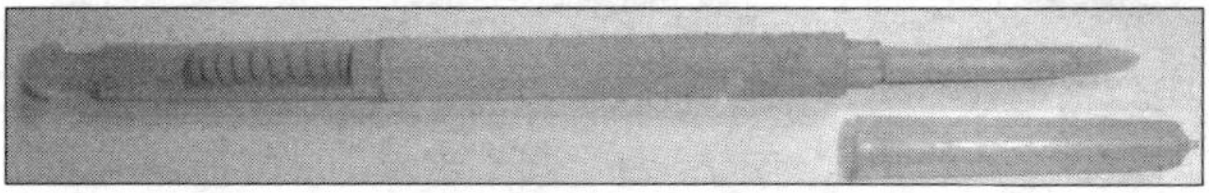

图 7－22　移虫笔
（张中印　摄）

**3. 王浆框**　用于安装台基条的框架，采用杉木制成。外围尺寸与巢框一致，上梁宽 13 毫米，厚 20 毫米；边条宽 13 毫米，厚 10 毫米；台基条附着板宽 13 毫米，厚 5 毫米（图 7－23）。

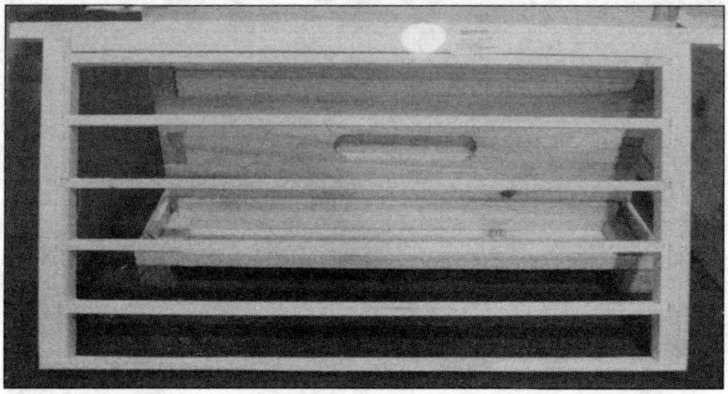

图 7－23　王浆框
（张中印　摄）

**4. 刮浆板**　由刮浆舌片和笔柄组装构成（图 7－24）。刮浆舌片采用韧性较好的塑料或橡胶片制成，呈平铲状，可更换，刮浆端的宽度与所用台基纵向断面相吻合；笔柄采用硬质塑料制成，长度约 100 毫米。

**5. 镊子**　不锈钢小镊子（图 7－25），用于捡拾王台中的蜂王幼虫。

**6. 王台清蜡器**　由形似刮浆器的金属片构成，有活动套柄可转动，移虫前用于刮除王台内壁的赘蜡（图 7－26）。

图 7-24 刮浆板
（张中印 摄）

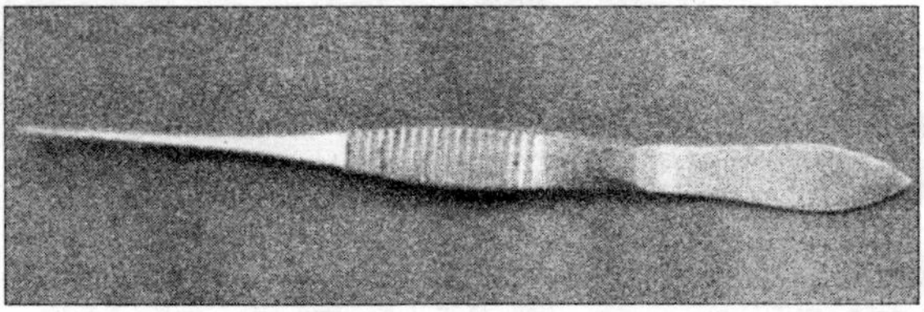

图 7-25 不锈钢镊子
（张中印 摄）

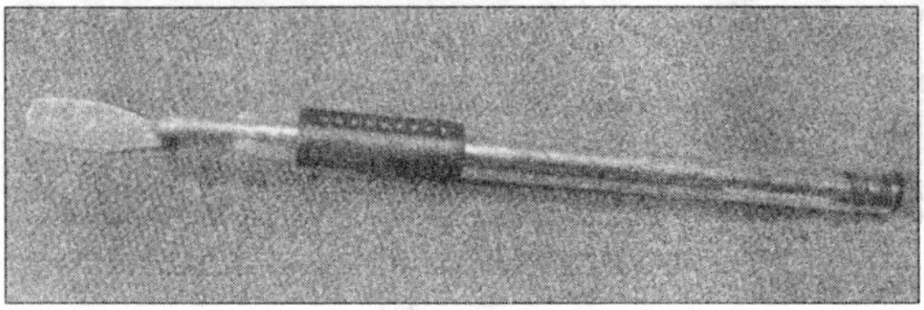

图 7-26 王台清理器
（张中印 摄）

生产蜂王浆还需要割蜜刀，用于削除加高的王台台壁。用食品级塑料制作的塑料瓶或 5 升塑料壶盛装蜂王浆等。

**7. 蜡碗模** 用于蘸制蜂蜡台基。采用纹理细致的木料制成，长约 100 毫米，两端呈半球形，规格同台基尺寸（图 7-27）。蘸制台基前，将蘸蜡棒置于清水中浸泡，然后提出甩净水滴，垂直插入温度为 70℃的蜡液中，连蘸 3～4 次，首次插入深度为 7～8

毫米，其后逐次减少 1 毫米。蘸好后垂直插入冷水中冷却片刻，即可脱下台基。

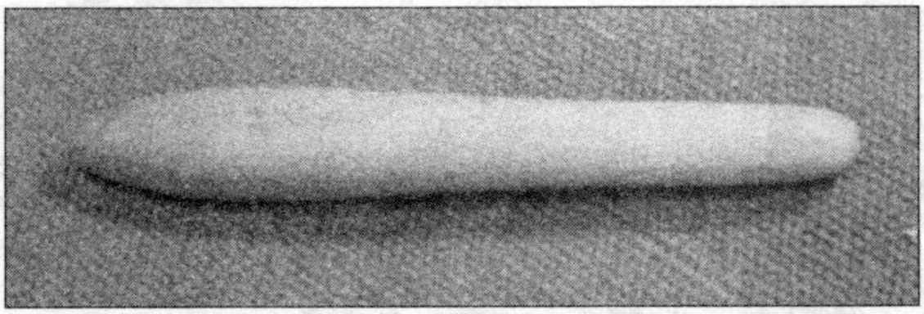

图 7 - 27 蜡碗模
（张中印 摄）

## 四、集胶器械

尼龙纱网取胶，多采用 40 目的无毒塑料纱网，置于覆布下积累蜂胶。

副盖式采胶器（图 7 - 28），相邻竹丝间隙 2.5 毫米，一方面作副盖使用，另一方面可聚积蜂胶。使用塑料纱网或副盖式采胶器取胶，一次采胶 100 克左右。

图 7 - 28 副盖式积胶器
（张中印 摄）

## 五、采毒器具

蜜蜂电子自动取毒器由电网、集毒板和电子振荡电路构成（图 7 - 29）。电网采用塑料栅板电镀而成。集毒板由塑料薄膜、塑料屉框和玻璃板构成。电源电子电路以 3 伏直流电（2 节 5 号电池），通过电子振荡电路间隔输出。

**脉冲电压作为电网的电源，同时由电子延时电路自动控制电网总体工作时间。**

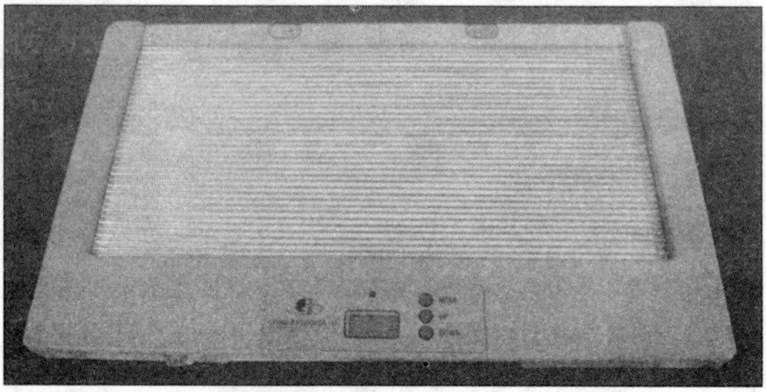

图 7-29　电取蜂毒器

（张中印　摄）

## 六、制蜡工具

有电热榨蜡器、螺杆榨蜡器和日光晒蜡器，以螺杆榨蜡器常用。

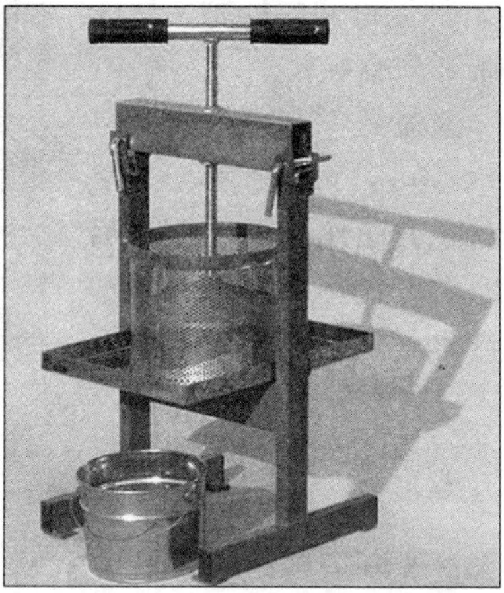

图 7-30　螺旋榨蜡器

（引自 www.legaitaly.com）

螺杆榨蜡器以螺杆下旋施压榨出蜡液，它的出蜡率和工作效率均较高。我国使用的螺杆榨蜡器由榨蜡桶、施压螺杆、上挤板、下挤板和支架等部件构成（图 7-30）。榨蜡桶采用厚度为 2 毫米的铁板制成，桶身呈圆柱形，直径约 350 毫米，内面间隔装置有木条，构成许多纵向的长槽，便于榨出的蜡液下流；桶身侧壁下部有 1 个出蜡口。施压螺杆采用直径约 30 毫米的优质圆钢车制而成，榨蜡时下旋对蜂蜡原料施压挤榨。上、下挤板采用金属制成，其上有许多孔或槽，供导出提炼出的蜡液。榨蜡时，下挤板置于桶内底部，上挤板置于蜂蜡原料上方。支架采用金属或坚固的木材制成，用于装置螺杆和榨蜡桶。

## 第三节　辅助工具

### 一、管理工具

养蜂管理最常用的是起刮刀，采用优质钢锻成，用于开箱时撬动副盖、继箱、巢框、隔王板和刮铲蜂胶、赘脾及箱底污物、起小钉等，是管理蜂群不可缺少的工具（图 7 - 31）。

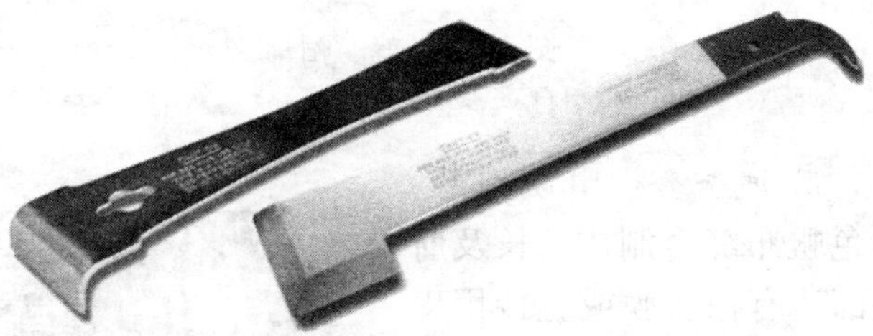

图 7 - 31　起刮刀
（引自 www.draperbee.com）

### 二、防护工具

**1. 蜂帽**　用于保护头部和颈部免遭蜜蜂螫刺，有圆形和方形两种（图 7 - 32），其前向视野部分采用黑色尼龙纱网制作。圆形蜂帽采用黑色纱网和尼龙网制作，为我国养蜂者普遍使用；方形蜂帽由铝合金或铁纱网制作，多为国外养蜂者采用。

**2. 养蜂服装**

（1）防护衣服：采用白布缝制，袖口和下（或裤脚）口都有松紧带，以防蜜蜂进入。养蜂工作衫常与蜂帽连在一起，蜂帽不用时垂挂于身后。养蜂套服通常制成衣裤连成一体的形式，前面装拉链（图 7 - 33）。

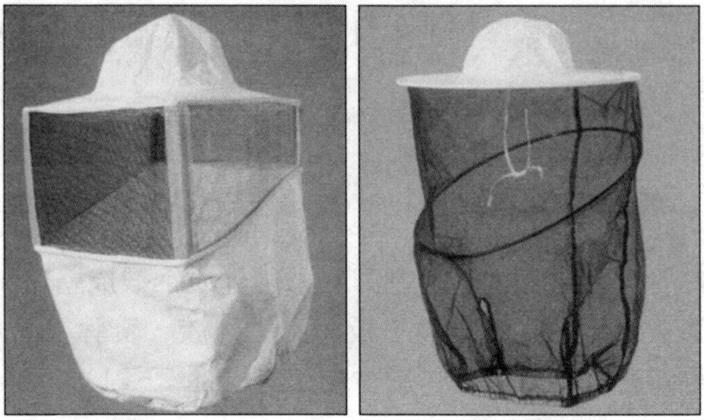

图 7-32 蜂 帽

（引自 www.legaitaly.com）

（2）防护手套：由质地厚、密的白色帆布缝合制成，长及肘部，端部沾有橡胶膜或直接用皮革制成，袖口采用能松紧的橡胶带缩小缝隙，用于保护手部。

图 7-33 穿戴防蜂衣帽预防蜂蜇

（引自 www.draperbee.com）

## 三、饲喂工具

主要是流体饲料饲喂器，用来盛装糖浆、蜂蜜和水供蜜蜂取食。

**1. 巢门喂蜂器** 由容器（瓶子）和吮吸区组成（图 7-34）。

**2. 塑料喂蜂盒** 由小盒和大盒组成，小盒喂水，大盒喂糖浆（图 7-35）。

**3. 箱顶喂蜂器** 采用木板或塑料制成，呈矩形，长度和宽度与箱体相同，高度 60～100 毫米，盛装糖浆 6.8～9 升。内部用可拆卸的隔蜂网罩分成 2 个区，网罩内为蜜蜂摄食区，蜂巢与喂蜂器由通道相连；网罩外为贮蜜区。使用时置于箱体与副盖之间供蜜蜂取食（图 7-36）。它具有容量大、便于蜜蜂取食、饲喂时不必开箱和常年可寄放于蜂箱上等优点，在国外使用较多。

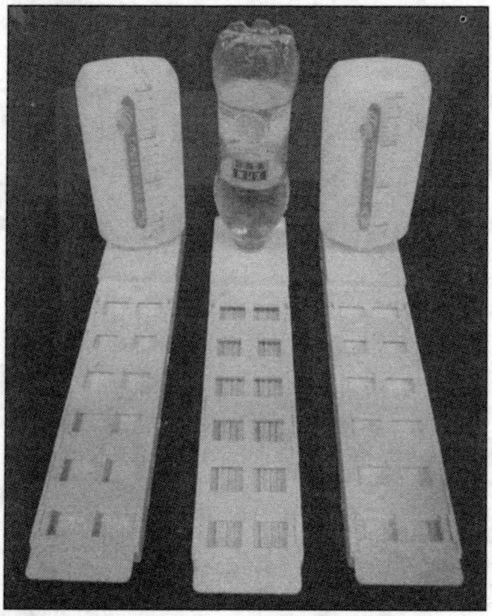

图 7-34　巢门饲喂器

（张中印　摄）

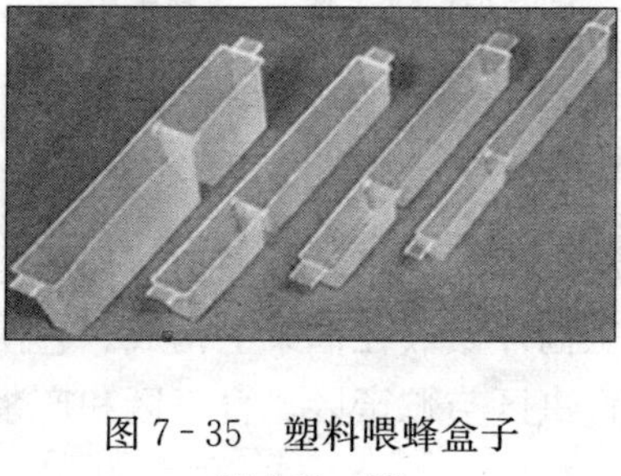

图 7-35　塑料喂蜂盒子

（张中印　摄）

图 7－36　箱顶喂蜂器

1. 用法　2. 副盖　3. 加料孔　4. 正面观
4.1 贮存糖浆槽　4.2 隔蜂网罩　4.3 蜜蜂吮吸区
5. 背（下）面观，蜜蜂通道
（引自 www. draperbee. com）

## 四、限王工具

限制蜂王活动范围的工具，有隔王板和王笼等。有平面和立面 2 种，均由隔王栅片镶嵌在框架上构成。它使蜂巢隔离为繁殖区和生产区，即育虫区与贮蜜区、育王区和产浆区，以便提高产量和质量。

**1. 平面隔王板**　使用时水平置于上、下两箱体之间，把蜂王限制在育虫箱内繁殖（图 7－37）。

**2. 立面隔王板** 使用时竖立插于巢箱内，将蜂王限制在巢箱选定的巢脾上产卵繁殖（图 7－38）。

图 7－37 平面隔王板
（张中印 摄）

图 7－38 立式隔王板
（张中印 摄）

**3. 拼合隔王板** 由立面隔王板和局部平面隔王板构成，把蜂王限制在巢箱特定的巢脾上产卵，而巢箱与继箱之间无隔王板阻拦，让工蜂顺畅地通过上下继箱，以提高效率。在养蜂生产上，应用于雄蜂蛹的生产和机械化或程序化的蜂王浆生产（图 7－39）。

**4. 王笼** 秋末、春初断子治螨和换王时，常用来禁闭蜂王或包裹报纸介绍蜂王（图 7－40）。

图 7－39 拼合隔王板
（张中印 摄）

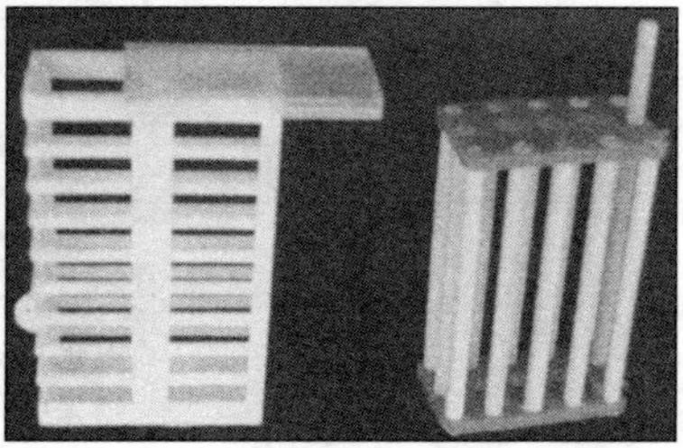

图 7－40 王 笼
（张中印 摄）

## 五、上础工具

将蜂蜡巢础固定在巢框或巢蜜格中的工具。

### (一) 巢础埋线器

**1. 埋线板** 由1块长度和宽度分别略小于巢框的内围宽度和高度、厚度为15～20毫米的木质平板，配上两条垫木构成（图7-41）。埋线时置于框内巢础下面作垫板，并在其上垫一块湿布（或纸），防止蜂蜡与埋线板粘连。

图7-41 埋线板

**2. 埋线器**

（1）烙铁埋线器：由尖端带凹槽的四棱柱形铜块配上手柄构成（图7-42-2）。使用时，把铜块端置于火上加热，然后手持埋线器，将凹槽扣在框线上，轻压并顺框线滑过，使框线下面的础蜡熔化，并与框线黏合。

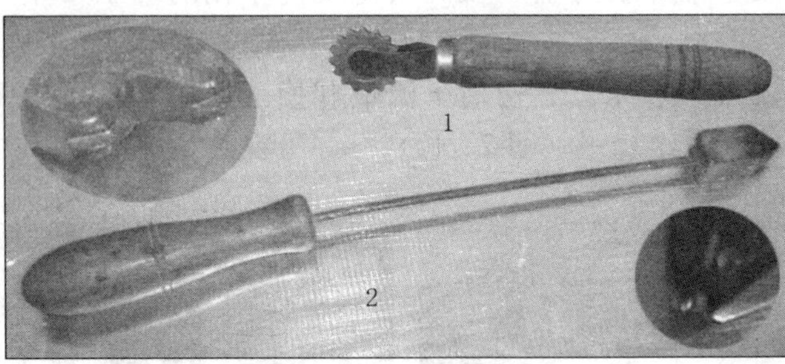


图7-42 埋线器

1. 齿轮式 2. 烙铁式

（张中印 摄）

（2）齿轮埋线器：由齿轮配上手柄构成。齿轮采用金属制成，齿尖有凹槽（图7-42）。使用时，凹槽卡在框线上，用力下压并沿框线向前滚动，即可把框线压入巢础。

（3）电热埋线器：电流通过框线时产生热量，将蜂蜡熔化，断开电源，框线与巢础黏合（图 7－43）。输入电压 220 伏（50 赫兹），埋线电压 9 伏，功率 100 瓦，埋线速度为每框 7～8 秒。

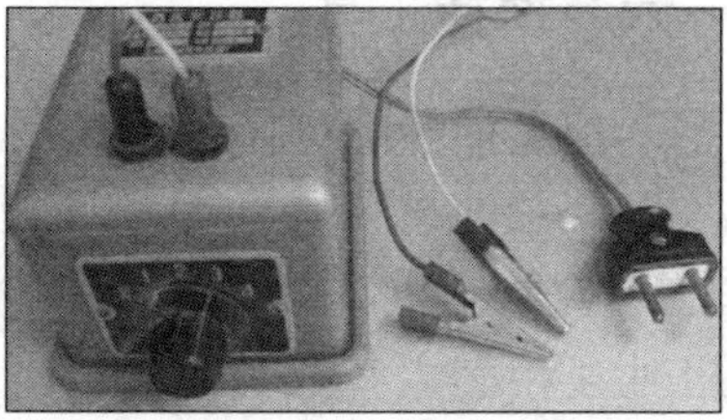

图 7－43　电热埋线器

（张中印　摄）

### （二）巢础固定器

用于将巢础固定在巢框上梁腹面或础线上（图 7－44）。

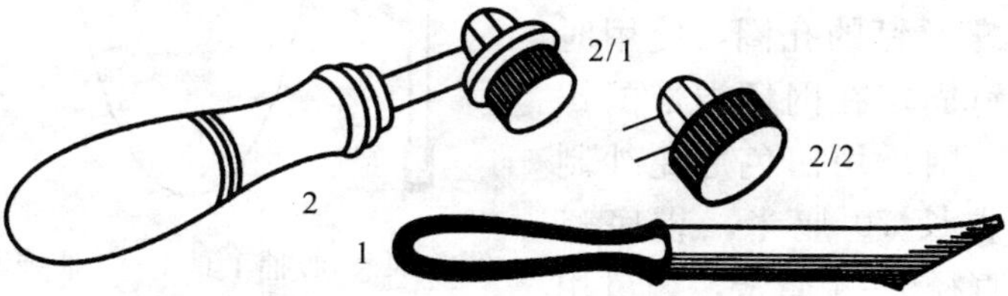


图 7－44　巢础固定器

1. 蜡管　2. 压边器　2/1. 轮　2/2. 巢蜜础轮

（引自中国实用养蜂学）

**1. 蜡管**　采用不锈钢制成，由蜡液管配上手柄构成。使用时，把蜡管插入熔蜡器中装满蜡液，握住蜡管的手柄，并用大拇指压住蜡液管的通气孔，然后提起灌蜡。灌蜡时将蜡液管的出蜡口靠在巢框上梁腹面础沟口上，松开大拇指，蜡液即从出蜡口流出，沿着槽口移动灌蜡。整个础沟都灌上蜡液，即完成巢框的灌蜡固定巢础工作。

**2. 压边器**　由金属辊配上手柄构成，用于将巢础压黏在巢框上或巢蜜格础线上。

## 六、搜捕工具

**1. 尼龙捕蜂网** 由网圈、网袋、网柄三部分组成。网柄由直径2.6～3厘米，长为40厘米、40厘米、45厘米的三节铝合金套管组成，端部有螺丝，用时拉开、螺紧，长可达110厘米，不用时互相套入，长只有45厘米，似雨伞柄。网圈用四根直径0.3厘米、长27.5厘米的弧形镀锌铁丝组成，首尾由铆钉轴相连，可自由转动，最后两端分别焊接与网柄端部相吻合的螺丝钉和能穿过螺丝钉的孔圈，使用时螺丝钉固定在网柄端部的螺丝上。网袋用白色尼龙纱制作，袋长70厘米，袋底略圆，直径5～6厘米，袋口用白布镶在网圈上（图7-45）。

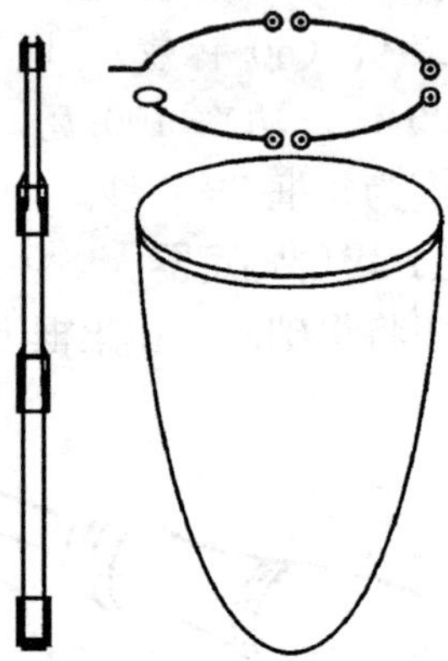

图7-45 收捕工具1——捕蜂网

使用时用网从下向上套住蜂团，轻轻一拉，蜂球便落入网中，顺手把网柄旋转180°，封住网口，提回，收回的蜜蜂要及时放入蜂箱。

图7-46 收捕工具2——笊篱
（张中印 摄）

**2. 收蜂笊篱** 适合中蜂的收捕。用荆条编成长30厘米左右、宽约20厘米的手掌状笊篱，笊篱两侧略向内卷，中央腹面略凹进，末尾收缩成柄，并在笊篱的中央系上2～3布条，以便蜜蜂攀附（图7-46）。

## 七、运蜂工具

### (一) 固定工具

把箱内巢脾和隔板等部件与箱体、上下箱体间连成牢固的整体，以抵御运输途中各种震动，保证蜜蜂安全。

**1. 巢框的固定** 有距离卡、海绵条（图 7-47），另外，还可用铁钉从蜂箱前后壁穿过箱壁钉牢巢脾侧条。

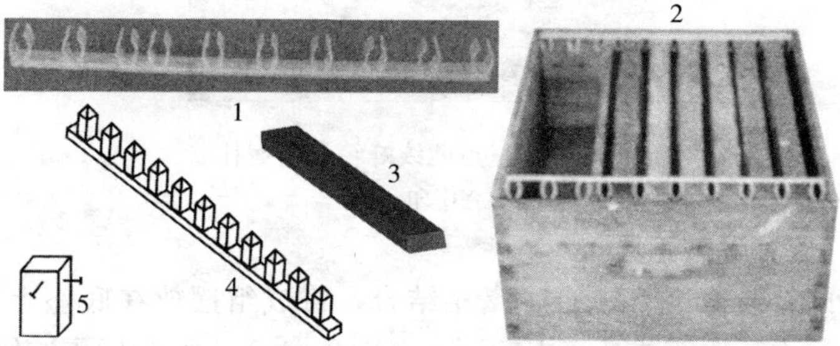


图 7-47 巢框固定工具

1. 弹性框卡条 2. 框卡条用法 3. 海绵条
4. 木质框卡条 5. 框卡

（1）距离卡：30 毫米×15 毫米×12 毫米的小木块钉上 1～2 枚小钉构成，装钉巢脾时，将距离卡分别插在近巢框侧条处的框间蜂路和巢脾与箱体侧壁（或隔板）的蜂路上，每端 1 个，然后用力把巢脾和隔板向箱体一侧推压挤紧，用长约 30 毫米的圆钉钉牢（须留出钉头，以便于拆卸）。

（2）海绵条：长度与蜂箱内宽相同，宽度约 20 毫米，厚度约 15 毫米。每个箱体 2 条，置于框耳上方，巢箱的巢脾靠继箱的重力下压海绵条固定，继箱的巢脾则要通过副盖或箱盖对箱体的压力，挤压海绵条固定。

**2. 箱体的连接** 常用插接和捆绑结合的方法压牢巢框，扎紧上下箱体（图 7-48）。

图 7-48　三点两线蜂箱快速捆扎器
（张中印　摄）

### （二）运载工具

蜂箱装载机与蜂箱底座相结合，将成组摆放在底座上的蜂群，装上运输车或从车上卸下来（图 7-49）。叉把为两人抬蜂箱的专用工具（图 7-50）。

图 7-49　蜂箱装载机

图 7-50　抬蜂箱叉把
（引自 www.dadant.com）

## 八、保蜂工具

蜜蜂保护工具主要有两罐雾化器、保蜂罩等。

**1. 两罐雾化器**　用于施药防治大蜂螨的器械，由贮药罐即压力罐、加热罐、螺旋管等组成（图 7-51）。以煤油作为药品的载体，以酒糟燃烧作为热源，通过手动加压，药液通过螺旋管并被加热罐加热而雾化。

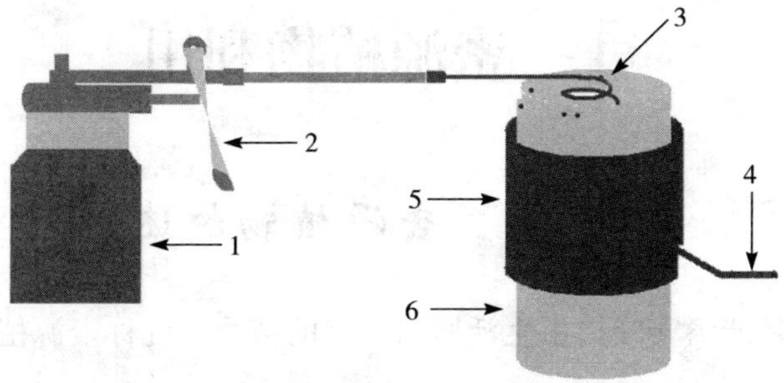


图 7-51 两罐雾化器结构

1. 药液罐 2. 动力系统 3. 螺旋加热管
4. 喷头 5. 防风罩 6. 燃烧罐

**2. 隔离光热罩** 一种遮蔽蜂群、隔热的棚布，由表层的银铂返阳光膜、红色冰丝、炭黑塑料蔽光层和红塑料透明层组成，层层透气、遮挡阳光，并可在上洒水。具有蔽光、保持温度、透气等功能。用于预防和制止盗蜂，保持温度和黑暗，防止空飞，延长蜜蜂寿命，避免农药中毒等管理措施。根据具体情况，决定关蜂和放蜂时间、排泄时间、是否洒水等。在 32℃以上高温期，罩蜂超过 6 小时的，须加强通风（图 7-52）。

图 7-52 隔离光热罩

a. 盖严双排 40 个继箱 b. 折叠后进行管、放蜂

（李福州 摄）

# 第八章

# 蜜源植物利用

## 第一节　蜜源植物概述

凡是能为蜜蜂提供生活所需物品的植物，统称蜜源植物。

### 一、蜜源花的结构特征

蜜蜂的主要食料来自蜜源植物的花——花蜜腺分泌的花蜜和花药产生的花粉。花是植物的生殖器官，是植物果实、种子形成

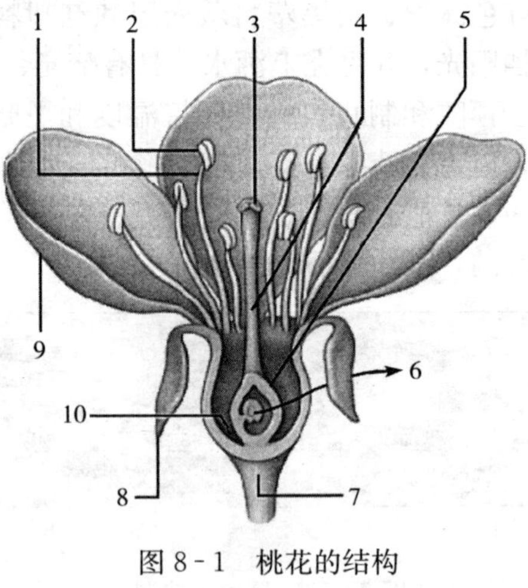


图 8-1　桃花的结构

1. 花丝　2. 花药　3. 柱头　4. 花柱　5. 子房

6. 胚珠　7. 花柄　8. 花萼　9. 花瓣　10. 蜜腺点

（引自 Biology—The Unity and Diversity of Life，Eighth Edition）

的基础。一朵花由花柄（梗）、花托、花萼、花冠、雄蕊、雌蕊和蜜腺等部分组成（图 8-1）。

## 二、植物泌蜜散粉机理

### （一）花蜜的产生和泌蜜的机理

**1. 植物花蜜的产生**　绿色植物光合作用产生有机物质，用于建造自身器官以及生命活动消耗，剩余部分在开花时以甜汁的形式通过蜜腺分泌到体外，即花蜜（图 8-2）。

图 8-2　花蜜的产生——蜜腺（一品红）分泌的甜汁
（张中印　摄）

**2. 植物花泌蜜生理**　木本植物的花蜜常来自前一年或前一个生长季节所贮存的物质，如椴树；草本植物或者农田作物开花泌蜜所利用的主要是来源于当年生长发育所积累的物质，如二年或多年生草本蜜源。土壤肥沃，水分充足，草本植物或农田作物长势强壮，不疯长，无病害，植物开花时有适宜的温度和雨水，则泌蜜丰富，丰收在望。

### （二）花粉的产生和散粉的机理

**1. 植物花粉的产生**　花粉是植物的雄性细胞，在花药里生长发育，植物开花时，花粉成熟并从花药开裂处散放出来（图 8-3）。

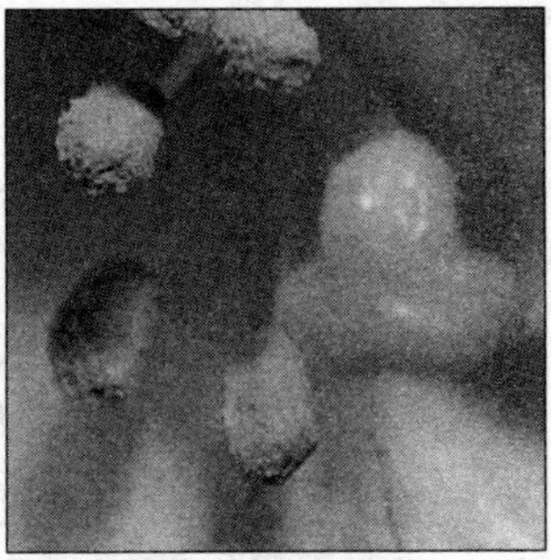

图 8-3　花粉的来源——植物花药散出的花粉粒
（引自 www. gbrownc. on. capollen）

**2. 植物散粉的生理**　开花植物在其一生中，开花散粉是必然的生命过程。花散粉量受植物的生理状况、开花时的温度和湿度影响，还与植物的种类密切相关，如油菜花粉数量多，荔枝、枣、刺槐花粉数量少。

## 三、影响泌蜜散粉的因素

**1. 生长环境** 植物生长在南向坡地、沟沿（图 8-4）比在阴坡、谷底的泌蜜和散粉多，生长在土层厚的比瘠薄土壤上的荆条泌蜜多，荞麦生长在沙壤土上、棉花生长在黑土上，就比生长在其他土壤上的开花泌蜜和散粉多。

**2. 农业技术** 如耕作精细、施肥适当、播种均匀合理，使植物生长健壮，分泌花蜜和散粉就多。据试验，施用磷钾肥能提高花蜜量，赤霉素的使用使素有河南铁蜜源之称的枣花失去了产量；转基因植物使原创下我国蜂蜜最高产的棉花无蜜可采。

图 8-4 油桐花开

（张中印 摄）

**3. 花的位置** 通常花序下部的比上部的花蜜多、粉多，主枝比侧枝的花也是如此。因此，在养蜂生产中要赶花前期，弃花尾期。

**4. 大年、小年** 椴树、荔枝、龙眼、枣、乌柏等蜜源，在正常情况下当年开花多，结果多，植物体内营养消耗多。之后，在无法得到足够的营养补充时，就会造成第二年花少、蜜少、粉也少；而在人类干预下的果树，大小年不太明显。

**5. 天气影响** 天气的影响是综合性的，2010 年因长期低温阴雨天气原因，造成海南玉米雄花无粉。

（1）光照、气温：植物泌蜜和散粉都需要充足的阳光。如采伐空地和山间旷地的蜜源植物比密林中的分泌花蜜多，散粉也多。适于植物分泌花蜜的温度一般为 15～30℃（如荔枝泌蜜适宜温度为 16～28℃，超出这个范围将影响荔枝的泌蜜量），当温度低于 10℃时，花蜜分泌就减少或停止。

（2）湿度、降雨：适于分泌花蜜的空气相对湿度一般为 60%～80%。荞麦、枣树、椿树等花的蜜腺暴露在外，湿度越大，泌蜜越多，花粉成熟也是如此；但菊科的蓟类和风毛菊在空气湿度较低的情况下，也能较好地泌蜜和散粉。花期如遇多雨晴天少，植物泌蜜量减少，也不利于蜜蜂出勤。如江南油菜、紫云英，本来蜜粉丰富，但花期恰是多雨季节，往往影响花蜜和花粉的产量。而昼晴夜雨，则有利于芝麻开花泌蜜；下一场中雨，能摇荆条蜂蜜 2～3 次。

（3）风力、风性：刮 4 级以上西北风，使东北的荞麦花泌蜜减少或停止，花粉也因刮风使蜜蜂难以采集。相反，刮 1～2 级东南风，对东北荞麦花泌蜜散粉都有利。然而，宁夏固原的荞麦，花期内刮东南风，即干热风（火风），泌蜜减少，散粉不佳。河南息县、固始地区的紫云英花期，如果遭遇黄风（雨）或阴霾天气，泌蜜散粉就结束，而且造成爬蜂。

## 四、蜜源的分类与调查

### （一）蜜源植物分类

根据来源，蜜源植物分为泌蜜散粉植物、甘露植物、蜜露植物和胶源植物，泌蜜散粉植物依照养蜂价值大小分为主要蜜源、辅助蜜源和有害蜜源；按照蜜源用途分为作物蜜源、果树蜜源等。

**1. 主要蜜源** 指面积大、花期长、泌蜜多，能获得大量商品蜂蜜的植物。

**2. 辅助蜜源** 这类蜜源植物，虽然能够获得一定数量的商品蜜，但是多数时候它仅能提供蜜蜂自身生命活动和繁衍后代所需的食物。为蜜蜂提供大量花粉的松树、玉米、野皂荚、水稻、栾树以及药材植物黄连、党参、枸杞、薄荷、黄芪和桔梗等，在本书亦列为此类。

**3. 有害蜜源** 植物产生的花蜜或花粉含有害物质，对蜂或人有毒害作用，例如：藜芦、茶树、雷公藤、昆明山海棠、南烛等。多刺的植物对蜜蜂会造成机械性损伤。

**4. 胶源植物** 杨柳科、松科、桦木科、柏科和漆树科中的多数种，以及桃、李、杏、向日葵、橡胶树等植物，其芽苞、花苞、枝条和树干的破伤部分，能分泌树脂、胶液并能被蜜蜂采集加工成蜂胶。

**5. 甘露蜜源** 凡花外蜜腺分泌或嫩枝幼叶渗出像露水样的含糖甜液——甘露，统称甘露植物。如谨麻、马尾松、板栗等植物，这些植物在春夏和秋季天气晴暖且昼夜温差较大、湿度适宜的天气，泌蜜较多，福建南平、永安等地每年生产马尾松甘露蜜。

像蚜虫和介壳虫等昆虫，吸纳甘露，或用口器刺穿某些植物的芽、叶或幼枝，取食汁液后从肛门排出含糖甜物质——蜜露（图 8-5），蜜蜂采集蜜露酿制成蜜露蜜。蜜露蜜含有某些蜜蜂不

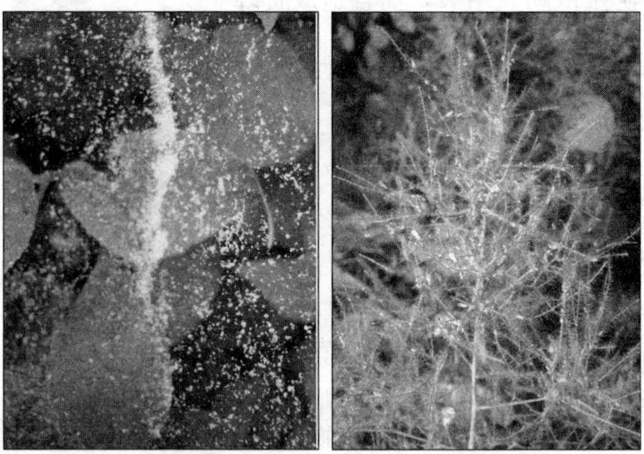

图 8-5　蜜源分类——黄栌花叶上的蜜露糖

（张中印　摄）

易消化或引起中毒的物质成分，如糊精、低聚糖、单宁酸、钾盐等，所以蜜露蜜不能作蜜蜂饲料。

**（二）蜜源植物调查**

**1. 种类调查**　包括作物、牧草、绿肥、果树、林木、药材、野生蜜源、有害蜜源，采集标本、照相。转地饲养应重点调查主要蜜源植物，定地饲养还须详细了解周围辅助蜜源植物概况。

**2. 花期调查**　调查主要蜜源植物的开花期和流蜜期，以公历的月、旬和 24 节气为准，统一使用“始”、“盛期”、“末”记载。辅助蜜源以旬为准，开花和流蜜时间以观察点记载的为准，写明地点、海拔高度、阳坡或阴坡等项目。蜜蜂上花采蜜就为泌蜜期，泌蜜盛期必定是百花盛开时。

**3. 面积/分布/价值**　咨询相关部门，统计栽培蜜源植物在该地区的面积和分布情况，走访养蜂和蜂业公司，获得在正常年景下本地蜜源的面积、蜂群数量和蜂产品收购量。

**4. 气候因素**　调查开花期和开花前，温度、湿度、雨量、风、光照、冰雹、霜冻等对蜜源植物泌蜜的影响。

**5. 生长状况**　包括蜜源植物本身的营养、长势、年龄、花芽分化、病虫等情况，以及木本植物泌蜜的大小年等。

此外，当地群众对农药、除草剂、激素的使用和抗虫植物的栽培等也要清楚，根据调查结果，制订生产计划，确定放蜂路线。

## 第二节　蜜源植物各论

### 一、主要蜜源植物

**（一）柑橘（*Citrus* L.）**

**1. 形态**　柑橘为芸香科的常绿乔木或灌木果树，分为柑、橘、橙 3 类。柑橘花白色，开放时花瓣逐渐向外弯曲。雄蕊 20～30 枚，花丝联合成筒状，蜜腺在雌蕊和雄蕊基部之间，呈环状，黄色（图 8-6）。

**2. 分布**　秦岭、江淮流域及其以南地区。

**3. 生长特性**　柑橘喜温暖湿润气候。在年平均气温 18～21℃，降雨量 1 500～2 000毫米，土质肥沃、湿润，土壤 pH5.5～6.5 的地区生长良好。

图 8-6　柑橘花

（引自 http：//electrocomm.tripod.com/）

**4. 花期/泌蜜**　多数在 4 月中旬开花。1 朵花从花开到凋谢 8～10 天，泌蜜 3～5 天。群体花期 20 天以上，实际泌蜜期仅 10 天左右。开花泌蜜适温在 17～25℃，相对湿度 75%，树龄 5～10 年。开花后 1～3 天泌蜜最多，花冠反曲时，泌蜜减少或停止。柑橘花期天气晴朗，则蜂蜜产量大，反之则减产。

**5. 经济价值**　意蜂群在 1 个花期内可取蜜 20 千克左右，中蜂群可取蜜 10 千克左右。柑橘花粉呈黄色，有利于蜂群繁殖。

蜜蜂是柑橘异花授粉的最好媒介，可提高产量 1～3 倍，通常每公顷放蜂 1～2 群，分组分散在果园里的向阳地段。

### （二）荔枝（*Litchi chinensis* Sonn.）

**1. 形态**　无患子科，乔木（图 8-7）。

图 8-7　荔枝花

（张中印　摄）

**2. 分布**　主要产地为广

东、福建、广西，其次是四川和台湾。2008 年统计，广东省种植荔枝约 27.6 万公顷，现在全国约有 100 万公顷。

**3. 生长特性**　适宜生长在亚热带温暖湿润、光照充足、空气流通的环境，耐湿抗旱，在土层深厚而肥沃的酸性土壤上生长良好。花芽分化要求 2～10℃低温和雨量小、相对湿度低的条件，超过 19℃则成花困难。

**4. 花期/泌蜜**　温暖的年份开花早，开花期集中且缩短；气温低的年份，开花期延迟。雌、雄开花有间歇期，夜晚泌蜜，泌蜜有大小年现象。开花期见表 8-1。

**表 8-1　荔枝花期**

| 地区 | 早、中熟种 | 晚熟种 | 备注 |
|---|---|---|---|
| 广东 | 1月至3月 | 3月至4月 | 花期 30 天，泌蜜盛期 20 天，品种多的地区花期长达 40～50 天，泌蜜延续 30～40 天 |
| 福建 | 3月至4月上旬 | 4月至5月中旬 | |
| 广西 | | 3月至4月 | |

荔枝在气温 18～25℃开花多，晴天昼夜温差小，微南风天气、相对湿度 80%以上，泌蜜量大，遇北风或西南风不泌蜜。1 朵花泌蜜 2～3 天，蜜蜂在 7 时以后大量上树采蜜，直至傍晚结束。雄花在上午 7～10 时散粉。

**5. 经济价值**　荔枝树冠大花多，花期长，泌蜜量大，花期若晴天多，每群蜂可取蜜 30～50 千克，西方蜜蜂兼生产蜂王浆。

**（三）枣树［*Ziziphus jujuba* Mill. var. *inermis*（Bge.）Rehd.］**

**1. 形态**　鼠李科，落叶乔木或小乔木（图 8-8）。

**2. 分布**　河南、山东、河北等省栽种最多，山西、陕西、甘肃次之。

**3. 生长特性**　枣树寿命长，适应性强，抗干旱，耐严寒，喜湿润，在阳光充足的平原地带和向阳山坡、土层深厚肥沃的环境中生长势强，开花结果多。

**4. 花期/泌蜜**　在华北平原 5 月中旬至 6 月下旬开花，整个花期40天左右，其中泌蜜期25～35天。在黄土高原如陕西北部、宁夏北部，开花期比华北平原晚10～15天。在枣树品种多的地区，花期长。

图8-8 枣 花
（引自 www.southernmatters.com）

枣花泌蜜的最适宜温度为26～32℃，相对湿度40%～70%。阴雨和低温天气，泌蜜停止。开花之前下过透雨，生长发育正常，开花期内有适当雨量，空气湿润，则泌蜜丰富。风使枣花泌蜜减少，空气干燥使花蜜很快干掉，蜜蜂采集困难。处在20～50年盛果期的枣树泌蜜丰富，7叶枣树比6叶、9叶的泌蜜好。

**5. 经济价值** 一般年份，1群蜂可采枣花蜜15～25千克，最高可达40千克。

枣花花粉少，单一的枣花场地，所散花粉不能满足蜜蜂消耗。枣农施农药和赤霉素，使蜜蜂中毒。

**（四）枇杷［*Eriobotrya japonica*（Thunb.）Lindl.］**

**1. 形态** 蔷薇科常绿小乔木果树。枇杷为聚伞圆锥花序顶生，挺直。萼片5枚，花瓣5枚，白色，雄蕊多数，蜜腺位于花筒内。

**2. 分布** 枇杷原产中国，在浙江余杭、黄岩，安徽歙县，江苏吴县，福建莆田、福清、云霄，湖北阳新等，栽培最为集中。

**3. 生长特性** 喜温暖湿润气候，在排水良好、土层厚、富含腐殖质的中性或微酸性（pH6～7）土壤生长，稍耐寒、阴。

年平均温度在12～15℃、年降水量1 000毫米以上的低山丘陵和平原地区均可栽培。温度低于－3℃时易受冻害。

**4. 花期/泌蜜**　安徽、江苏、浙江11～12月开花，福建11月至翌年1月。花期长达30～35天。在18～22℃、昼夜温差大的南风天气，相对湿度60%～70%泌蜜最多，蜜蜂集中在中午前后采集。刮北风遇寒潮不泌蜜。

**5. 经济价值**　1群蜂可采蜜5～10千克。枇杷花粉黄色，数量较多，有利于蜂群繁殖。

### （五）龙眼［*Euphoria longan*（Lour.）Steud.］

**1. 形态**　又称桂圆，为无患子科常绿乔木，亚热带栽培果树。

**2. 分布**　海南岛和云南省东南部有野生龙眼，以福建、广东、广西栽种最多，其次为四川和台湾。

**3. 生长特性**　龙眼喜土层深厚而肥沃和稍湿润的酸性土壤，喜阳光和温暖气候，遇霜雪易受冻害，但比荔枝耐寒，抗旱力较强，生长迟缓。花芽分化和形成要求冬季有一段时间温度8～14℃，冬季气温高，则来年花少泌蜜差。

**4. 花期/泌蜜**　海南岛3～4月开花，广东、广西4～5月，福建4月下旬至6月上旬，四川5月中旬至6月上旬。花期长达30～45天，泌蜜期15～20天。

龙眼夜间开花泌蜜，泌蜜适宜温度为24～26℃。晴天夜间温暖的南风天气，相对湿度70%～80%，泌蜜量大。花期遇北风、西北风或西南风不泌蜜。

**5. 经济价值**　大年天气正常，每群蜜蜂采蜜15～25千克，丰年可达50千克。龙眼花粉少，不能满足蜂群繁殖要求。龙眼蜂蜜因天气原因不稳产。

### （六）油菜（*Brassica campestris* L.）

**1. 形态**　十字花科，是我国主要油料作物。油菜花黄色，雄蕊基部有大小两对蜜腺，圆形，绿色，大的一对泌蜜丰富（图8-9）。

**2. 分布** 南北均广泛栽培。广西、四川的绵阳和成都、青海、甘肃河西走廊、湖北是油菜蜜生产基地。

**3. 生长特性** 喜土质肥沃、排水良好的土壤。耐寒力强，开花结荚适温为19～24℃。

图 8-9 油菜花

（引自 BayImages. net）

**4. 花期/泌蜜** 秦岭及长江以南地区白菜型花期为1～3月，芥菜及甘蓝型花期为3～4月。华北地区为3～5月，东北及西北部分地区延迟至7～8月。油菜群体花期一般25～30天，如遇阴雨天气，可延长几天，如一直为晴好天气，则缩短几天。盛花期泌蜜最涌，约有15天。泌蜜适宜湿度60%～70%，温度为12～20℃，10℃以下、30℃以上泌蜜量少或不泌蜜。肥沃湿润土壤泌蜜丰富，干燥或贫瘠土壤泌蜜较差。

**5. 经济价值** 油菜花期强群可取商品蜜10～30千克，同时生产蜂王浆和蜂花粉。

**（七）芝麻（*Sesamum indicum* L.）**

**1. 形态** 胡麻科栽培油料蜜源植物。花朵着生于叶腋内，每个叶腋有花1～3朵（图8-10）。

**2. 分布** 全国有66.67万公顷，主要产地在黄河及长江中下游。其中河南最多，湖北次之，安徽、江西、河北、山东等省种植面积也较大。

**3. 生长特性**　芝麻适宜于排水通畅、pH7～8、土质疏松、有机质含量丰富的沙质土壤（“潮沙土”或“油沙土”。其宜耕性好，白天晒热之后，晚上还可以回潮，有利于花蜜合成、积累和分泌）上生长，泌蜜多。在黏重、排水不畅或容易板结的土壤上，泌蜜差或不泌蜜。

图 8-10　芝麻花
（张中印　摄）

**4. 花期/泌蜜**　7～8 月开花，花期 30 多天，主茎花先开，分枝花后开。1 天中以 6～8 时开花最盛（占 90%）。

芝麻花期若间隔下几场小雨，或夜雨昼晴，能提高芝麻花的泌蜜量。盛花期连雨渍水 3～4 天便叶片萎蔫，泌蜜减少或停止；冷风吹袭能使泌蜜中断。在钾、磷肥充足的条件下，花朵多，泌蜜丰富。

**5. 经济价值**　芝麻集中种植地群产蜜 5～30 千克，花粉 2～3 千克。

### （八）荞麦（*Fagopyrum esculentum* Moench.）

**1. 形态**　蓼科栽培作物蜜源。荞麦花两性，为无限花序。蜜腺着生在花瓣基部、雄蕊之间，有 7～13 个蜜孔，有单个蜜腺，也有复合蜜腺，似杯状凹陷，聚集着花蜜，泌蜜涌，蜜珠裸露。

**2. 分布**　甘肃、陕西北部、宁夏、内蒙古、山西、辽宁西部。全国播种面积约 200 万公顷，多生长在海拔 4 000 米以上干旱、寒冷的高原山区。

**3. 生长特性**　在沙质土壤或碱性较轻的土壤上生长势好，

泌蜜多，过分贫瘠的土壤，泌蜜减少。

**4. 花期/泌蜜** 8～10月开花，花开7～10天进入泌蜜盛期。在正常条件下，泌蜜20天以上，气温下降到13～14℃，则停止泌蜜。陕北荞麦遇刮西南风或白露前停止泌蜜。

**5. 经济价值** 荞麦花期长、泌蜜量大，花粉充足，除满足繁殖越冬蜂、采够越冬饲料外，每群能取蜜20～50千克和花粉数千克。

### （九）向日葵（*Helianthus annuus* L.）

**1. 形态** 菊科，秋季栽培油料蜜源植物（图8-11）。

**2. 分布** 黑龙江、辽宁、吉林、内蒙古、山西、陕西等地种植最多。

**3. 花期/泌蜜** 7月中旬至8月中旬开花，主要泌蜜期20天以上。泌蜜温度18～30℃，在花期每隔几天下场雨，泌蜜量增加。若干旱无雨则泌蜜减少或不泌蜜，蜜蜂仅能采集一些花粉。

图8-11 向日葵

（引自 http：//www.xtec.es/）

**4. 经济价值** 向日葵蜜、粉丰富，一般每群蜂可取蜜30～50千克和5千克左右的花粉。向日葵蜜源有垮蜂现象。

### （十）刺槐（*Robinia pseudoacacia* L.）

**1. 形态** 别名洋槐，豆科落叶乔木，高15～25米（图8-12）。

**2. 分布** 江苏和安徽北部、胶东半岛、华北平原、黄河故道、关中平原、陕西北部、甘肃东部等地。

**3. 生长特性** 喜光，耐干旱瘠薄土壤，在年降水量500～900毫米、湿润肥沃的土壤能很好生长。

**4. 花期/泌蜜** 刺槐开花，郑州和宝鸡是4月下旬至5月上旬，北京在5月上旬，江苏、安徽北部和关中平原为5月上中旬，胶东半岛和延安5月中旬至5月下旬，长治为5月中旬，秦岭为5月下旬至6月上旬。

图8-12 刺 槐

（引自中国蜜蜂学）

同一地方刺槐开花泌蜜期仅8天左右。在同一地区，平原气温高先开花，山区气温低后开花，同一地区海拔越高花期越迟，常相差1周左右，所以，一年中可转地利用刺槐蜜源2次。

刺槐在土壤湿润、气温高、风力小时泌蜜丰富，适宜泌蜜气温为27℃左右。生长旺盛的刺槐，开花晚，泌蜜量大。10年树龄的刺槐泌蜜好。阴雨、低温、大风，则泌蜜少或不泌蜜。如遇干热风，能使花朵枯焦，花期缩短。

刺槐花多叶少，呈现一片白色，表明植株强壮，泌蜜多。如花少叶多，远望全树绿中透白，则泌蜜少。

**5. 经济价值** 刺槐花多蜜多，每群蜂产蜜30千克，多者可达50千克以上。刺槐花粉乳白色，对繁殖蜂群和生产蜂王浆起重要作用。

**（十一）椴树属（*Tilia* L.）（紫椴 *Tilia amurensis* Rupr.、糠椴 *Tilia mandschurica* Rupr. et Maxim.）**

**1. 形态** 落叶乔木。蜜腺位于花萼基部，呈乳头状，上面有白色丝状毛覆盖（图8-13）。

**2. 分布** 以长白山和兴安岭林区最多，形成著名的椴树蜜源场地。吉林省主要分布在延边朝鲜族自治州、通化市、浑江市和吉林市，黑龙江省主要分布在伊春、佳木斯、牡丹江等县（市）。

**3. 生长特性** 紫椴为深根性树种，长于土层深厚、土质肥沃的山坡，单生或簇生在杂木林或阔叶混交林中。

图 8-13 椴树花叶
（张中印 摄）

**4. 花期/泌蜜** 紫椴花期 6 月下旬至 7 月中下旬，阳坡先开，阴坡后开，花期持续 20 天以上，泌蜜 15～20 天。在小年、干旱、虫害、开花后期受暴风雨摧残等不利条件下，花期缩短 5～7 天。在天然林中，紫椴 60 年龄开花最盛。

开花即泌蜜、散粉，柱头合拢，泌蜜最多；散粉结束，柱头展开，泌蜜减少。气温 20～25℃、空气湿度 70%时泌蜜涌。

紫椴开花泌蜜“大小年”明显，但由于自然条件影响，也有大年不丰收、小年不歉收的情况。每年都有虫害，以小年为甚。开花前常受干旱影响，花期多受阴雨威胁。晚霜可使萌动的花芽或形成的花蕾遭到冻害，开花而不泌蜜。花期暴风骤雨或雨后降温常使泌蜜中断。夜间气温高，清晨泌蜜多。

长白山和兴安岭林区有紫椴分布的地方，常常也有糠椴成片生长，同一地方花期比紫椴推迟 7 天左右，泌蜜期 20 天以上。糠椴与紫椴一样，泌蜜量大，紫椴花后期往往是糠椴大泌蜜时期。

**5. 经济价值** 泌蜜盛期强群日进蜜量达 15 千克，常年每群蜂可取蜜 20～30 千克，丰年达 50 千克。

### (十二)柃(*Eurya* Thunb.)

**1. 形态** 乔木，别名野桂花，为山茶科柃属蜜源植物的总称(图8-14)。在养蜂生产上价值较大的有格药柃、翅柃、细枝柃等。

**2. 分布** 柃在长江流域及其以南各省、自治区的广大丘陵和山区生长，为分布区冬/春的主要蜜源，大部分被中蜂所利用，浅山区西方蜜蜂也能采蜜。在湖南、湖北、江西、福建、广东、广西等地一些丘陵地大量生长，是柃蜜的重要产地。

图8-14 柃
(尤方东 摄)

**3. 生长特性** 柃喜在酸性或中性土壤和温暖湿润、雨水充足的环境中生长。垂直分布大都在海拔2 000米以下，常见于山谷、山坡、灌丛、林缘、路旁、沟边、河岸及林下。

**4. 花期/泌蜜** 同一种柃有相对稳定的开花期，群体花期10～15天，单株7～10天。不同种的柃交错开花，花期从10月到翌年3月。江西的萍乡、宜春、铜鼓、修水、武宁、万载，湖南的平江、浏阳，湖北的崇阳等地柃的种类多，数量大，开花期长达4个多月。

雄花先开，蜜蜂积极采粉，中午以后，雌花开泌蜜丰富，在温暖的晴天，花蜜可布满花冠。柃花泌蜜受气候影响较大，在夜晚凉爽、晨有轻霜、白天无风或微风、天气晴朗、气温15℃以上泌蜜量大。在阴天甚至小雨天，只要气温较高，仍然泌蜜，蜜蜂照样采集。最忌花前过分干旱或开花期低温阴雨。

**5. 经济价值**　中蜂常年每群蜂采蜜20～30千克，丰年可达50～60千克。

**（十三）荆条**[*Vitex negundo* L. var. *heterophylla*（Franch.）Rehd.]

**1. 形态**　马鞭草科，灌木丛（图8-15）。

**2. 分布**　主要生长在太行山、燕山、吕梁山、中条山、沂蒙山、秦岭、大巴山、伏牛山、大别山和黄山等山区。华北主要分布山西南部，北京北部山区，河北承德地区以及内蒙古的鄂尔多斯市和昭乌达盟的一些地区。

图8-15　荆　条
（张中印　摄）

**3. 生长特性**　荆条抗旱、耐寒和耐瘠薄土壤，适应性强，喜生于低山山谷、山沟坡地、河边、路旁、灌木丛中。

**4. 花期/泌蜜**　花期6～8月，同一地方群体花期40天左右。泌蜜适温为25～28℃，夜间气温高、湿度大、闷热，次日泌蜜多。山腰、山谷、田边、溪旁土质肥沃、水分充足的地方长势好，泌蜜丰富。在山西，生长在风化煤含氧化钙10%左右土壤上的荆条泌蜜多而稳产。在山东，生长在青石山的荆条花产蜜多，沙石山的产蜜少。两年生以上荆条花序长，花多、蜜多，老龄荆条泌蜜量降低。干旱使荆条的泌蜜减少，下场雨，则可生产1～3次蜜。海拔高的深山区，荆条流蜜差。

**5. 经济价值**　1个强群取蜜25～60千克。荆条场地，如有野皂荚蜜源，可生产野皂荚花粉和蜂王浆。荆条花粉少，加上蜘蛛、壁虎、博落回等天敌和有害蜜源的影响，多数采荆条的蜂场，蜂群群势下降。

**（十四）党参［*Codonopsis pilosula*（Franch.）Nannf.］**

**1. 形态**　桔梗科，草本药材蜜源。党参的枕状蜜腺位于子房与杯状花萼（图8-16）组织间的结合处，五角星状，呈白色，略凸起，由花萼内壁部分功能特化的细胞群形成。

**2. 分布**　以甘肃、陕西、山西、宁夏种植较多，栽培多的年份能取到商品蜜。

图8-16　党参花
（引自 www. em. ca）

**3. 生长特性**　喜温暖、阳光，耐旱，在凉爽气候和肥沃土壤上，于海拔1 500～2 000米处的阴坡、草原、灌木丛中都能成片生长。

**4. 花期/泌蜜**　党参花期从7月下旬至9月中旬，长达50天。在气温20℃以上，相对湿度70%以上时泌蜜丰富，多集中于10～15时。最忌春旱及霜冻。以3年生党参泌蜜好。

**5. 经济价值**　党参花期长、泌蜜量大，每群蜂产量为30～40千克，丰收年高达50千克，但泌蜜不稳定。

**（十五）老瓜头（*Cynanchum komarovii* Al. Iljinski）**

**1. 形态**　别名牛心朴子，萝藦科夏季荒漠地带草本蜜源植物，是草场沙漠化后优良的固沙植物（图8-17）。

**2. 分布**　生长在库布齐、毛乌素两大沙漠边缘，宁夏的盐池和灵武，陕西的榆林地区古长城以北、内蒙古鄂尔多斯市，都是有名的老瓜头蜜源场地。

**3. 花期/泌蜜** 5月中旬始花，7月下旬终花，6月份为泌蜜高峰期。

图 8-17 老瓜头

（梁诗魁 摄）

老瓜头泌蜜适温为25～35℃。开花期如遇天阴多雨，泌蜜减少，下一次透雨，2～3天不泌蜜。花期每间隔7～10天下一次雨，生长旺盛，为丰收年。持续干旱开花前期泌蜜多，花期结束早。

**4. 经济价值** 一般年景每群蜂可采50千克蜂蜜，丰收年约100千克。老瓜头蜜与枣花蜜相似。老瓜头场地常缺乏花粉，需要及时补充。

### （十六）棉花（*Gossypium hirsutum* L.）

**1. 形态** 锦葵科，秋季栽培蜜源植物（图8-18）。

图 8-18 棉 花

（引自 agfacts. tamu. edu）

**2. 分布** 全国种植总面积约500万公顷，主要在新疆、江苏、湖北、河北、山东、江西、河南和安徽种植，其中新疆的吐鲁番和南疆种植的海岛棉泌蜜量大，是著名的棉花蜜源场地。

**3. 生长特性**　生长在沙质土壤上的棉花泌蜜多，栽培在山东黑钙土、浙江热潮土上的棉花，如果长势适中，泌蜜也多；生长在黏质土壤或黄色和红色土壤、黄沙土壤的棉花泌蜜少或无蜜。棉花泌蜜适温为 35～38℃，在气温高、日照长、温差大的情况下泌蜜多；雨后表土板结，生理机能受阻，停止泌蜜。

棉花栽培期管理得法，水肥条件好，株稀，不疯长，通风透光好，生长势旺，光合作用强，泌蜜多；反之泌蜜少。沿海棉花受台风袭击，泌蜜少或不泌蜜。棉花泌蜜也受品种影响，海岛棉比陆地棉泌蜜多，岱字棉比木棉泌蜜多，转基因棉几乎无蜜可采。

**4. 花期/泌蜜**　棉花花期在 7～9 月，泌蜜盛期为 7 月上中旬至 8 月中下旬，长达 40～50 天，整个泌蜜期约 100 天。

**5. 经济价值**　一般每群蜂取蜜 40～60 千克，高的（如新疆）可达 100～150 千克。为了更好地利用我国棉花蜜源，目前，应解决好药害、赤霉素和抗虫棉使泌蜜减少的问题。

## 二、重要辅助蜜源

我国重要辅助蜜源见表 8－2。

表 8-2 全国重要辅助蜜源植物简表

| 植物 | 科名 | 花期（月） | 分布 | 价值（千克） | | | 备注 |
|---|---|---|---|---|---|---|---|
| | | | | 蜜 | 浆 | 粉 | |
| 茵陈蒿 | 菊科 | 8～9 | 南北各省 | | | 2 | |
| 野菊花 | | 10～11 | 河南、山西、陕西、甘肃 | 10 | | 1 | |
| 槿麻 | 锦葵科 | 7～8 | 河南正阳、信阳 | 35 | | | 甘露蜜 |
| 桔梗 | 桔梗科 | 6～9 | 安徽亳州、河南等省区 | 15 | | | |
| 茶叶树 | 山茶科 | 10～12 | 浙江、福建、云南、河南 | | 2 | 5 | 用糖喂蜂防烂子 |
| 荷花 | 睡莲科 | 6～9 | 湖南、湖北、河南 | | | 3～4 | |
| 五味子 | 木兰科 | 5 | 河南、湖北、陕西、甘肃 | 10 | | 1～2 | |
| 牛膝 | 苋科 | 6～9 | 河南焦作地区 | 15 | | | |
| 小茴香 | 伞形科 | 7～8 | 内蒙古托县、山西朔州 | 35 | | 供繁殖 | |
| 韭菜 | 葱科 | 8～9 | 河南浚县 | 5～8 | | 供繁殖 | |
| 枸杞 | 茄科 | 5～6 | 全国各地 | 10 | 供繁殖 | | 宁夏可取蜜 |
| 烟叶 | | 7～8 | 河南、云南 | 10 | | | |
| 辣椒 | | 7～8 | 漯河市、三门峡市 | 5 | | 供繁殖 | |
| 冬瓜 | 葫芦科 | 7～8 | 全国各地 | 10 | | 供繁殖 | |
| 西瓜 | | 5～7 | 广泛栽培 | 25 | | 2.5 | |
| 花椒 | 芸香科 | 4～5 | 山区 | 15 | | 供繁殖 | |

（续）

| 植物 | 科名 | 花期（月） | 分布 | 价值（千克） | | | 备注 |
|---|---|---|---|---|---|---|---|
| | | | | 蜜 | 浆 | 粉 | |
| 柿树 | 柿树科 | 5 | 黄河中下游各省及华中山区栽培最多 | 10 | | | |
| 君迁子 | 柿树科 | 5 | 河南、山西 | 8 | | | 多被中蜂利用 |
| 沙枣 | 胡颓子科 | 5～6 | 东北、华北及西北 | 5 | | | |
| 黄莲 | 小檗科 | 3～4 | 云南、四川等 | 10 | | | 个别年份可取蜜 |
| 板栗 | 壳斗科 | 5～6 | 辽宁、河北、黄河流域及其以南 | 供繁殖 | | 2 | |
| 猕猴桃 | 猕猴桃科 | 6 | 河南省西峡县、浙江省江山市 | 供繁殖 | | 1 | |
| 桉树 | 桃金娘科 | 6月至翌年2月 | 四川、云南、海南、广东、广西、福建、贵州 | 5～30 | | | |
| 女贞 | 木犀科 | 5～7 | 湖南、江西和河南省 | 5 | | 供繁殖 | |
| 鹅掌柴 | 五加科 | 10月至翌年1月 | 福建、台湾、广东、广西、海南、云南 | 10～20 | | | |
| 泡桐 | 玄参科 | 3～5 | 全国各地，以河南最多 | 20 | | | 粉苦供繁殖 |
| 椿树 | 苦木科 | 5～6 | 华北、西北、华东 | 10 | | | |
| 水锦树 | 茜草科 | 3～4 | 广东、广西 | 供繁殖 | | 供繁殖 | |
| 柳树 | 杨柳科 | 3 | 全国各地 | 5～8 | | 1 | |

（续）

| 植物 | 科名 | 花期（月） | 分布 | 价值（千克） | | | 备注 |
|---|---|---|---|---|---|---|---|
| | | | | 蜜 | 浆 | 粉 | |
| 冬青 | 冬青科 | 3～5 | 长江流域及其以南、郑州 | 10 | | | |
| 六道木 | 忍冬科 | 5～6 | 河北、山西、辽宁、内蒙古 | 10 | | | |
| 漆树 | 漆树科 | 5～6 | 秦岭、三门峡市 | 25 | | | 多数为混合蜜 |
| 五倍子 | | 8～9 | 长江流域及其以南 | 8 | | | |
| 酸枣 | 鼠李科 | 5～6 | 河南、河北、山西、山东、甘肃、陕西等省区的山区 | 20 | | | 山区中蜂可取蜜 |
| 梨树 | | 4 | 全国各地 | 5 | | 供繁殖 | |
| 山楂 | | 5 | 河南太行山区，山西沁水、阳城以及山东 | 供繁殖 | | 2 | |
| 桃树 | 蔷薇科 | 3 | 全国各地 | 供繁殖 | | 1.5 | |
| 杏树 | | 3～4 | 东北南部、华北、西北等黄河流域各省 | 供繁殖 | | 2 | |
| 苹果 | | 4～5 | 辽宁、河北、山西、山东、陕西、宁夏、甘肃、河南 | 8 | | 供繁殖 | 三门峡市可取蜜 |
| 橡胶树 | 大戟科 | 3～4 月为主花期，5～7 月二次开花，少数 8～9 月开花 | 广西、海南岛和云南的西双版纳 | 10～15 | | | 甘露蜜 |

（续）

| 植物 | 科名 | 花期（月） | 分布 | 价值（千克） | | | 备注 |
|---|---|---|---|---|---|---|---|
| | | | | 蜜 | 浆 | 粉 | |
| 乌桕 | 大戟科 | 6～7 | 江西省的赣州、吉安、宜春、井岗山，湖北大悟、应山和红安，贵州的遵义，以及福建、湖南、广东、广西、安徽 | 20～50 | | | |
| 白刺花 | | 5 | 陕西、甘肃、山西、河南、云南 | 20～30 | | | |
| 野皂荚 | | 5～6 | 河南省太行山、伏牛山和山西、陕西 | 8 | | 1～2 | |
| 胡枝子 | | 7～8 | 长白山和兴安岭山区 | 15～50 | | 4～5 | |
| 紫花苜蓿 | 豆科 | 5～8 | 陕西（关中、陕北）、新疆（石河子、阿勒泰及阿克苏地区）、甘肃（平凉、庆阳、定西、天水）、山西（吕梁地区、运城、临汾、晋中、忻州） | 80 | | | 粉少 |
| 草木犀 | | 6～8 | 陕西、内蒙古、辽宁、黑龙江、吉林、河北、甘肃、宁夏、山西、新疆 | 20～40 | | | 白、黄草木犀蜜、粉均丰富 |
| 紫云英 | | 1～5 | 光山、罗山、固始、潢川 | 50 | | | 刮黄风、沙风，紫云英不泌蜜，且伴有爬蜂病发生 |

（续）

| 植物 | 科名 | 花期（月） | 分布 | 价值（千克） | | | 备注 |
|---|---|---|---|---|---|---|---|
| | | | | 蜜 | 浆 | 粉 | |
| 毛叶苕子 | | 3～7 | 江苏、安徽、四川、陕西、甘肃、云南 | 15～40 | | | |
| 光叶苕子 | | | 江苏、山东、陕西、云南、贵州、广西和安徽 | 30～40 | | | 授粉提高产量1～3倍 |
| 车轴草 | | 4～9 | 江苏、江西、浙江、安徽、云南、贵州、湖北、辽宁、吉林、黑龙江和河南 | 5～20 | | | 授粉提高产量70% |
| 田菁 | 豆科 | 8～9 | 江苏、浙江、福建、台湾、广东 | 15 | | 供繁殖 | 中蜂利用 |
| 槐树 | | 7～8 | 全国普遍种植 | 8 | | | 绿化树种 |
| 苦参 | | 7 | 河南、山西、陕西、甘肃、湖北 | 15 | | | 多为混合蜂蜜 |
| 九龙藤 | | 9～10 | 浙江、江西、福建、台湾、湖北、湖南、广东、海南、广西、贵州 | | | | 蜜味苦 |
| 山葡萄 | 葡萄科 | 5～6 | 太行山和伏牛山、山西、东北 | 10 | | 2～3 | |
| 葎草 | 大麻科 | 7～8 | 全国各地 | 供繁殖 | | | |
| 野坝子 | 唇形科 | 10～12 | 云南、四川西南部、贵州西部 | 20 | | 粉少 | |

（续）

| 植物 | 科名 | 花期（月） | 分布 | 价值（千克） | | | 备注 |
|---|---|---|---|---|---|---|---|
| | | | | 蜜 | 浆 | 粉 | |
| 密花香薷 | 唇形科 | 7～8 | 河南三门峡市、宁夏南部山区、青海东部、甘肃的河西走廊以及新疆的天山北坡 | 20～50 | | | |
| 毛水苏 | | 6～9 | 黑龙江饶河两岸、河南、内蒙古自治区等 | 100～150 | | | |
| 柴荆芥 | | 8～10 | 河北、河南、山西、陕西、甘肃 | 10 | | 供繁殖 | |
| 益母草 | | 6～9 | 全国各地 | 15 | | 供繁殖 | |
| 夏枯草 | | 5～6 | 河南省确山县 | 15 | | | |
| 丹参 | | 4～5 | 河南、四川、山东、浙江 | 20 | | 供繁殖 | |
| 薄荷 | | 7～8 | 江苏、河南、浙江、安徽、河北有栽培，新疆有野生 | 10 | | | 集中种植区可取蜜 |
| 铜锤草 | 酢浆草科 | 3～11 | 全国各地 | 15 | | 供繁殖 | 城市5～6月份可取蜜 |
| 栾树 | 无患子科 | 6～9 | 南北各地 | 15 | | 1～2 | 绿化树 |
| 玉米 | 禾本科 | 6～7 | 广泛栽培 | | | 3～5 | |
| 水稻 | | 4～9 | 广泛栽培 | | | 1.5 | |
| 红树林 | 红树科 | | 广西、广东、台湾、海南、福建、香港、澳门和浙江南部 | | | | 也称红树植物，生长在热带、亚热带淤泥质海滩 |

# 第九章

# 常见问题解答

## 第一节　异常天气对养蜂的影响

近年来，异常天气威胁着蜜蜂的生长和繁殖，对植物的危害又直接影响着蜜蜂的食物来源。对养蜂生产产生重要影响的天气和蜂群管理措施见表 9-1。

**表 9-1　气候对养蜂的影响及处理措施**

| 序号 | 问题 | 现象 | 危害 | 蜂群管理措施 | 备　注 |
| --- | --- | --- | --- | --- | --- |
| 一 | 阴霾天气如何管理蜂群 | 蒙蒙大雾蕴含硫酸盐、硝酸盐等物质颗粒漂浮空中，最后降落花朵 | 蜜蜂采集被污染的花粉、花蜜后，能够引起爬蜂病等 | 及时转移蜂场 | 湖北油菜花期 |
| 二 | 沙尘天气如何管理蜂群 | 大风扬尘污染、吹干花朵 | 植物泌蜜中止，或引起蜜蜂采食消化不良 | 及时转移蜂场 | 河南紫云英、枣树花期 |
| 三 | 早春低温如何管理蜂群 | 长时间低温、寒冷 | 食物相对不足，影响蜜蜂健康 | 适时开繁；不对蜂群奖励饲喂，放缓繁殖速度 | 湖北、四川油菜花前期 |
| 四 | 夏季高温如何管理蜂群 | 夏季持续高温 | 巢穴温度过高，工蜂离脾，繁殖受阻，蜂势下降 | 遮阳、洒水。生产场地，减少繁殖巢脾，蜂脾相称；越夏场地断子治螨 | 枣树花、荆条花期 |

（续）

| 序号 | 问题 | 现象 | 危害 | 蜂群管理措施 | 备 注 |
|---|---|---|---|---|---|
| 五 | 阴雨天气如何管理蜂群 | 连续阴雨 | 蜂群缺食、巢穴潮湿 | 遮雨、喂蜂、预防分蜂 | |
| 六 | 干旱天气如何管理蜂群 | 长期无雨 | 植物泌蜜减少或无蜜，蜂王产卵、幼虫发育受到影响 | 减少繁殖巢脾，蜂脾相称，保持食物充足，喂水 | |
| 七 | 大水浸漫蜂箱该怎么办 | 下雨积水浸漫蜂箱 | 淹没蜂群 | 将蜂群及时迁移到无水地方，做好标记，水退后搬回原址 | 搬离期间时刻向蜂群洒水 |
| 八 | 长期寒流如何管理蜂群 | 早春遭遇长期寒冷天气 | 排泄受阻，食物相对不足，后期蜂爬 | 加大通风面积，降低巢温，减少活动，放缓繁殖速度 | 湖北、四川油菜花前期 |
| 九 | 持续秋旱如何管理蜂群 | 长达1～2月连续天晴高温 | 蜜蜂空飞，越冬蜂体质衰弱，群势下降 | 遮阳控飞，或将蜂群置于室内 | 湖北 |
| 十 | 长日照如何管理蜂群 | 早春繁殖，花少日长 | 卵不孵化、幼虫干瘪，蜜蜂空飞 | 蜂多于脾，箱内喂水，遮阳 | 昆明、贵阳 |
| 十一 | 短日照如何管理蜂群 | 北方早春 | | 适当喂糖，促进排泄 | |

## 第二节 现代科技对养蜂的影响

随着手机的普及、分子生物学的深入研究、农药的大量使用和全国工业化进程的加速推进，一些高科技成果应用于蜜蜂的研究，推动了养蜂业的发展，另一方面，这些高科技对完全依赖自然环境性生存的蜜蜂和养蜂产业也产生了不能低估的危害。目前，所知的对蜜蜂产生消极影响的问题见表9-2。

**表9-2 科技对养蜂的影响及处理措施**

| 序号 | 问题 | 原因 | 危害 | 处置措施 | 备注 |
|---|---|---|---|---|---|
| 一 | 转基因植物对养蜂有哪些影响 | 被改变基因的植物所表现出对蜜蜂不利的变异性状 | 植物花朵泌蜜减少或无蜜可采，幼年蜂体质减弱 | 放弃转基因植物蜜源 | |
| 二 | 蜜蜂为什么采不到抗虫棉蜂蜜 | 利用基因工程技术，培育的抗虫棉广泛应用于生产 | 棉花泌蜜大幅减少甚至无蜜，抗虫棉也抗蜜蜂，蜜蜂采不到花蜜 | 单纯以蜂产品生产为主的蜂场，可考虑放弃棉花蜜源 | |
| 三 | 除草剂对蜜蜂有哪些影响 | 小麦、玉米等农作物等可能喷洒除草剂的作物 | 蜜蜂采集其上的露水而中毒，开箱检查，蜜蜂无力跌落箱底，或离开蜂巢在地面蹦跳或打滚，然后爬行死亡 | 及时离开，放蜂场地远离可能施放除草剂的环境 | 与农药中毒类似 |
| 四 | 植物激素对蜜蜂有哪些影响 | 喷洒激素提高坐果率 | 花朵喷洒赤霉素，引起幼虫死亡，蜂王停产直至死亡，工蜂寿命缩短，并减少甚至停止采集活动 | 更换蜂王，撤离药物污染的蜜源场地 | 枣树花、油菜花 |
| 五 | 无线电对蜜蜂有哪些影响 | 手机等电磁波形成了磁场天网 | 影响蜜蜂导航体系，使蜜蜂迷失方向 | 放蜂场地远离高压线、信号塔 | |
| 六 | 化肥对植物泌蜜有影响吗 | 几乎所有的作物、果树都在施用化学肥料 | 植物泌蜜减少 | 在施农家肥或磷肥、钾肥多的蜜源场地放蜂 | |

（续）

| 序号 | 问题 | 原因 | 危害 | 处置措施 | 备　注 |
| --- | --- | --- | --- | --- | --- |
| 七 | 窑厂等粉尘工厂对蜜蜂的危害 | 在化工厂、水泥厂、电厂、铝厂、药厂、冶炼厂、砖瓦厂等附近，烟囱排出的气体中含有氧化铝、二氧化硫、氟化物、砷化物、臭氧、臭氟等有害物质，随着空气（风）漂散并沉积下来。地面排出污水和城市生活污水泛滥 | 一方面直接毒害蜜蜂，爬蜂、寿命缩短，另一方面沉积在花上，被蜜蜂采集后影响蜜蜂健康和幼虫生长发育，还对植物的生长和蜂产品质量产生威胁。<br>毒气中毒以工业区及其排烟的顺（下）风向受害最重，而且无药可治。<br>污水造成“爬蜂病”，以城市周边或城中为甚 | 蜂场远离被污染的环境 | 雨水多蜂病轻，反之重<br>荆条花期，水泥厂排出的粉尘是附近蜂群群势下降的原因之一 |
| 八 | 蜜蜂遭受农药中毒的处置 | 群众防治作物果树病虫害打药 | 工蜂中毒在蜂箱前乱飞，追螫人畜，肢体麻痹，翻滚抽搐，打转、爬行，无力飞翔。最后，两翅张开，腹部勾曲，吻伸出而死，短时间内蜜蜂大量死亡 | 远离打农药作物；<br>搬移蜂场；<br>清除有毒食物，再喂糖水 | |

## 第三节　饲养管理对蜂群的影响

气候良好、蜜源丰富和饲养强群是养蜂获得收入的必要条件，天气可以预测，蜜源能够选择，养好蜜蜂则是人们最能发挥作用的一个环节。及时、恰当地处理养蜂生产中出现的问题，也是养蜂稳产高产的基本技能，解决饲养管理中的问题见表 9-3。

**表 9-3　饲养管理中常见问题及处理措施**

| 序号 | 问题 | 现象 | 处理措施 | 备　注 |
|---|---|---|---|---|
| 一 | 饲养中蜂还是意蜂好 | 中蜂生产蜂蜜；意蜂生产蜂蜜、花粉、王浆、蜂胶 | 中蜂适合山区饲养，意蜂适合转地放蜂，根据需要选择 | |
| 二 | 如何解决蜂蜜、花粉生产矛盾 | 同一时期花粉、花蜜都丰富 | 植物泌蜜前期生产花粉，泌蜜期提取花粉脾，或在上午10点以前生产花粉，10时以后让蜂采蜜。粉多蜜少以生产花粉为主，反之亦然 | 如青海油菜花期、河南荆条花前生产野皂荚花粉 |
| 三 | 定地养蜂与转地放蜂有何区别 | | 定地养蜂在蜜源淡季依靠喂糖产浆，等待蜜源开花采蜜；转地放蜂哪儿有花就到哪里放蜂采蜜 | |
| 四 | 如何解救冬季饥饿的蜂群 | 冬季食物不足，蜂群饥饿 | 将预留蜜脾预热后调入蜂群，抽出空脾；严寒采取应急饲喂 | 饿昏蜜蜂寿命缩短 |
| 五 | 如何解救冬季生病的蜂群 | 蜜蜂下痢 | 寻找机会放蜂排泄 | 条件合适转地南方繁殖 |
| 六 | 寒冷天气蜂群需要保暖吗 | | 具有一定群势、饲料充足的蜂群不需要保温，弱群适当进行保温 | |
| 七 | 炎热天气蜂群需要通气吗 | | 除开大巢门外，不宜打开其他通气窗或折叠覆布 | |
| 八 | 蜜蜂采集甘露蜜怎么处理 | 蜜蜂采集蜜露或甘露 | 将甘露蜜取出，更新饲料 | |
| 九 | 生产成熟蜂蜜成本有多高 | | 成熟蜂蜜的产量是不成熟蜂蜜产量的 1/3～2/3 | |
| 十 | 早春快速繁殖利弊有多大 | 早春快速繁殖，技术不当容易发生爬蜂病 | 早春繁殖，第一批子勿求多，要健康 | |

（续）

| 序号 | 问题 | 现象 | 处理措施 | 备 注 |
|---|---|---|---|---|
| 十一 | 运蜂遭遇低温或大风天气 | 群势下降 | 揭开覆布，冻蜂 | |
| 十二 | 秋末蜜蜂采集蜜露怎么办 | 蜜蜂采集玉米叶上的蜜露，蜂蜜铁红色，甜味差 | ①将蜜露蜜及时取出，更新饲料<br>②多喂糖浆，使蜜蜂在越冬期间吃不到蜜露 | 提前到南方繁殖 |

## 第四节 蜜蜂授粉常见问题处理

蜜蜂授粉，经常遇到蜜蜂饲养管理、果树和作物管理、农药使用等问题，以保护蜜蜂促进繁殖和保证授粉增产为目的。常见问题及处理措施见表 9-4。

**表 9-4 常见蜜蜂授粉问题处理**

| 序号 | 问题 | 现象 | 处理措施 | 备 注 |
|---|---|---|---|---|
| 一 | 蜜蜂饲喂问题处理 | 蜜蜂授粉期间要保证花粉、糖浆和水充足，以维持正常繁殖，促进授粉顺利进行 | 在枣树花期须饲喂花粉，或间种西瓜；对玉米、水稻等有粉无蜜的作物须饲喂糖浆；像萝卜花等缺乏吸引力或被同期开花植物竞争的授粉对象，每天需要用浸泡过萝卜花香的糖浆喂蜂，引诱它们采访。对网棚和温室中的作物，采取箱内喂水和每天早上喂蜂 150～500 克浸花糖浆的措施 | 油菜、芝麻、柑橘、荔枝、龙眼、荞麦、向日葵、棉花、西瓜、杏、梨、苹果、枇杷、山楂以及牧草等，在蜜蜂授粉期间，保证干净的饮水供应即可 |
| 二 | 供粉植株问题处理 | 有些果树需要专门栽植供粉植株，蜜蜂授粉的特点要求授粉植株交错种植 | 对提供花粉的植株应均匀栽培，稠密相宜，有些梨树，需要在其植株上嫁接 2 种或以上供粉枝 | 授粉树与结果树花期一致 |

（续）

| 序号 | 问题 | 现象 | 处理措施 | 备　注 |
|---|---|---|---|---|
| 三 | 授粉后落果问题处理 | 无论是露地栽培还是设施农业，经蜜蜂授粉后的作物，有时会出现落果现象，体现不出蜜蜂授粉增产的效果 | 经蜜蜂授粉后，坐果率提高，因此，根据需要及时疏花疏果，施肥浇水，加强营养，并视情况防治病虫害。棚、温室中的作物，还需要调节好温度、湿度、二氧化碳浓度 | |
| 四 | 蜜蜂中毒问题的处理 | 在作物花前、花期喷洒农药，如氧化乐果、敌敌畏、高效氯氟氰菊酯等，使大量蜜蜂中毒死亡。同时，植物花器也会受到农药的毒害，影响正常的授粉和受精，从而造成授粉失败。<br>另外，花上黏附的赤霉素，即妨碍蜜蜂采蜜，还对整个蜂群有害 | ①控制施药：除对授粉作物采取花前预防用药、花期中不施药、花后打药措施外，大田授粉时还要求同期开花的其他作物不喷药；<br>②避开药害：在授粉作物施药时，将蜂群从网棚或温室中移到外面，将大田授粉蜂群迁往5千米以外的地方或通风良好的暗室中，待药效消逝再搬回原址；<br>③减轻药害：在不影响药效的情况下，尽量选用高效低毒农药和颗粒剂型，傍晚施药。喷洒农药不得污染水源 | 为大田作物授粉的蜂群，若距离施药点在50米以外，采取遮阳和对蜂群连续不断的洒水可减轻药害 |
| 五 | 遇恶劣天气问题处理 | 蜜蜂在风和日丽的天气条件下，授粉工作顺利，效果显著；蜜蜂在高温或低温、阴雨或大风天气情况下，授粉活动受阻，甚至引起蜜蜂死亡或病害发生，同时，恶劣的天气对植物也会造成损害，从而降低授粉效果 | 增加授粉蜂群，利用强群授粉 | 对于果树，还须正确地间种授粉树；在低温季节，中蜂比意蜂授粉更好 |

（续）

| 序号 | 问题 | 现象 | 处理措施 | 备注 |
|---|---|---|---|---|
| 六 | 蜜蜂撞棚问题的处理 | 蜜蜂对无色和透明度高的玻璃、塑料和纱网看不清楚，并不懈地向其冲撞，直到累死；在滤去紫外线的温室中将迷失方向，回不了巢；另外，蜜蜂通过温室放风的开口飞向室外，一去不返。从而造成授粉蜂群群势下降，影响授粉效果 | ①控制放蜂时间：将温室放风时间由中午前后改在下午3点以后，放风窗口由室顶改在室中部以下，可减少蜜蜂由放风口飞离的损失；<br>②隔离外勤蜜蜂：在进温室前2天，于11时左右将既定授粉蜂群搬开，让外勤工蜂投入到相邻蜂群中，傍晚调出多余巢脾，保留成熟子脾，连续2天。然后提前2天移到棚室或温室中，并在室内供应糖水，进行适应训练；<br>③黑暗处理蜂群：将授粉蜂群搬进通风的暗室中2天，然后再送入室中授粉；或者直接将授粉蜂群搬进温室中，用草帘遮阳2天，然后再正常进行管理。可加强蜜蜂对环境变化的适应能力，前者还可降低杂交的几率；<br>④选用合适材料：用聚乙烯塑料作搭配温室材料，适应蜜蜂视物特性 | 在温室授粉过程中，如经历阴雨天气，在天气放晴时及时放风散湿，防止棚顶水珠对蜜蜂的威胁 |
| 七 | 授粉效率低问题处理 | 蜜蜂不积极采访授粉对象（目标植物），授粉效率低 | ①备足蜜蜂，加强管理，奖励喂蜂，促进繁殖，增加虫口，适时脱粉；<br>②加强管理。对提供花粉的果树应均匀栽培，做到植株稠密相宜。花果数量适中，水肥、光照充足；<br>③选择昆虫，协同授粉。有些作物需要两种或两种以上的昆虫完成授粉工作，如西方蜜蜂和印度蜜蜂搭配，对草莓授粉效果显著 | 把授粉蜂群以组为单位分散放置，使各组间的蜜蜂交错飞行，更有利于进行异花授粉；<br>利用笼蜂授粉，在没有幼虫的时期授粉效果差，一次性使用的无王群授粉仅能保持1周左右的授粉效果 |

（续）

| 序号 | 问题 | 现象 | 处理措施 | 备注 |
| --- | --- | --- | --- | --- |
| 八 | 如何选择授粉蜂种 | 不同植物对授粉昆虫具有选择性 | 熊蜂能为茄、番茄、西葫芦、草莓很好地授粉，壁蜂能够完成苹果授粉，切叶蜂适合为苜蓿授粉，蜜蜂对油菜、芝麻等大面积作物和果树优势突出 | |

# 参 考 文 献

管春华、林文、陈明虎，等.2008. 中华人民共和国国家标准·蜜蜂产品生产管理规范 GB/T21528—2008. 北京：中国标准出版社.

梁勤，陈大福.2009. 蜜蜂保护学. 北京：中国农业出版社.

张中印，安建东，罗术东，等.2008. 蜜蜂授粉手册. 北京：中国农业出版社.

张中印，李金福，王慧高.2008. 蜂群春季繁殖遇长期恶劣天气时的处置措施. 蜜蜂杂志（3）：17.

张中印，王运兵，吕华伟，等.2003. 蜂胶的优质高产技术与安全应用研究. 蜜蜂杂志（1）：8-9.

张中印，吴黎明.2010. 轻轻松松学养蜂. 北京：中国农业出版社.

张中印，吴利民，吴存坡.2003. 大小蜂螨的综合防治技术. 中国养蜂（4）：20-22.

张中印，周冰峰，王运兵，等.2003. 蜂花粉优质高产技术研究与应用. 蜜蜂杂志（6）：9-11.

张中印.2004. 蜡螟的综合防治技术. 中国养蜂（4）：22-21.

张中印.2005. 雄蜂蛹、虫优质高产技术与开发利用. 中国供销商情（45）：37-41.

张中印，徐艳聆，朱保均，等.2009. 河南省养蜂生产受干旱的影响与对策. 蜜蜂杂志社（5）：24-24.

周冰峰.2002. 蜜蜂饲养管理学. 厦门：厦门大学出版社.

Jack C Carey. 1992. Biology—the Unity and Diversity of Life，EIGHTH EDITION.

http：//photo. bees. net/

http：//www. beecare. com/index

http：//www. draperbee. com/

http：// www. legaitaly. com/

http：//www. beeman. se/index-f. htm

http：//www. mondoapi. it/

http：//www. flickr. com/

http：//www. warrenphotographic. co. uk/

http：//www. honeybeeworld. com/

http：//www. greensmiths. com/

http：//www. hive-mind. com/bee/blog/

http：//www. dkimages. com

http：//www. bath. ac. uk

http：//www. invasive. org

http：//honeybee-upload. wikimedia. org

http：//agfacts. tamu. edu